The Theory of Ecological Communities

生物群集の理論

Mark Vellend 著

松岡俊将
辰巳晋一
北川　涼
門脇浩明 訳

4つのルールで読み解く生物多様性

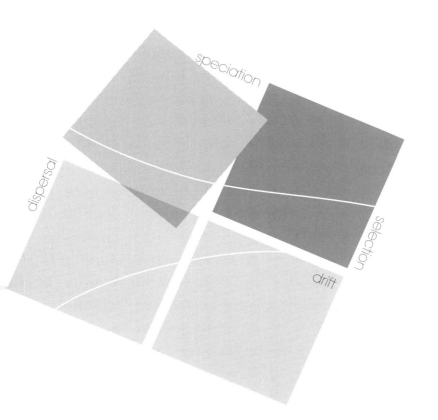

共立出版

THE THEORY OF ECOLOGICAL COMMUNITIES
by Mark Vellend
Copyright © 2016 by Princeton University Press

Japanese translation published by arrangement with Princeton
University Press through The English Agency (Japan) Ltd.
All rights reserved.

No part of this book may be reproduced or transmitted in any form or
by any means, electronic or mechanical, including photocopying,
recording or by any information storage and retrieval system, without
permission in writing from the Publisher.

Japanese language edition published by KYORITSU SHUPPAN CO., LTD.

訳者まえがき

　本書は Velland (2016) *The Theory of Ecological Communities* の邦訳版である．本書は，群集生態学に関する理論やモデルを体系的に整理し理解するための枠組みを示した本である．

　ある時ある場所に生息する生物の個体群（集団）をまとめて，生物群集（あるいは単に群集）と呼ぶ．その特徴は一般に，生息地にはどのような種が何種いるのかといった方法で表現される．生物群集のそれらの特徴は，場所によって異なり，時間とともに変化するものである．生物群集を研究テーマとする群集生態学は，「どこにどのような群集が成立しているのか」「その群集が成立している理由はなぜか」といった問いに取り組む学問分野である．また，種数や種組成は，生物多様性の重要な指標であるため，こうした学問は生物多様性科学と呼ばれることもある．

　群集生態学あるいは生物多様性科学に関する理論は，特定の生物グループや生態系を対象として個別に作られてきたものが多いため，実に他種多様である．よって，この多様な理論を前にして，初学者や他分野の研究者には「群集生態学は雑多で難しい」という印象を抱く者も少なくない．しかし，そうした印象を生み出してきた最大の原因は，群集生態学の理論がこれまで体系的に整理されてこなかったことにある．本書では，従来の多様な群集生態学と生物多様性の理論をたった4つのルールのもとに体系立てて整理するというユニークな取り組みがなされており，これによって群集生態学を体系的に学ぶことを可能にしている（本書ではそれらの4つのルールを「高次プロセス」と表現している）．

　4つのルールとは選択，浮動（あるいは生態的浮動），分散，種分化である．これらはいずれも「ある時ある場所にある生物多様性が実現されているのはなぜか」を説明するものである．

　まず，分散と種分化は「どのようにある生物がある場所に加わったか」を説明する．

- 分散：ほかの場所に生息していた種（の子孫）がその場所に分散（移動）してきた。
- 種分化：種分化によってその場所で誕生した（それまでほかのどこにもいなかった）。

一方，選択と浮動は「なぜその場所で生き残ることができたか」を説明する。

- 選択：その時・その場所の環境に適した種が生き残っている（環境に選択されている：環境に応じて生息している種が必然的に決まる）。
- 浮動：過去にその場所に加入した種がたまたま生き残っている（環境によらず，生息している種が偶然性で（確率論的に）決まる）。

　本書では，この4つのルールの組み合わせで世の中にみられるさまざまな生物多様性パターンを説明できることを解説している。

　本書は，タイトルだけを見ると，数式を用いたやや難しい書籍だと思うかもしれない。しかし，実際にはむしろ数式を最小限にとどめて，言葉による説明と豊富な実証例による説明を主としている。特に，たった4つの高次プロセスを基として，シンプルかつ明快な理論が構築されている点は，群集生態学や生物多様性科学の教科書としても適しているといえる。

　本書の読者としては，本文（1.1.1項）にもあるように生態学や生物多様性科学を学ぶ大学の学部3・4年生や大学院生，そして研究者を想定して書かれている。しかし，本書はより多くの方々にとって有益な情報を含んでいると訳者は考えている。まず，群集生態学や生物多様性科学に興味のあるすべての初学者や専門外の研究者にとっての入門的な書籍として有意義だろう。本書の内容は，確かに平易とはいいにくい部分も散見される。しかし，本書に示された枠組みを足掛かりにすることで，既存の群集生態学や生物多様性科学の教科書あるいは論文で示されている個別の理論やモデル，実証研究例がそれぞれどのように位置づけられ，そしてお互いに関連しうるのかを体系的に理解しやすくなると期待される。Vellend氏が述べているように「自らが生態学を学ぶ時に，こんな本があったらよかった」という思いを持ちつつ執筆された教科書であり，訳者一同も同じ思いである。

　本書で示されるアイデアはまた，生物多様性保全や生態系管理に関わる研究者や実務者にとっても価値の高いものだろう。本文（1.1.2項）でも述べられ

ているように，本書では（水平）群集生態学に関する包括的な枠組みを提示することに焦点が絞られており，個別の理論や実証研究の詳細にはほとんど触れられていない。そのため，特定のシステムや生物に着目して研究や調査を行っている研究者や実務者にとっては，対象としている現象を理解するための直接的・具体的な示唆が得られない可能性も高い。しかし，「ある生物がなぜそこにいるのか（あるいは何を保全すべきか）」という実際的な問題を考える際にも，本書で示される 4 つの高次プロセスを念頭におくことには意味があると考えられる。たとえば研究の出発点として，着目する種がある生息地に加入した理由が分散なのか種分化なのか，そして維持されている理由が選択なのか浮動なのかを問うことで，具体的にどういった低次プロセス（競争や捕食あるいは非生物的環境など）に着目してその後のデータを集めたらよいのか，といった調査や研究の方針を決めやすくなるだろう。

　本書は，全 IV 部 12 章から構成されている。第 1 章の導入に続き，第 I 部ではまず群集生態学の研究アプローチ，概念や理論について紹介し，おもに群集生態学者がどのように生物群集の研究を行ってきたのか（第 2 章），そして群集生態学が発展してきた歴史（第 3 章）について簡潔にまとめている。これらを踏まえて，群集生態学の理論を体系的に整理するためになぜ 4 つの高次プロセスが有用なのかを提示する（第 4 章）。第 2 章では生物群集や群集研究を行う際の空間スケールなど基礎的な項目について紹介されているため，群集生態学になじみのない読者はまず第 2 章から目を通すことを勧める。第 2 章の内容は本文を通じて何度も参照される。一方，群集生態学分野の研究者は，第 2 章と第 3 章の大部分は読み飛ばしてもよいだろう。

　第 II 部では，本書の理論の核となる，生物群集の理論が提示されている。まず，生物群集における 4 つの高次プロセスについて解説され，続いて群集生態学においてこれまで培われてき多くの仮説やモデルが体系的に整理される（第 5 章）。解説した理論を読者自身がシミュレーションにより再現できるように，R 言語のコードとその解説が示されている（第 6 章）。

　第 III 部では，生物群集の理論と実証研究を結びつけている。まず群集生態学における実証研究の性質について紹介した後（第 7 章），4 つの高次プロセスから導かれる群集パターンについての仮説と予測を示し，そのうえで従来の実証研究結果がこれらの仮説や予測を支持しているのか否かを，体系立ててレビューを行っている（第 8 章から第 10 章：各章で扱う高次プロセスと，その仮

説・予測の対応を表にまとめた)．膨大な文献調査に基づき証拠を示すことで，本書の提示する理論的枠組みの説得力を高めている．

表　高次プロセスとその仮説・予測

章	高次プロセス	節	項	仮説	予測
8	選択	8.1		1	1a,1b,1c,1d
		8.2		2	2a,2b,2c
		8.3		3	3a,3b,3c
		8.4		4	4a,4b,4c,4d
9	浮動	9.1		5	5a,5b,5c,5d,5e
	分散	9.2	9.2.1	6.1	6.1a,6.1b
			9.2.2	6.2	6.2
			9.2.3	6.3	6.3a,6.3b
10	種分化	10.4		7.1	7.1a,7.1b,7.1c,7.1d
		10.5		7.2	7.2a,7.2b

第 IV 部では，今後の群集生態学の指針を打ち出しており，生物群集の理論を出発点として，群集生態学の再構成への展望が述べられている（第 11 章と第 12 章）．

本書を読むにあたっては，以下の点を念頭に置いていただきたい．まず，本書で示されている生物群集の理論は主に水平群集（共通の栄養段階にある生物群集）を想定した理論であること，そしてこのアイデアに関する議論はまだ始まったばかりだということである．とはいえ，本書のアイデアを示した総説論文 (Vellend 2010, *The Quarterly Review of Biology*) は発表から 8 年ほど経った現在（2018 年 10 月末）までで約 800 回の引用があり，さらに年々増加傾向にある．このことから，本書で示されているアイデアは，生態学分野において一般性の高い理論体系として広く注目されており，生物多様性の理解に向けた群集生態学のマイルストーンとして，島嶼生物地理学理論，メタ群集理論，統一中立理論といった理論のように，議論の土台の一つになっていくと期待される．

このように，本書が群集生態学と生物多様性科学の包括的な枠組みを示した入門書して優れていることは訳者一同疑っていない．ただし，一言コメントをしておきたい点がある．本書の特に第 8 章から第 10 章では多くの実証研究論

文が引用されている。しかし引用されている論文の多くは研究の舞台あるいは著者が北米のものであり，ヨーロッパやアジアにおける研究が少ない。本書の目的は，あくまで従来の多種多様な理論，モデル，実証研究等を体系的に整理することであるため，包括的な総説書とはいえないが，引用文献の偏りは注意すべき点である。

翻訳作業は 4 名で分担して行った。松岡が原著者による謝辞と第 1 章から第 4 章，辰巳が第 5 章と第 6 章，北川が第 7 章と第 8 章，門脇が第 9 章から第 12 章をそれぞれ担当した。翻訳文は訳者間で互いに内容のチェックと検討を行っており，訳者は全員が文章全体について等しく貢献している。今回の翻訳では，訳しにくい部分を省略するといったことはせず，原著にできる限り忠実に訳している。そのため，日本語としてやや読みにくい部分もあるかもしれない。読みにくい部分，分かりにくい部分や専門用語については，脚注を入れることでできるだけ理解を促すように心がけた。訳に関しては入念な確認を行ったつもりだが，内容や表記についての間違いなどがあれば，それらはすべて訳者らの責任である。ご教示いただけると幸いである。

本書を出版するにあたり，大園享司博士（同志社大学理工学部）と杉山賢子氏（兵庫県立大学大学院シミュレーション学研究科）には，翻訳原稿に対して貴重なコメントと，丁寧なチェックをしていただいた。共立出版株式会社取締役の信沢孝一氏と，同編集部の天田友理氏，山内千尋氏には，編集に際して得難い協力をしていただいた。ここに記して，これらの方々に感謝の意を表する。

2018 年 2 月

訳者一同

原著者による謝辞

　本書のアイデア，そしてアイデアを練り上げるための着想は実に多くのものから得ている。「巨人の肩に乗っている」という格言にもあるように，我々は先駆者たちの積み重ねた発見や知見に基づいて，科学を前進させることができる。私の場合は，多くの偉大な科学者たちと交流をもつことができていることが何よりの幸運であり，それは誇張ではなく思考を行う上で非常に影響を受けている。

　まず，科学的な指導者たちに多大なる助力を頂いた。生態科学における私の最初の経験は，McGill 大学の Martin Lechowicz, Marcia Waterway, Graham Bell が率いるプロジェクトの一環として，ケベック州の Mont Saint-Hilaire にある老齢林でフィールドアシスタントを行ったことだった。私は経験の浅い大学学部生グループの一員として，研究室の中でスゲをずたずたにして遺伝的クローンを作り，そのクローンを 1 キロメートルにも及ぶ森林トランセクト[1]に沿って植えるという作業を行っていた。我々はフィールドサイトに行くことを切望していた。というのも，我々の指導者である Marcia は，さまざまな生物の同定方法を，Graham は数理的な考えや背景を，Marty はその両者にまたがるさまざまなことを教えてくれたのだが，Graham の森林植物観は，概念的には彼が試験管内で進化させていた藻類とそう変わらないものであった。そのためメンバーの多くは当初，Graham の観点は自然のもつ美しさや謎のすべてを排除してしまうほどに森林を過度に単純化している印象をもっていた。しかし，ほかのメンバーが理解しがたいほどの自然界の複雑さを見つめる一方，私にとっては，一般的なプロセスに着目する魅力や，「我々の理論モデルは自然界でみられる現実によくあっている」という Marty や Marcia の言葉の方が心に残った。本書で示されている概念的枠組みは，1990 年代の「スゲグループの一員」だったころにはじめて触れたものとそう変わらないだろう。

---

1)（訳者注）トランセクト (transect)：野外の調査地に線を引き，その線上あるいは線から一定範囲において生物などの調査を行う手法。

原著者による謝辞

　私の Ph.D.（博士課程）の指導教員である Peter Marks と Monica Geber は，科学における実証 (empirical) 研究[2]と理論 (theoretical) 研究の両者に関する深い考えを育んでくれ，そして生態学と進化学という学問分野を探求するための自由と揺るぎない支援を与えてくれた。Stephen Ellner は私が理論研究に興味をもつきっかけとなった人物で，彼の思考の明快さは今日においても私の刺激になっている。もう一人ここで名前を挙げたい人物がいる。博士課程の 1 年目，Sean Mullen と私は生物学入門のティーチングアシスタントをしていた。アシスタントの部屋で学生が質問に来るのを待っている時に，彼が「君の研究している森林植物の遺伝的変異のパターンが，群集レベルのパターンと対応しているかが分かったらすごいだろうね」といった趣旨のコメントを何気なくくれた。この一言は，私のその後 10 年間にわたる研究の方向性（つまり，本書の概念的枠組みの根底である群集生態学と集団遺伝学の統合）を決めるための一助となった。おそらく，彼は本書で自分の名前を見つけると驚くだろう。ありがとう，Sean。

　ほかに刺激を受けた源泉として，中立理論に関わる Stephen Hubbell の書籍 (2001) がある。Hubbell (2001) において選択を除く集団遺伝学の一連のモデルが群集生態学に持ち込まれている。ある意味では，本書は「群集生態学に選択を含むモデルを持ち込み，追加する」という中立理論の次のステップを示すものである。Janis Antonovics, Bob Holt, そして Joan Roughgarden もまた「多くの生態学的なプロセスは進化的なプロセスと極めて類似している」といった主張をしている。これらの生態学や進化学における「巨人」との議論は，本書が完成に至るまでのさまざまな点において示唆を与えるものだった。

　自身のアイデアを書籍にまとめるにあたっては，群集生態学の学生（特に 2010 年以前の大学学部生）や研究者仲間から最も多くの励ましを受けている。特に以下のグループの方々には，本書の理論を紹介し，重要なフィードバックや非常に多くの励ましを頂いた。3 つの群集生態学コースの学生と講師仲間（3 つのコースのうち 2 つは British Columbia 大学で 1 つは Sherbrooke 大学），私の研究グループや Queensland 大学の Margie Mayfield の研究グループや議論を行ったさまざまなグループに所属する学生たち，そして私がセミナーで訪れた多くの場所の学生たち。これらの学生たち，あるいはさらにその学生たち

---

[2]（訳者注）実証研究：本書では主に野外調査や実験を基にした研究を指しており，理論研究（数理モデルの解析やシミュレーション）と対比されている。

が，本書の対象とするグループの一つである。

　National Center for Ecological Analysis and Synthesis で同僚のポスドクであった John Orrock は，本書で示されるアイデアの草案がまとまった書籍 (Vellend and Orrock 2009) の共著者であり，ともにアイデアを練った人物である。そして Anurag Agrawal は先の書籍の内容をより洗練させた論文 (Vellend 2010) を *Quarterly Review of Biology* に招待投稿するにあたり，多大なる支援を頂いた。この Vellend (2010) の出版の前後には，以下の方々に励ましあるいは肯定的ではないものも含めて，建設的なコメントを頂いた。Peter Adler, Bea Beisner, Marc Cadotte, Jérôme Chave, Jon Chase, Jeremy Fox, Amy Freestone, Jason Fridley, Tad Fukami, Nick Gotelli, Kyle Harms, Marc Johnson, Jonathan Levine, Chris Lortie, Brian McGill, Jason McLachlan, Christine Parent, Bob Ricklefs, Brian Starzomski, James Stegen, Diego Vázquez。見落としてしまった人がもしいたら謝罪する。Queensland 大学と，そこでのサバティカルのホストであった Margie Mayfield にはこの書籍の完成に至る大部分を執筆するための素晴らしい環境を提供していただいた。

　最後に，本書の執筆中には多くの方からデータ，アドバイス，あるいはフィードバックの形で貴重なインプットを頂いた。以下の方々は，分析や作図のために用いる生データを快く提供してくれた。Véronique Boucher-Lalonde, Will Cornwell, Janneke HilleRisLambers と Jonathan Levine, Carmen Montaña, Laura Prugh, Adam Siepielski, Josie Simonis, Janne Soininen, Caroline Tucker と Tad Fukami。以下の方々からは，本書の特定の項目あるいは節に対するフィードバックをいただいた。Jeremy Fox, Monica Geber, Dominique Gravel, Luke Harmon, Liz Kleynhans, Nathan Kraft, Geoffrey Legault, Jonathan Levine, Andrew MacDonald。Andrew MacDonald には，本書の R コードの監修もしていただいた。彼のおかげで私が書くよりも良いコードを示すことができた。彼には，21 世紀に向けた私のプログラミング技術の向上においても力になってもらった（しかし，先はまだまだ長い）。最後に，本書の全文を読み，素晴らしいフィードバックをくれた以下の方々に感謝する。Véronique Boucher-Lalonde, Bob Holt, Marcel Holyoak, Geneviève Lajoie, Andrew Letten, Jenny McCune, Brian McGill, Caroline Tucker。上記のすべて方々からのインプットがなければここまで至ることはできなかった。助けを下さったすべての方々の寛大さに心から感謝する。

目　　　次

第 1 章　はじめに　1

1.1　本書について　3
    1.1.1　本書が想定する読者　4
    1.1.2　避けられないトレードオフ　5
    1.1.3　着想の源泉　6

第 I 部　群集生態学のアプローチ，アイデア，理論

第 2 章　生態学者はどのように群集を研究しているのか　9

2.1　生物群集の区切り方　10
    2.1.1　水平群集に着目する　13
2.2　スケールに関する普遍的な課題　14
2.3　本書で取り扱う生物群集の特性について　16

第 3 章　群集生態学におけるアイデアの発展の歴史　23

3.1　野外で観察される群集のパターンを理解する　24
3.2　相互作用する種に関する数理モデル　27
    3.2.1　数理生態学と実証群集生態学における個体群モデリングの存在　31
3.3　広いスケールにおけるパターンとプロセス　33
3.4　群集生態学の最近 50 年の動向　38
3.5　群集生態学におけるアイデアの増加とその集約　41

第 II 部　生物群集の理論

第 4 章　生態学と進化生物学における一般性の追求　　45

- 4.1　生態学的群集における一般的な（そしてそこまで一般的ではない）パターン　45
- 4.2　生物群集のパターンを生み出しているプロセス　46
- 4.3　集団遺伝学の理論：高次プロセス　48
- 4.4　群集生態学における高次プロセスと低次プロセス　50
- 4.5　群集生態学における一般理論への道のり　54

第 5 章　生物群集における高次プロセス　　57

- 5.1　一般理論　57
- 5.2　生態的浮動　58
- 5.3　選択　61
  - 5.3.1　選択のタイプ　63
  - 5.3.2　形質ベースの選択　66
- 5.4　分散　67
- 5.5　種分化　68
- 5.6　生態–進化動態に関するメモ　70
- 5.7　群集生態学における構成的理論とモデル　72
- 5.8　生物群集の理論の意義　77

第 6 章　生物群集動態のシミュレーション　　81

- 6.1　モデリングの準備　82
  - Box 6.1　R を使った中立的な群集動態のシミュレーション　84
- 6.2　局所群集動態：浮動　86
- 6.3　局所群集動態：選択　88
  - 6.3.1　一定選択による競争排除　89
  - 6.3.2　負の頻度依存選択による安定的共存　89
  - 6.3.3　時間的に異なる選択　91
  - 6.3.4　循環動態　93
  - 6.3.5　正のフィードバックを介した先住効果と多重安定平衡　94

6.4 分散によって結ばれた群集の集まり　96
　　6.4.1　浮動と分散の相互作用　96
　　6.4.2　分散と選択の相互作用　97
　　6.4.3　分散ステージにおける選択：競争−定着トレードオフ　98
　　6.4.4　分散に関するモデルのおさらい　99
6.5 種分化に関するモデル　100
6.6 要約　103
付録 6.1　適応度と頻度の関係　103

第 III 部　実証的な証拠

第 7 章　実証研究の性質　　107

7.1 実証研究論文の現状　107
　　Box 7.1　群集生態学ではどんな論文が出版されているのか？　109
7.2 実証研究の科学的な動機　110
　　7.2.1　科学の最終目標 —予測と説明— (The goals of science: Prediction and explanation)　110
　　7.2.2　実証研究に至る 4 の経路　112
　　7.2.3　実証研究の動機としての理論　113
7.3 実証的なアプローチの基本 —観察と実験—　115
7.4 解析レベルと観察単位　118
7.5 交絡変数と因果関係の推測における注意点　121
7.6 広大で不均一に広がる文献の世界　123

第 8 章　実証的証拠：選択　　125

8.1 仮説 1：一定選択と空間的に異なる選択は群集構造や動態を決定づける重要な要因である　126
　　FAQ：空間的に異なる選択の背景にある低次プロセスについて　135
8.2 仮説 2：負の頻度依存選択は群集構造と動態の重要な決定要因である　137
　　Box 8.1　負の頻度依存選択，侵入可能性，共存　138

　　　　FAQ：負の頻度依存選択の背景にある低次プロセスについて　145

　8.3　仮説3：時間的に異なる選択は群集構造と動態の重要な決定要因である　145

　　　　FAQ：時間的に変化する選択の背景にある低次プロセスについて　150

　8.4　仮説4：正の頻度依存選択は群集構造と動態の重要な決定要因である　151

　　　　FAQ：正の頻度依存選択の背景にある低次プロセスについて　160

　8.5　選択についての実証研究のまとめ　161

第9章　実証的証拠：生態的浮動と分散　165

　9.1　仮説5：生態的浮動は群集構造や動態を決定づける重要な要因である　165

　　　　FAQ：浮動の背景にある低次のプロセスについて　174

　9.2　分散　175

　　9.2.1　高次のプロセスとしての分散
　　　　仮説6.1：分散によって種の場所占有率が高まり，個体の分布は場所間でより均一になる　176

　　9.2.2　分散と選択の交互作用
　　　　仮説6.2：分散が非常に高いとき，局所群集間での空間的に異なる選択の効果が弱まり，地域全体での一定選択の効果が強くなるため，結果として局所的な多様性が減少する　181

　　9.2.3　低次プロセスとしての分散
　　　　仮説6.3：分散や定着能力は，種によって異なる適応度成分であり，それゆえ (a) 空間的に異なる選択や (b) 負の頻度依存選択のターゲットとなる形質である　182

　　　　FAQ：分散の効果の背景にある低レベルのプロセスについて　185

　9.3　浮動と分散に関する実証研究のまとめ　186

第10章　実証的証拠：種分化　191

　10.1　種分化，種プール，スケール　191

　　　　Box 10.1　ミクロ生態学とマクロ生態学をつなぐ4つの高次プロセス　192

目　次　xiii

10.2　実証研究の実際，種分化 = 種分化 + 持続　194
10.3　種分化が群集パターンに与える影響　195
10.4　仮説 7.1：種多様性の空間変異は種分化率の違いによって形成される　195
10.5　仮説 7.2：局所多様性は，局所的な選択や浮動ではなく，結局のところ種分化のような地域多様性を決定づけるプロセスによって決定される　201
　　　FAQ：種分化の効果の背景にある低次プロセスについて　205
10.6　生物群集における種分化に関する実証研究のまとめ　206

第 IV 部　結論と将来の展望

第 11 章　プロセスからパターンへ，そしてパターンからプロセスへ　211

11.1　高次プロセスの相対的重要性　211
11.2　群集生態学におけるプロセス先行型アプローチとパターン先行型アプローチ　213
11.3　マクロ生態学の興味深い事例　216
11.4　生物群集の理論は（ほとんど）なんでもカバーする　218

第 12 章　群集生態学の未来　219

12.1　今後取り組むべきメタ解析　220
12.2　一体化した多地点配置実験（もしくは観察研究）　221
12.3　（有効な）群集サイズの帰結についての実験的検証　222
12.4　野外において移入を低下させる実験　223
12.5　多種共存と種多様性の研究を統合する　224
12.6　複雑適応系としての群集と生態系：群集特性と生態系機能をつなぐ　225
12.7　相対的重要性の定量的評価　227
12.8　高次プロセスに基づく核となる群集モデルの開発　228
12.9　群集生態学の統合の統合？　229

参考文献	231
索　引	265

第 1 章
はじめに

　なぜ場所によって生息している種や種の数が異なるのだろうか。このようなシンプルな疑問を出発点とする新進の生態学者は多い。この疑問は，対象となる生物が森にいる鳥でも，山腹の植物でも，湖にいる魚でも，岩礁域にいる無脊椎動物でも，あるいは人の体にいる微生物であっても同じようにわき起こる。この疑問に対する答えのヒントは，地球上のどこかをちょっと散歩するだけで簡単に見つけられる。たとえば北米東部の街を歩いていると，歩道の裂け目や乾燥した道端に生える植物が，湿った側溝で育つ植物や樹木が茂った公園で育つ植物とは異なっていることに気づくだろう。都市部でよく見かける鳥がいる一方で，もっぱら湿地あるいは森林でしか見られない鳥もいる。つまり我々は日常的に，環境が異なる場所には異なる種がいるという自然選択の証拠を目にしている（図 1.1）。

図 1.1　ケベックにある Mont Mégantic 国立公園内の Mont saint-Joseph 山の東斜面。環境条件と群集組成が関係していることが見て取れる。斜面の上の方（標高 850〜1100 メートル）の寒いところにはバルサムモミ（*Abies balsamea*）の優占する亜寒帯林が広がり，黒く見える。一方，斜面の下の方にはサトウカエデ（*Acer saccharum*）の優占する落葉樹林が広がり明るく見える。この写真は春（2013 年 5 月 8 日），落葉樹の葉が芽吹く前に撮られたものである。手前の比較的平らな地形（標高 400 メートル以下）は，主に若い林分がパッチワーク状に集まった私有地となっており，さまざまな樹種がみられる。写真には左右およそ 4 キロメートルの範囲がおさめられている。

しかしより詳しく観察すると，話はそれほど単純ではないことに気づく。たとえば，環境条件 (environmental conditions) がほとんど同じと思われる場所であっても，棲んでいる種の組み合わせが大きく異なることがある。よく似たタイプの環境で生活していると思われる種どうしであっても，同じ場所に一緒にいることはほとんどないこともある。干ばつや野山の火事などのよく似た撹乱 (disturbance)[1] イベントを経験した場所でも，その後に辿る遷移系列 (successional trajectories) が大きく異なることもある。同じ 1 ヘクタールという面積でも，森林のタイプによって，含まれる種数に 100 倍以上もの差が開く可能性がある。これらの現象を説明あるいは予測できる理論 (theory) を構築することが，科学における主要な課題の一つである。過去 150 年間にわたり生態学者はこの課題に挑み続け，概念的あるいは論理的なモデルを数百も考案してきた。しかしながら，こうしたモデルの多くは，地球上の限られた地域の特定の群集にしか当てはまらないことが多い。そのため群集パターンを解釈するための説明のリストは一向に長くなるばかりである。

　このような状況において我々は，「群集生態学における多様な理論的アイデアをできるだけシンプルな概念にまとめる方法」という教育上の重要な課題に直面している。長年にわたり生態学者は，教科書などでそれまでの知識を整理する際，生態学全体に共通する普遍性を見出すというよりも，個別の小分野ごとに知識やアイデアをまとめ上げることを重視してきた。たとえば植物についての群集生態学の文献は食害 (herbivory)，競争 (competition)，撹乱，ストレス耐性 (stress tolerance)，分散 (dispersal)，生活史トレードオフ (life-history tradeoff) などの幅広い内容を含んでいる (Crawley 1997, Gurevitch et al. 2006)。同様に群集生態学の概念を扱った文献では，島嶼生物地理学 (island biogeography)，先住効果 (priority effect)，競争–定着トレードオフモデル (competition–colonization tradeoff model)，局所的な資源–競争理論 (local resource–competition theory)，中立理論 (neutral theory)，メタ群集理論 (metacommunity theory) といったたくさんの理論がひしめきあっている[2] (Holyoak et al. 2005, Verhoef and Morin 2010, Morin 2011, Scheiner and Willig 2011, Mittelbach 2012)。この結果，大学や大学院の授業におい

---

1) (訳者注) 撹乱：生態系，群集あるいは個体群の構造を乱し，資源や基質の利用可能な量や物理環境を変えるようなあらゆる出来事。
2) (訳者注) 表 5.1 参照。

て学生が「群集組成 (community composition) や多様性に影響しうるプロセスのリスト」を作るよういわれたとすると（私はこれを何度もやらされた），学生は合計 20 から 30 項目におよぶ長いリストを作ることになるだろう．

本書で展開する中心的な議題は次の通りである．群集動態に関するすべてのモデルの基礎を成すのは，4 つの根本的プロセス（あるいは高次プロセスとも呼ぶ），すなわち（個体間および種間での）選択 (selection)，生態的浮動 (ecological drift)，分散 (dispersal)，そして種分化 (speciation) である (Vellend 2010)．この 4 つのプロセスは，進化生物学における「big four」，すなわち選択，浮動，移入 (migration)，変異 (mutation) と対応しており，この 4 つのプロセスを用いることで，従来よりもシンプルに群集生態学の知識をまとめることができる．これにより，個別の論理の寄せ集めのように思えていた群集生態学のアイデアを少数の基本的な要素の組み合わせとして理解することができるだろう．そして，これら 4 つのプロセスに基づいて一連の仮説と予測を整理することによって，生物群集に関する一般理論を構築できると考えられる．

第 2 章でより詳細に説明するが，この一般理論というのは，群集生態学という広い分野におけるすべてのトピックに同様に当てはまるわけではない．たとえば，同じ栄養段階において競争や促進 (facilitation) といった相互作用をする種間（しばしば水平群集 (horizontal communities) と呼ばれる）に対しては，この理論はよくあてはまる．一方で，異なる栄養段階間での相互作用も含む大きな食物網などにおいては，その中にある水平的な部分[3]にしかこの理論はあてはまらない．このような次第ではあるが，私は MacArthur and Wilson (1967) の島嶼生物地理学理論 (*The Theory of Island Biogeography*) や，Hubbell (2001) の生物多様性と生物地理学の統一中立理論 (*The Unified Neutral Theory of Biodiversity and Biogeography*) などの先例に習い，自分の理論および本書を「生物群集の理論 (*The Theory of Ecological Communities*)」と呼ぶこととする．

1.1 本書について

本書の最大の目的は，群集生態学における統合的な展望を示すことである．これは学生や研究者にとって，この分野に存在するたくさんの理論的なアイデ

---

[3]（訳者注）つまり同じ栄養段階にあり，直接競争や促進といった相互作用をもつ種間．

アの間のつながりをより良く理解するための助けとなるだろう。これらのアイデアの概略は Vellend (2010) に示されている。本書では Vellend (2010) で示したアイデアの鍵となる点をおさらいし，さらに以下の 5 点を付け加える。

1. 生物群集の理論を歴史的な文脈に据えて解説する（第 3 章）。そのうえで，なぜ高次プロセス（選択，浮動，分散，種分化）が群集生態学における一般性を求めるうえで適切なのかについて，新たな考えに沿って示す（第 4 章）。なお，この新たな考えは哲学者 Elliott Sober から着想を得たものである。
2. どのようにすれば，群集生態学における膨大な数の仮説やモデルを，より一般性の高い理論の構成要素として捉えられるかを紹介する（第 5 章）。
3. R 言語による簡単なコンピュータコードを示す（第 6 章）。これらのコードによって (1) 実証研究の基盤となる予測を行い，(2) 群集動態の基本となるルールに少し手を加えるだけで，よく知られたモデルを再現することができることを示し，(3) それらの群集動態について読者自身が探求することができるようにする。
4. 生態学の実証研究に関して，鍵となる動機づけや課題を概略した後（第 7 章），生物群集の理論の基礎をなす 4 つの高次プロセス，つまり選択（第 8 章），浮動と分散（第 9 章），および種分化（第 10 章）の働きのもとで導かれる群集動態についての仮説や予測を体系的かつ明確に示す。そして，従来の実証研究結果がそれぞれの仮説や予測を支持しているのか，もしくは支持していないのかを評価する。この第 8 章から第 10 章は，従来の群集生態学の教科書に載っている理論よりも単純な一般理論に従うことで，群集生態学における実証研究を再度捉え直す役割を果たす。
5. 第 11 章と第 12 章では，包括的な結論と将来への展望を示す。

1.1.1 本書が想定する読者

本書は生態学や進化生物学を専門とする学部 3・4 年生，大学院生，そして研究者を対象にして書かれている。私が大学院生の頃にまさに読みたかった本である。本書は，今までにないユニークな方法で群集生態学の核心となる概念を提示しており，ひととおり読んでもらえば，群集動態の根底にある重要なプロセスの性質や，異なるアプローチがどのように互いに組み合わさるのかを把

握しやすくなるだろう。これは，本書を教材として用いてきた私の実体験に基づく意見である。また，研究者にとっても，本書は従来とは異なる視点から群集生態学を学ぶきっかけを与えてくれると期待している。以上のように，初学者にとっての教材となること，また，専門家にとって群集生態学を新しい視点から学ぶ機会を提供すること，これら2つの教育的な目標をもって書かれている。初学者から専門家への道の途中にいる読者，つまり大学院生は誰よりも多くのことを本書から得ることができるだろう。

教育を含め科学コミュニケーションの場においては，知識の豊富な人の興味を失わせることなく，予備知識がほとんどない人も着いてこられるようにすることが大切である。種多様性や種組成の群集レベルでのパターンや，それらのパターンを説明するためによく挙げられる要因（環境条件や競争，撹乱など）についてある程度の知識があると，本書からより多くのものを得ることができるだろう。本書ではまず，基礎的な背景の説明から始める（第2章，第3章）。その後，生態学における過去の革新的な研究とアイデア（第3章），実証研究（第8章から第11章）について解説するが，これらの内容を完全に理解するには読者自身に参考文献（一次情報）を当たってもらう必要が出てくるだろう。一方で，専門家にとっては読み飛ばしても大丈夫だと感じられる箇所もあるかもしれない。しかし，本書は全体を通じて，専門家にも興味をもってもらえる新規の展望や研究手法，およびこれまでの生態学分野や古典的研究を踏襲できる記述を含んでいる。すでにこの分野の専門家であり，時間も限られているという読者は第3章の終わり（3.4節）から読み始めることもできる。3.4節で，話題がこれまでの歴史から，私自身の考えや理論の説明に移っている。また，これまで聞いた意見によると，専門家は本書の後半部分（第8章から第12章）から得るものが大きいようである。

1.1.2 避けられないトレードオフ

本書はモデル，疑問，方法論など非常に広範な話題を扱っているため，詳細さがある程度は犠牲になっている側面がある。まず，個々の話題の深さは限られている。たとえば本書では，空間的に異なる選択 (spatially variable selection)[4]などのプロセスの働きを検証するためのアプローチをいくつか紹介するが，そ

---

[4]（訳者注）5.3.1項参照。

の具体的な実施方法については記述していない．私自身こういった詳細のすべてを熟知しているわけではないしまた，たとえ私が専門とする分野についてであっても，焦点となっている概念から読者の注意を逸らさないために，あえて詳細には触れないようにしている．その代わり，より詳細を知りたくなった読者のために，参考文献を紹介している．次に，生態学分野の文献では統計的な結果が掲載されていることが多いが，本書では統計値はほとんど示していない．本書では，さまざまな実験結果を既存研究から引用しているが，読者が理解しやすいように，それらの多くをグラフで示してある．興味をもった読者は各自で元の論文の有意確率（p 値）や傾き，決定係数（r^2 値），赤池情報量基準（Akaike's information criterion: AIC）などの統計値を参照されたい．最後に，すべての話題について元の論文を引用しきれているわけではない．群集生態学者の間で古典 (classics) とされている論文のほとんどを紹介しようと考えてはいるが，あくまで本書の重点は私のアイデアを伝えることであり，それらのアイデアの歴史を原点まで辿ることではない．

1.1.3 着想の源泉

最後に，本書の根源となる着想を私に与えてくれた出版物に感謝を述べて，この第 1 章を終わりにしたい．以下の出版物は，集団遺伝学と群集生態学の顕著な概念的相同性を気づかせてくれたことで，私を鼓舞してくれた文献だ (Antonovics 1976, Amarasekare 2000, Antonovics 2003, Holt 2005, Hu et al. 2006, Roughgarden 2009)．特に集団遺伝学から生態学に中立理論を持ち込んだ Hubbell (2001) 以降，一部の研究者たちはこの相同性に気づいていた．それでもやはり，多くの群集生態学者はそのようには考えていなかったし，群集生態学における膨大な数の理論，モデル，アイデアについてたった 4 つの高次プロセスのみを構成要素として体系的に再構築してみようという試みはなかった．本書は，その試みの集大成といえる．

第Ⅰ部

群集生態学のアプローチ，アイデア，理論

第2章
生態学者はどのように群集を研究しているのか

　第 2 章から第 4 章では，次の 3 つを目的とする。
(1) 生物群集の理論の適用範囲について確認する。
(2) 基本的な群集パターンについて紹介する。
(3) 本書を歴史的な文脈の中に位置づける。

　本章では主に (1) と (2) に関して取り扱うが，副次的に (3) についても触れる。歴史的な文脈に関しては第 3 章と第 4 章でより深く掘り下げる。

　生態学者はさまざまな視点から生物群集を研究している。たとえば，ある湖の群集について研究する場合，ある生態学者は植物プランクトンに着目するだろうし，別の生態学者は動物プランクトンと魚類との相互作用に興味をもつだろう。ある一つの湖における群集構造の規定プロセスに注目した研究もあれば，景観中にある複数の湖，もしくは大陸スケールでの数千の湖における群集パターンを記載した研究もある。さらに，群集の種数に着目する研究者もいれば，種組成に関心をもつ研究者もいるだろう。このように群集生態学の研究においてはまず，どの種，どの空間スケール，どの群集特性を扱うかの 3 つの事柄を決める必要がある。続く 2 節では，生物群集の理論の適用範囲について着目する種 (2.1 節) と，空間スケール (2.2 節) に焦点を当てながら解説する。比較的小さな空間スケール[1]での種間相互作用を重視してきた従来の群集生態学 (Morin 2011) と比べると，生物群集の理論の適用範囲はある意味で狭く（主に一つの栄養段階のみに着目），またある意味で広い（すべての空間・時間スケールを取り扱っている）。理論の適用範囲について解説した後に，生態学者が現在取り扱っている群集の特性について紹介する (2.3 節)。

---

1)（訳者注）森林の植生プロットや個々の池など。

2.1 生物群集の区切り方

　科学研究においてはつねに研究対象を定めなくてはならず，群集生態学でも対象とする生物群集を定義しなくてはならない。理論上は，ある時ある場所に生息しているすべての生物（ウイルス[2]，微生物，植物，動物）を扱うことが理想である（図 2.1a）。しかし，このような理想的なケースを目にすることはほとんどない。実際にはまず，分類群，栄養段階，相互作用のタイプなどを基準にして，群集全体から一部の構成要素を切り出すことで研究はスタートする（Morin 2011）。この切り出し方には無数の組み合わせが存在する。このことを踏まえると，最も包括的な定義として，群集を「ある場所ある時間に生息する生物の集まりのうちの一部」と定義することは理にかなっているだろう（Vellend 2010, Levins and Lewontin 1980 も参照）。こうしてひとたび，生態系から興味の対象となる群集を切り出したならば，生態系を構成するほかの要素は，生物的であれ非生物的であれ概念的には群集の外の物として扱われる。これらの外在化された要素は，その研究からは完全に除外されることもあれば，対象となる群集に影響を与えうる変数として扱われることもある（図 2.1）。

　どのような種を含む群集を研究対象とするかは，研究者の視点や考えによって異なる。初期の群集生態学においては，植物群集（Clements 1916）と動物群集（Elton 1927）は，それらが相互作用しているかどうかに関わらず，個別のものとして扱われていた。近年の食物網（McCann 2011）に関する研究では，食う–食われるの関係に焦点を絞っている場合が多く，同じ栄養段階内での種間の違いや，食う–食われる以外の相互作用，あるいは一部の食う–食われるの関係（たとえば送粉者による花蜜の消費）はしばしば無視される（図 2.1b）。同様に，共生ネットワーク（mutualistic networks）（Bascompte and Jordano 2013）の研究では，植物と送粉者，あるいは植物と菌根菌など，相互作用する特定の2グループに着目し，そのほかは除外されることも多い（図 2.1c）。また，Holt（1997）がいうところの「群集モジュール（community modules）」のように，強く相互作用し合ういくつかの種を切り出して研究されることもある。この例としては，オオヤマネコとノウサギのような，特定の消費者–資源関係にある種に関する研究が挙げられる（図 2.1d）。

　ある栄養段階（たとえば植物）や，特定の分類群（たとえば鳥類や昆虫）を研究

---

[2]（訳者注）ウイルスは生物ではないという考えもある。

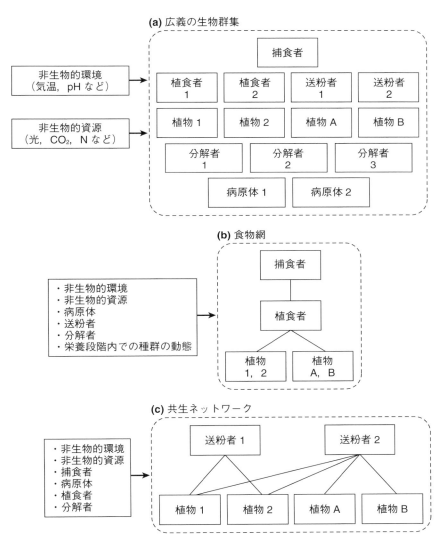

図 2.1 群集生態学において研究の対象を決定する上でのさまざまな考え方（仮想的な陸域生態系を想定）。(a) から (e) は同じ生態系での例を示しているが，研究の直接的な対象（破線内に示されているもの）が異なっている。実線は対象としている種間での相互作用（簡単のため (a) では除いている）を示し，左側の箱内には生態系において外的要因としてまとめられる要素を表している。数字で示された植物種（植物 1, 2）と文字で示された植物種（植物 A, B）はそれぞれ異なる機能群（たとえば数字の種は草本 (herb) で，文字の種は低木 (shrub)など）に属する。同じ機能群内での種の違い（たとえば植物 1 と植物 2）は食物網の解析 (b) では区別されないことが多い。

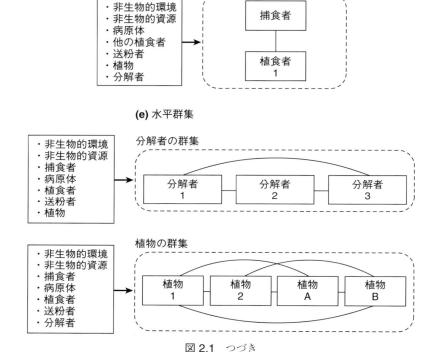

図 2.1 つづき

対象とすることもできるが，それでもやはりほかの要素はすべて無視することとなる（図 2.1e）。生態学者はこのような研究単位のことを「集合 (assemblages)」(Fauth et al. 1996) や「ギルド (guilds)」(Root 1967)，「似たような生態をもつ種の集まり (species having similar ecology)」(Chesson 2000b)，あるいは「水平群集」(Loreau 2010) と呼ぶ。しかし，これらの用語は互いの相違点が判然とせず，言葉としての簡潔性も欠けているように感じられるため，本書ではこのような研究単位のことを単純に「生物群集 (ecological communities)」，もしくは必要に応じて「水平群集」と呼ぶこととする。

2.1.1 水平群集に着目する

　生物群集の理論が水平群集に当てはまることは明確であるため，本書では主に水平群集を対象とする．生態学全体を見渡しても，かなりの割合の研究が水平群集を対象としている（第 7 章参照）．私自身は植物生態学者であり，異なる場所や時間にみられる植物種の組み合わせに関する実証研究を行っている（たとえば Vellend 2004, Vellend *et al.* 2006, 2007, 2013）．これを反映して，紹介する内容にもある程度の偏りが出てくるかもしれない．また，本書の理論は植物群集には当然よく当てはまるが，それ以外の分類群にも適用可能である．たとえば植物プランクトン，潮間帯の固着無脊椎動物，種子食者，分解者，捕食性昆虫，鳴き鳥 (songbirds) のように，同じ資源や場所を利用する種の集まりに対しては，植物と同様に適用可能である．なお群集中のこれらの種は，競争だけではなく促進 (facilitation) のような正の相互作用や，生物的・非生物的な環境を介した正・負の間接相互作用 (Holt 1977, Ricklefs and Miller 1999, Krebs 2009) によっても関わり合っている．生物群集の理論のポイントの一つは，これまで重要視されてきた競争だけではなく，すべての相互作用を想定した理論だということである．

　水平群集において，ある種の個体が複数いるとき，すべての個体はその種に共通する似たような生物的・非生物的な適応度 (fitness)[3] 上の制約の中で生きている．そのため群集動態は，単一種の集団における異なる遺伝型の進化動態と非常に類似した挙動（Nowak 2006，また第 5 章を参照）を示す．個体の適応度は，同種・異種に関わらず似た方法で測ることができる．そのため，集団遺伝学で培われた理論モデルの多く (Molofsky *et al.* 1999, Amarasekare 2000, Norberg *et al.* 2001, Vellend 2010) は，単一種の集団内の対立遺伝子や遺伝子型に対して用いられてきたのと同様の方法で，生物群集内の種に対しても適用することができる．これらのモデルは，たった 4 つの高次プロセスに基づいており，集団遺伝学では選択，浮動，遺伝子流動 (gene flow)，変異，群集生態学では選択，浮動，分散，種分化にそれぞれ相当する．なお，複数の栄養段階を含む群集においてもこれら 4 つの高次プロセスは働いているが，モデルの相同性は，単一栄養段階の群集の場合と比べると低い．

---

[3]（訳者注）5.3 節参照．

このモノグラフシリーズ[4]において，食物網 (McCann 2011)，共生ネットワーク (Bascompte and Jordano 2013)，および消費者–資源相互作用 (consumer-resource interactions) (Murdoch *et al.* 2013) に関する体系的な解説書はすでに存在する。水平群集についても，個別のモデルや理論を扱った先行のモノグラフはすでにある (MacArthur and Wilson 1967, Tilman 1982, Hubbell 2001)。本書はこれらを基礎としつつ，水平群集に関する既存のアイデアを統合することで，図 2.1 で示した全体像を完成させる。ただし，食物網，共生ネットワーク，相互作用モジュール (interaction modules)，そして水平群集に関するすべてのアイデアを統合できるのか，できるとしたらどのように統合できるのか（単に抱き合わせとして一つの枠組みに押し込むのか，それとも個別の文脈に位置づけることでまとめるのか）については未だ不明である。なお，生物群集の理論は水平群集に関するものだが，栄養段階間の相互作用や，対象とする要因以外のプロセスや変数を軽視するわけではないことは強調しておく。先に示したように，水平群集に着目した研究では，消費者や病原体，共生者といった要素を，単に対象とする群集の外に配置しているだけである。これらの外在化された生物的要素は，当該群集に強い選択圧を加えたり，あるいは群集の変動に応答したりする可能性をもつものとして扱われる（図 2.1b から e を参照）。

2.2 スケールに関する普遍的な課題

研究対象となる種の組み合わせが多様であるだけでなく，対象となる群集の空間スケールもさまざまである。生物群集の定義（Morin 2011 の総説による）の中には，種間相互作用 (species interactions) を基本条件とするものもある。この定義に基づくと，群集の空間スケールの上限は自ずと決まる[5]。しかし私には，そのような空間的な上限を定義する客観的な方法が思い浮かばない。そのため，生物群集の定義から，種間相互作用やすべての空間的な制約を省きたい。本書では Elton (1927) にならい，群集を「熱帯林の動物相を指すこともあれば，ネズミの盲腸の中の生物相を指すこともある，融通のきく概念」として

---

[4]（訳者注）本書は，Monographs in Population Biology シリーズ (Princeton University Press) の第 57 巻である。
[5]（訳者注）たとえば，ある樹木個体が直接的にほかの樹木個体と競争するのは周囲数メートル程の範囲である。

捉える。これによって，生物群集の理論は空間・時間スケールを問わず，さらに群集生態学だけでなく生物地理学，マクロ生態学 (macroecology)，古生態学といった分野を問わず，群集の特性（2.3節参照）を調べる際に広く適用できる理論となる。

　しかし，融通のきく定義を用いているとはいえ，着目する空間スケールによって群集のパターンやプロセスが異なる場合もあるし，異なる空間スケールで生じる複数のプロセスが群集を規定していることもある (Levin 1992) という点を忘れてはいけない。たとえば，森林に生えている樹木の個体はせいぜい数メートル範囲内の樹木としか競争していないが，数百メートルを移動する虫によって送粉されたり，数千キロメートルも離れた南太平洋における海水循環がもたらした気候の変化によってその成長が影響を受けたりしているかもしれない。後の章で示すように，たとえば負の頻度依存選択といったプロセスは，局所的な種間相互作用によってもたらされることもあればより広域の，分散を介したトレードオフによって生じる場合もある。ここでの重要な点は，対象となる生態学的な現象やプロセスを研究するうえで正しい空間スケールを特定するのはほぼ不可能であるということである (Levin 1992)。これは特に，複数のプロセスが相互に作用しながら群集構造や動態を規定するような場合にいえる。

　研究対象となる空間スケールは，小さな調査プロットから大陸全体まで，連続的な広がりをもつ。しかし，群集生態学では便宜上，最小の空間スケールを「局所 (local)」，最大のスケールを「全球 (global)」，およびその中間を「地域的 (regional)」というようにスケールを離散的に扱うことがしばしばある (Ricklefs and Schluter 1993b, Leibold *et al.* 2004)。多くの研究は，対象とする空間スケールが限られているため，これらの用語を使い分ける必要はないだろう。また，対象となる空間スケールは1平方メートルのプロット，数平方キロメートルにわたる島々，数百平方キロメートルにのぼる大陸の一部など研究によりさまざまであるが，それでも一つの研究で一つの空間スケールを扱っている限り，その研究では特にスケールに名前をつける必要はない。空間スケールを区別する必要が出てくるのは，一つの研究で複数の空間スケールを扱うときである。たとえば，ある小さな場所で生じるプロセスやパターンが，より大きなスケールに作用あるいは波及する場合などである。こうした場合には群集生態学における慣習に従い，本書でも「局所」「地域的」という単語を用いることとす

る。しかし，局所が地域の入れ子になっているという構造上の事実[6]以外の意味をもつことはない（第 5 章も参照）。また，複数の局所群集のまとまりを指す言葉として「メタ群集 (metacommunities)」を用いる。

2.3 本書で取り扱う生物群集の特性について

対象となる種や空間スケールに関わらず，さまざまな群集レベルでの特性が興味の対象となってきた。その中でも一般的に着目される特性として種の豊かさ (species richness)，種や形質の多様性 (species/trait diversity)，種や形質組成 (species/trait composition) が挙げられる。これらは，種数，種のアバンダンスの均等度や種間での形質値の違い，群集中にどういった種がいるか，群集全体での形質値の平均値などで評価される。また，これらの群集特性と場所の特性との関係もよく取り上げられる。本節では，これらの群集の特性を定量化する方法について紹介する。なお，ここで示す内容は，この後の章でもたびたび参照する。

群集を量的に表す際に基本となるのは，種のアバンダンス[7]のベクトルである。ここでは，アバンダンスのベクトルを $\mathbf{A}$ として，a_1, a_2, a_3, a_4 の 4 種からなる群集を考えよう。それぞれの種のアバンダンスが $a_1 = 4$, $a_2 = 300$, $a_3 = 56$, $a_4 = 23$ のとき（樹木 4 種の成木本数でも，キツツキ 4 種の個体数でもよい），ベクトル $\mathbf{A}$ は $\mathbf{A} = [4, 300, 56, 23]$ と表すことができる。これは，S 種のそれぞれのアバンダンスを「状態変数 (state variables)」とし，群集を S 次元空間上の点として扱うのに等しい (Lewontin 1974)。群集生態学における観察研究 (observational studies) の多くは，複数の場所で集めた群集の情報を扱う。こうしたデータは，種×場所の行列のかたちを取る。行列の要素は，種のアバンダンスである（図 2.2）。なお，要素が 0，つまりある場所にある種がいないことも頻繁にある。行列は j 個の場所 $(\mathbf{A}_1, \mathbf{A}_2 \ldots \mathbf{A}_j)$ におけるアバンダンスベクトルを連結させてできており，「メタ群集」を表している。こうした行列データから，以下のような一次群集特性 (first-order community

---

[6] （訳者注）「局所」が「地域」の中に含まれる（図 5.4 参照）という意味しかなく，具体的にどのくらいの範囲が局所スケールかといった一般的な決まりはない。

[7] （訳者注）アバンダンスとは，ある種がどのくらいいるのかを示す用語である。対象となる生物や調査目的に応じてアバンダンスとして何がどのように測定されるのかは異なり，たとえばある樹木種の本数や，ある動物種の個体数というように表現される。

2.3 本書で取り扱う生物群集の特性について | 17

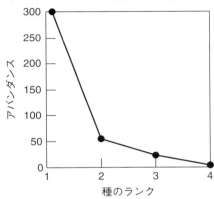

図 2.2　メタ群集の基本的な定量的記述。ベクトル $\mathbf{A}_1$（灰色で塗りつぶされている列）は場所 1 における群集「組成」を多変量（4 種それぞれのアバンダンス）で表している。表全体は 4 つの場所からなるメタ群集を表す。右側には，場所 1 の群集に対する一次特性の例として，種の豊かさ，均等度，種アバンダンス分布が示されている。freq_i は種 i の頻度（種 i のアバンダンスをその場所のすべての種のアバンダンスの合計値で割ったもの）を示す。

properties) を算出することができる[8]。

単一の群集における一次特性（図 2.2）

- **種の豊かさ**：ある場所の種数（すなわち，$\mathbf{A}$ における 0 でない要素の数）で表される。個体数が異なる場所間で種の豊かさを比較する場合は，「希薄化 (rarefaction)」と呼ばれる手法によって種の豊かさを標準化するのが一般的である。希薄化は，場所ごとに特定の個体数を

---

[8]（訳者注）なお，一次特性には単一の群集（一つの場所）を対象にしたものと複数の群集（複数の場所）を対象としたものがある。

ランダムに抽出した時に得られる種数を計算することで行う。標準化されていない種数を「種の密度 (species density)」と呼ぶこともある (Gotelli and Colwell 2001)。

- **種の均等度 (species evenness)，種の多様性 (species diversity)**：種のアバンダンスベクトル **A** から計算される。ほかの条件がすべて同じならば，種間のアバンダンスが等しいほど，種の均等度や種の多様性を示す値は大きくなる。たとえば，2 種の樹木のアバンダンスの比が 50:50 である森林の方が，アバンダンスの比に差がある森林より大きい値を示す。さまざまな指数があるが，一般的なものとして Shannon–Weiner 指数，Simpson 指数，そしてさまざまなエントロピー計算値 (entropy calculation) (Magurran and McGill 2010) が挙げられる。これらの指数は種 i のそれぞれの頻度 $\text{freq}_i = a_i / \sum(a_i)$ をもとに算出される。

- **種組成 (species composition)**：種のアバンダンス（もしくは在/不在）ベクトルそのもの。ベクトル **A** 自身が，どの種がどのくらい出現したのかを示す群集の特性を表しており，このパターンを説明・予測しようと試みる生態学者もいる。

- **種アバンダンス分布 (species abundance distributions)**：どの種がどれくらい居たかではなく，アバンダンスの分布自体（たとえば，分布の形が対数正規分布に従うかどうか）を群集の特性とすることもある (McGill *et al.* 2007)。

複数の群集（すなわちメタ群集）における一次特性

- **ベータ多様性 (beta diversity)**：場所間での種組成の非類似度を表す。ベータ多様性の指数は数多く考案されている (Anderson *et al.* 2011)。ベータ多様性は，複数の群集に対してまとめて一つの値を算出する方法と，2 つの群集のペアごとに算出する方法がある。後者の場合，図 2.2 の場所 1 と場所 2 のように，種組成が似ている場所間ではベータ多様性は低くなり，場所 1 と場所 3 のように種組成が大きく異なる場所間では高くなる。また，たとえば熱帯林と温帯林の間のベータ多様性は，温帯林内の近接する場所間のベータ多様性より高くなるだろう。なお場所間での種組成の違いは，出現する種の入れ替わり（ターンオー

バー）と，共通する種のアバンダンスの変化という，2つの成分に分けることができる。

　群集特性を定量化する際には，上記のように群集そのものに関するデータ（アバンダンスベクトル）に加えて，次の2種類のデータが用いられることも多い。1つ目は，種の形質に関するデータである。形質データを用いることで，ある場所にどれくらいの種がいるのか（種の豊かさ）やどんな種がいるのか（種組成）だけではなく，種ごとの体サイズのばらつき（形質の多様性）や群集全体での体サイズの平均値（形質の組成）といった値を計算できる (McGill et al. 2006)。なお，形質データは単一群集の特性，複数群集の特性どちらの場合の計算にも利用できる (Weiher 2010; 図 2.3)。また，形質と同様に種ごとの性質の違いを反映させる方法として，種間の系統関係に着目する方法もある。すなわち，ある場所にいる種どうしの系統的な類縁度（系統的多様性 (phylogenetic diversity)）を計算し，群集の特性として扱うことができる (Vellend et al. 2010)。

アバンダンス

	場所1	場所2	場所3	場所4
種1	4	0	315	0
種2	300	250	0	223
種3	56	120	74	101
種4	23	18	0	0

	形質1	形質2	形質3	形質4
	0.2	320	0.5	20
	0.6	298	0.1	16
	0.9	412	0.1	26
	1.3	300	0.2	21

場所の特性1	10	1	7	16
場所の特性2	0.01	0.4	0.2	0.5
場所の特性3	90	92	95	97
場所の特性4	12	0.1	0	5

図 2.3 　群集の二次特性を計算する上で必要となる3種類の表データ。種のアバンダンスデータに加えて，種の特性（形質）と場所の特性（環境変数など）を含む。形質は種に固有のものであり，場所が異なっても種が同じであれば共通だと仮定される。

2つ目のデータは、場所の特性（たとえば広さ、環境、地理的な隔離度）である。場所の特性と群集の一次特性との関係もまた、生態学者が長く研究してきたテーマの一つである。場所の特性データを用いることで、種の豊かさと場所の広さや生産性との関係や、その関係性が状況によってどう変化するかを解析することができる (Rosenzweig 1995)。場所の特性 (たとえば、気温、地理的隔離、捕食者の有無) のすべてを「環境変数 (environmental variables)」としてまとめることができるわけではないが、簡単にするために、本書では場所の特性を単に「環境」と呼ぶことにする。

基本となる種×場所の行列に、形質や場所の特性データを組み合わせることで、「二次の群集特性 (second-order community properties)」を表現できるようになる。

種の形質を反映した群集の二次特性

- **形質の多様性**：群集にいる種の形質のバラつきを表す指数。数多くの指数が存在し、単一もしくは複数の形質を使って計算される。形質は、適応度に何かしらの影響を与えるという意味で「機能的 (functional)」と表現されることが多い (Violle et al. 2007)。そのため、形質の多様性は「機能的多様性 (functional diversity)」を反映すると見なされることが多い (Laliberté and Legendre 2010, Weiher 2010)。
- **形質の組成**：群集にいる種全体での形質の平均値。群集の組成を定量的に表す指標の一つ (Shipley 2010)。

場所の特性を反映した群集の二次特性

- **多様性–環境の関係 (diversity–environment relationships)**：群集の多様性（一次・二次特性を表す指標のうち、どれでもよい）と、その場所の特性との関係。場所の特性としてよく用いられるのは、調査を行った面積（種数–面積関係 (species–area relationships)）や、その場所の生産性、撹乱履歴、標高、緯度、pH、地理的な隔離度、土壌水分の利用可能性といった環境変数である (Rosenzweig 1995)。
- **組成–環境の関係 (composition–environment relationships)**：群集の組成（形質や系統を考慮した組成も含む）と場所の特性との関係。この関係はさまざまな方法を使って解析することができる (Legendre and

> Legendre 2012)。たとえば，場所間の特性の違い（あるいは，場所間の地理的距離）の情報から，場所間のベータ多様性を予測する解析方法などが挙げられる。これらに関しては，第8章で詳しく取り扱う。

　ここで強調しておきたいのは，それぞれの群集特性の算出方法には本当に多くの種類があり，それらの特性を解析する方法にはさらに多くの種類があるということである。これらの方法に関しては，ほかの文献でより詳しく説明されている (Magurran and McGill 2010, Anderson *et al.* 2011, Legendre and Legendre 2012)。本節ではそのうち，基本的かつ概念的に互いに異なる群集特性だけを紹介した。

　第2章を要約すると，生物群集の理論は水平群集に最もよく当てはまり，そしてどんな空間・時間スケールにも適用可能である。群集生態学では，さまざまな群集の一次・二次特性について扱う。この後の章では，4つの高次プロセス（選択，浮動，分散，種分化）によってこれらの群集特性がどのように変化するのかについて見ていく。

第 **3** 章
群集生態学における
アイデアの発展の歴史

　何もないところからアイデアは生まれない．私が本書を書こうと思ったのには，2つのきっかけがあった．1つ目は，群集生態学におけるモデルやパターンは互いの関連性があいまいで，整頓性を欠いている (McInTosh 1980, Lawton 1999) と指摘されてきたことである．2つ目は，近年の生態学や進化生態学におけるアイデアの発展 (Mayr 1982, Ricklefs 1987, Hubbell 2001, Leibold *et al.* 2004) に伴って，これらのモデルやパターンを整理するのに必要な一般則が見えてきたことである．本章では，生物群集の理論を歴史的な文脈の中に位置づけることを大目的とする．また，どうして群集生態学は整頓性を欠いていると指摘されるに至ったのか，そして生物群集の理論の構成要素はどこから来たのかについて解説したい．これらを解説するために，水平群集に関する研究を中心にその歴史を簡単に紹介する．読み進めるうちに，群集生態学の歴史における個々の概念がどのように互いに結びついているのか分からなくなってくるかもしれない．しかし，それこそが私が強調したいポイントの一つであり，本書の残りの章で解き明かしたいテーマである．なお，群集生態学の歴史に詳しい読者は，今後の展望について述べている 3.4 節，3.5 節まで読み飛ばしてもよいだろう．

　群集生態学の歴史は，一本の単純な線として描けるものではない．現行の研究テーマ（たとえばメタ群集や形質ベースの群集解析）のいずれにおいても，異なる起源に由来する数多くの系譜が存在する．同様に，基本となる概念の多く（たとえば，競争排除則や種固有説 (individualistic concept)) は，さまざまな研究テーマに影響を与えてきた (McIntosh 1985, Worster 1994, Kingsland 1995, Cooper 2003)．このような背景から，群集生態学の歴史の捉え方は研究者の間

でも異なるだろう。さらに，生態学では「動植物の分布や行動」といった基礎的かつ普遍的な現象も扱うため，そのアイデアの源泉を辿ろうとすると何千年も遡ることになる (Egerton 2012)。生態学の長い歴史においては，Alexander von Humboldt（1769–1859 年）や Charles Darwin（1809–1882 年），Eugenius Warming（1841–1924 年）といった 19 世紀の科学者や博物学者たちは，現代でいうところの群集生態学者に近い存在だとみなせるだろう。いずれにしても，現在の群集生態学を形作る個々のパーツがどのようにして一つに合わさるのかを理解するには，より最近の概念的な発展に絞って話を進めた方がよいだろう。

　本章で紹介する歴史は，ここ 100 年程度の範囲に限る。本書では，群集生態学の歴史を完璧に説明したり，重要な文献をすべて紹介したりすることは目的としていない。そうした生態学の歴史の詳細については，すでにいくつかの優れた文献でまとめられている (McIntosh 1985, Worster 1994, Kingsland 1995, Cooper 2003, Egerton 2012)[1]。本章では，特に最近の水平群集に関する研究（図 2.1e を参照）を理解するうえでの基盤となる概念を紹介する。特に，次の 3 つのテーマについて扱う。すなわち，(1) 群集パターンの理解（3.1 節），(2) シンプルな数理モデルを用いた予測と検証（3.2 節），(3) 大きいスケールでのプロセスの重要性の検証（3.3 節）である。3.4 節では，私が生物群集の理論を着想するきっかけの一つにもなった，過去 50 年間に起こった群集生態学における論争や関心の波について紹介する。なお，本章では概念的な内容に焦点を絞るため，実証的な内容についての言及は最低限に止める。実証研究については第 7 章から第 10 章で扱う。

3.1　野外で観察される群集のパターンを理解する

　過去 100 年以上にわたり，フィールド生物学者たちは生物群集のパターンを観察し，その観察結果から理論的な推測を試みてきた。生態学の最初期においては，「自然界の群集は離散的な存在 (discrete entities) と見なせるかどうか」が盛んに議論された。アメリカの植物生態学者 Frederic Clements (1916) は「見なせる」と考えた。Clements は，群集とは一つの集合体であり，そこに含まれる種は，人の体における臓器のように相互依存の関係にあると考えた。この考

---

[1]（訳者注）McIntosh (1985) は日本語訳もされている（大串隆之ほか訳『生態学――概念と理論の歴史』思索社，1989）。

えに従うと，環境の変化に沿った種組成の変化は，連続的ではなく断続的なものと捉えられる（図 3.1a）。群集中の種には強い相互依存性があるため，たとえば標高に沿った成熟林の変化のように，群集は「タイプ1」「タイプ2」といった異なるタイプに分けられ，その中間的なタイプの群集はほぼ存在しないことになる

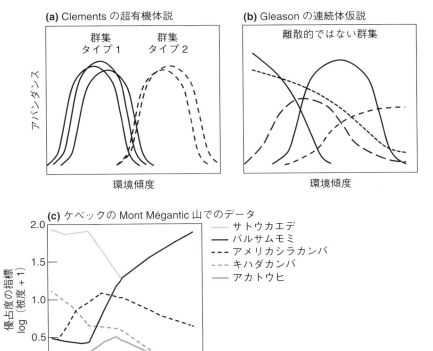

図 3.1 (a, b) 環境傾度に沿った種の分布，もしくは群集への種の加入時期（x 軸上のどの点で，ある種が群集に加入するか）に関して競合する 2 つの仮説。(c) Mont Mégantic 山の標高傾度における 5 樹木種のアバンダンスの変化（局所的に重みづけされた散布図平滑化曲線：locally weighted scatter plot smoothing (LOESS) curve）。Marcotte and Grandtner (1974) より。標高に沿って群集組成が徐々に変化していく様子を示しており，仮説 (b) を支持している。

（図 3.1a）。このように，Clements は生物群集を「超有機体 (superorganism)」として捉えた。

　Clements の考えは，伝統的な植生区分のアイデアとうまく合致していた。植生区分は，20 世紀初頭のヨーロッパの植物学者にとって主要なテーマの一つである。代表例として Josias Braun-Blanquet の研究グループ (Braun-Blanquet 1932) が中心となった，チューリッヒ・モンペリエ (Zurich–Montpellier) 学派による区分が挙げられる。これらの研究は，植物群集の調査を行うことで，調査プロットを階層的な植生区分に従って分類することを目的としている。すなわち，生物群集は離散的な存在であることが暗に仮定されており，それぞれの群集（調査プロット）は個別の植生タイプに割り振られる。

　Clements の超有機体という群集観に対して，Henry Gleason は，個々の種が個別に環境に反応している（図 3.1b）という見方を示した。すなわち，ある地点でみられる種の組み合わせは，種間の相互依存性ではなく，それぞれの種が独自 (individualistic) に環境応答することで決まると考えた (Gleason 1926)。のちの研究で，群集は環境傾度（たとえば標高）に沿って，ある群集タイプから次の群集タイプへと断続的に変化するのではなく，連続的に変化することが示され（Whittaker 1956, Curtis 1959; 図 3.1c），Gleason の仮説が支持された。とはいえ，生態学では便宜上，任意の単位空間に存在する種の集まりを群集と定義して扱うことが多く，本書でもこれに従う（第 2 章参照）。

　1950 年代まで，群集データの多くは定性的にしか解析されていなかった。一部，定量的な解析として，ある要因の変化に伴う種のアバンダンスの変化などを表やグラフで示すこともあったが（たとえば図 3.1），結論についてはこうした表やグラフの定性的な部分に着目して導かれていた（たとえば Whittaker 1956）。とはいえ，多変量データの定量的な解析手法にはたしかな需要があり，こうした需要に応えるべく，「序列化 (ordination)」と呼ばれる手法 (Bray and Curtis 1957) が提案された。序列化手法では，複数の群集（調査プロット）をその種組成をもとに整頓する。ここでは，一種一種のアバンダンスは，一つ一つの変数と見なされる。そして群集は，種のアバンダンスベクトル（第 2 章参照）のように，複数の種の集まった多変量データとして扱われる。多くの種どうしの分布は（正または負の）相関を示すが，序列化はこうした情報を集約することで，群集間の組成の違いをより少ない次元数で表現することを可能にす

る (Legendre and Legendre 2012)．たとえば，図 3.1c [2]) について考えてみよう．この図で示されている，種×場所データだけを使って（つまり標高に関するデータを用いないで）序列化を行ったとする．この序列化解析によって得られる第一軸は，多くの種の分布が標高に沿って決まっていることを反映して，標高と強く相関するだろう．このような手法の登場により，どの環境や空間変数が群集組成を最もうまく説明できるかといった，定量的な研究ができるようになった (Legendre and Legendre 2012)．

群集理論ごとに，「どの変数（環境や空間）が高い説明力をもつか」に関する予測は異なる．最近の例を挙げると，中立理論（3.3 節で解説）は，群集組成は環境変数（標高や pH）では直接は説明されず，場所どうしの地理的な近さが重要だと予測している．序列化をはじめとする多変量解析手法の登場により，こうした仮説の検証が（少なくとも原理上は）可能になった（第 8 章から第 9 章参照）．群集多変量解析の新しい手法の開発やその適用は過去 50 年以上にわたって衰えることなく続いており，近年の研究の重要な推進力となっている (Anderson *et al.* 2011, Legendre and Legendre 2012, Warton *et al.* 2015)．

第 2 章で説明したように，生態学者たちは種数–面積関係，相対アバンダンス分布 (relative abundance distribution) [3])，形質の分布（体サイズなど）といった群集のパターンを記載し，その解釈を試みてきた．これらのパターンの解釈の多くは，次の 2 つの節で解説するように，何らかの数理モデルに立脚している．

3.2　相互作用する種に関する数理モデル

生態学において，個体群モデリング (population modeling) の分野は極めて大きな影響力をもっている．個体群モデリングは，起源となる研究までその歴史を遡ることができる，数少ない分野の一つである (Kingsland 1995)．その起源の一つが，Alfred Lotka と Vito Volterra がそれぞれ独自に発案した，種間相互作用に関するモデルである (Nicholson and Bailey 1935 も参照)．こうした個体群モデルは，観察された群集パターンを理解するためだけではなく，

---

[2]）（訳者注）標高に沿った樹木の分布を示した図．
[3]）（訳者注）相対アバンダンスとは，それぞれの種のアバンダンスが群集中の総アバンダンスに対してどれだけの割合を占めているか（つまり各種の頻度）を表したもの．（相対）優占度とも表現される．

群集がさまざまな条件下でどのような動態を示すかの将来予測にも使える。第6章では、その一例となるシミュレーションモデルを紹介する。ここでは、基本となる個体群モデルや、それをもとに作られた何百ものモデルを理解するための準備として、単一の集団におけるシンプルなモデルから見ていく。

個体群成長は、掛け算で表せるプロセスである。具体的には、1個体のバクテリアが分裂して2つになれば個体数は2倍に、この2個体がまた分裂すれば個体数はさらに2倍に、はじめと比べると4倍になる。すなわち、時間tにおける集団サイズをN_tとし、分裂が離散的な時間ステップで起こると仮定すると、$N_1 = N_0 \times 2$, $N_2 = N_1 \times 2 = N_0 \times 2 \times 2 \ldots$ となる。より一般的には、繁殖に関わる要素 (reproductive factor) をRにまとめるとすると、$N_{t+1} = N_t \times R$ (Otto and Day 2011) となる。この式に基づくと、個体群は掛け算式に制限なく成長し続ける（図3.2a）。そのため、この式で表される個体群の成長様式は指数関数的個体群成長 (exponential population growth) と呼ばれる。説明の都合上、ここで$R = 1 + r$と定義する。rは、個体群の内的自然増加率 (intrinsic natural growth rate あるいは単に内的増加率 (intrinsic growth rate) とも) を表す。Otto and Day (2011) では離散時間モデルの内的自然増加率と連続時間モデルの内的自然増加率 ($r = \log R$) を区別するために、離散時間モデルの内的自然増加率をr_dとおいているが、本書では単にrと書くこととする。$r > 0$のとき個体群は増加し、$r < 0$のときは減少する。ここから、$N_{t+1} = N_t(1+r)$となり、展開すると以下の式が得られる。

$$N_{t+1} = N_t + N_t r$$

当然、個体群は制限なく成長し続けることはできない。個体群成長を制限する要因としてはさまざまなものが考えられるが、単一種の個体群においては、個体数の増加に伴う共通資源の枯渇が最もあり得るケースだろう。この場合、個体の密度が低いうち（つまり資源を食べ尽くさないうち）は資源に余裕があり、個体群は指数関数的に増加するだろう。しかし、個体群が大きくなるにつれて資源は枯渇し始め、それに伴って個体群の成長速度は落ちる。ある場所で存続できる個体群のサイズの上限をK「環境収容力 (carrying capacity)」とすると、個体群の成長速度は、個体群サイズがKに近づくにつれて落ちるはずである。個体群サイズがどれくらいKに近づいているかはN_t/Kで表され、個体群サイズがどれほどKから離れているかは$1 - N_t/K$で表される。ここから、

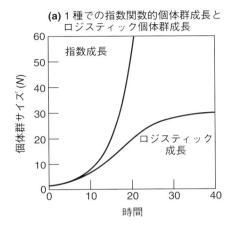
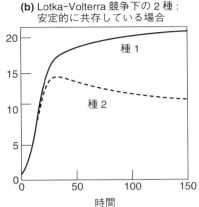
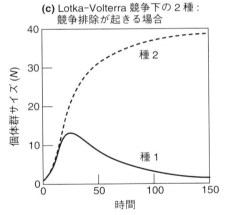

図 3.2 (a) 指数的成長とロジスティック成長している 1 種,および (b, c) Lotka-Volterra 競争下にある 2 種の個体群動態。すべての図で,内的自然増加率は $r = r_1 = r_2 = 0.2$ (本文参照) とする。また (b) と (c) において,競争係数は $\alpha_{21} = 0.9$,$\alpha_{12} = 0.8$ (種 1 の方が種 2 よりも相手に対する競争の影響が強い) とする。環境収容力は,(a) のロジスティック成長モデル,(b) の両種,(c) の種 1 では $K = 30$ とし,(c) の種 2 には競争力の弱さを補うため,優位性を与え $K_2 = 40$ としている。

実際の個体群成長率は $r(1 - N_t/K)$ となることがわかる。N_t が 0 に近いほど個体群成長率は r に近く,$N_t = K$ のときの個体群成長率は 0 となる。このこ

とは次の個体群成長のロジスティック式により確かめられる（図 3.2a）。

$$N_{t+1} = N_t + N_t r(1 - N_t/K)$$

ロジスティック式は，個体群が大きくなり資源が枯渇したときの個体群成長率の低下を考慮して，指数関数的増加式に改良を加えた式である．しかし，当然のことながら，資源はほかの種によっても利用され枯渇する（あるいは加えられることもある）．そこで次に，式に2番目の種を導入してみよう．2種（種1，種2）それぞれのパラメータを定義するために，それぞれの記号に下付きの1，2の数字を振る（たとえば N_1 や N_2）．また，競争の影響をシンプルにモデル化するため，種間競争（種2の種1に対する影響）を，種内競争（種1の種1自身に対する影響）に対する比で表すことにする．このパラメータを競争係数 (competition coefficients) と呼び，α_{12}（種2の種1に対する影響）で表す．種2が，種1の利用する資源を種1自身の半分の速度で消費する場合，$\alpha_{12} = 0.5$ となる．ここから，群集中に種2が N_2 個体いた場合，種1は種1自身が $\alpha_{12} \times N_2 = 0.5 \times N_2$ 個体いた場合と同じだけの影響を受ける．この定義を用いることで，共通の資源をめぐって競争する2種の個体群動態モデルを導ける．下に示したモデルは，すべてのパラメータに下付きの数字が加えられて複雑になったようにみえるが，実際はロジスティック式にたった一つ，変更を加えただけである．

$$N_{1(t+1)} = N_{1(t)} + N_{1(t)} r_1 (1 - N_{1(t)}/K_1 - \alpha_{12} N_{2(t)}/K_1)$$
$$N_{2(t+1)} = N_{2(t)} + N_{2(t)} r_2 (1 - N_{2(t)}/K_2 - \alpha_{21} N_{1(t)}/K_2)$$

さらに種数を増やす場合は，それぞれの種について同様の式をたて，種 j の種 i に対する影響を表すパラメータ $\alpha_{ij} N_j$ を加えれば良い．

ここで紹介したモデルから得られる群集動態の詳細については第6章で解説する．ここでは，種1と種2の競争の帰結（共存できるか，一方が絶滅するか）は，K と α_{ij} の相対的な関係に大きく依存するというにとどめておこう．ほかのパラメータが等しい場合，種内競争が種間競争より十分強く（$\alpha_{12} \times \alpha_{21} < 1$），環境収容力 K_1 と K_2 が大きくは違わない場合に2種は安定的に共存する（図3.2b, c）．こうした種間相互作用に関する数理モデリングは，100年近くにわたって生態学の一分野として，さまざまな修正を経ながら発展してきた．

3.2.1 数理生態学と実証群集生態学における個体群モデリングの存在

生態学分野では，1960年代から1970年代にかけて数理モデルへの関心が高まった。これにはRobert MacArthurと彼の共同研究者，そして指導教員であるG. Evelyn Hutchinsonらの貢献が大きい (Kingsland 1995)。種間競争に関するモデルの多くは，資源の量を明示的に扱うアプローチを取ってきた（たとえば，植物の成長を律速する資源の増減）。このアプローチの利点としては，種の共存を促す種間トレードオフの存在を特定できるといった点が挙げられる。たとえば，このアプローチを使うことで「2種の個体群成長が (1) それぞれ異なる資源によって律速されており，(2) 律速となっている資源を他種よりも先に獲得できる場合，各資源が一定の割合で供給され続けるならば2種は安定的に共存できる」ということを示した研究がある (Tilman 1982)。

その後の研究により，種間競争の帰結（共存できるか，一方が絶滅するか）は，結局のところたった2つの鍵となる要素によって決まることが示された (Chesson 2000b)。まず，ここで重要なのは「種が共存できるかどうかは，各種の個体群サイズが小さい時にその個体群成長率が高くなる性質に依存する」という点である。この性質が働かない場合は，競争排除が起こることとなる。そのうえで，Lotka–Volterraの競争モデルからもわかるように，共存は2つの鍵となる要素に依存する。すなわち (1) 種内競争が種間競争よりも強いこと ($\alpha_{12} \times \alpha_{21} < 1$)，および (2) 種間の平均パフォーマンス（環境収容力Kで表わされる）の違いが (1) の効果を打ち消さない程度に十分小さいことである。種間の違いというのは本質的にはこれら2つの成分によって表され，「近代共存理論 (modern coexistence theory)」(HilleRisLambers et al. 2012) ではこれらを「ニッチ[4]の違い (niche differences)」と「適応度の違い (fitness differences)」とそれぞれ呼んでいる (Chesson 2000b)。数学的には，個体数が少ないときの個体群成長率 r_{rare} は，これら2つの成分と，単位を個体群成長率に合わせるためのスケーリング係数 (s) の関数で表すことができる (MacDougall et al. 2009)。

---

[4]（訳者注）ニッチ (niche)：生態的地位。ある種の生育に影響を及ぼすすべての環境要因（利用する資源や生育環境などのあらゆる環境要因）。あるいはそうした環境要因を軸とする多次元空間のなかに占める特定の領域。

$$r_{\text{rare}} = s\,(\text{適応度の違い} + \text{ニッチの違い})$$

ここまでの説明では，空間的・時間的に均一な環境下における，一つの閉じた群集を仮定した動態モデルについて見てきた。このほかにも，仮定を緩めたさまざまなモデルが提案されている。その例として，空間的・時間的な環境の不均一性を考慮したモデルが挙げられる。また，2つ以上の局所群集間で起きる分散の影響は，「メタ群集生態学 (metacommunity ecology)」という分野のモデルによって調べられている (Leibold *et al.* 2004)。これらのモデルの詳細は第5章と第6章で紹介する。

　数理モデルは，さまざまな実証研究（第8章から第9章参照）の足掛かりとなる。Gause (1934) は，ほかに先駆けてモデル研究と実証研究を組み合わせた研究を行った。まず，微生物やそのほかの微小生物（ゾウリムシや酵母など）を用いたミクロコズム実験をもとにモデルを構築し，次に独立した実験を行うことでそのモデル予測性を検証したのである (Vandermeer 1969, Neill 1974 も参照)。これらの実験から，Gauseの「競争排除則 (competitive exclusion principle)」が生まれた。競争排除則は，本質的には以下のことを示している。すなわち，適応度（Chesson 2000bの定義に基づく）が，種間で多少なりとも異なるとすると，同じ資源を利用する（つまり，ニッチを分割する余地がない）2種は共存できない[5]。なお，Hutchinson (1961) はこの競争排除則を多種系に拡張したうえで，「湖に棲む植物プランクトンが，限られた同一の資源を巡って競争しているにも関わらず共存できている」という観察結果をもとに，「プランクトンのパラドックス (paradox of the plankton)」を提唱した。

　共存を可能にすると期待される種間の違い（たとえば，異なる環境への棲み分けや，資源の分割）を特定するために，多くの研究が行われてきた (Siepielski and McPeek 2010)。また，強い競争下における種の分布や群集組成パターンを，観測データを使って調べる研究も数多く行われている（こうしたプロセスに関する研究は，特に1960年代から1970年代に進められた）(Diamond 1975, Weiher and Keddy 2001)。これらの研究でみつかったパターンの例として，2種の分布を表す「チェッカーボード」がある。これは，各場所には2種のどちらか一方が高確率でみられるが，2種が同所的にみられることはほとんどないという分布パターンを表す (Diamond 1975)。ほかにも，特定の要素（たと

---

[5]（訳者注）適応度が少しでも低い方がその場所から排除される。

えば，ある種の在/不在や密度，資源の供給，分散など）を実験的に操作することで，何かしらの種間相互作用（競争，捕食，共生など）が検出されたり，理論モデルから予測されるような群集組成の変化が現れたりするかといった検証も行われている (Hairston 1989)。こういった研究の流れは，近年の群集生態学においても健在である (Morin 2011, Mittelbach 2012)。

3.3 広いスケールにおけるパターンとプロセス

　生態学的なパターンや，そのパターンを説明するプロセスの重要性は，観察する空間スケールによって異なることが多い (Levin 1992)。たとえば，小さな空間スケール（個々の池など）では，生産性が中程度の場所で種多様性が最も高くなるのに対し，大きな空間スケール（集水域など）では，種多様性は生産性の増加とともに上昇し続けることがある (Chase and Leibold 2002)。生物群集の定義の多くには，「群集内で種が相互作用している」という基準が含まれており (Strong *et al.* 1984, Morin 2011)，そのため群集の空間的な範囲には上限がある。この上限をどこに設定するかというのは難しい問題だが（第2章参照），多くの生物にとってそれは，数平方センチメートル（微生物）から数平方メートル（草本植物），数ヘクタール（小さな哺乳類）程度であり，数平方キロメートルということは滅多にないといってよいだろう。一方，生物地理学では，地域間といったより大きいスケールを対象に研究が行われることも多い。このように群集生態学と生物地理学では対象となる空間スケールが異なる。しかし両者は，「なぜ種のタイプや数は場所によって違うのか」といった重要な問いを共有している。そのため，生物地理学者やマクロ生態学者（あるいは単に生態学者）を自称してきた研究者についても，私は群集生態学者と呼びたいと思う。

　大きなスケールでの群集パターンを説明する（たとえば，大陸間やバイオーム間で比較する）際には，小さなスケールでは無視できたプロセスについても，いくつか考慮する必要が出てくる。たとえば，ある地域の地理的・進化的な歴史は，その地域の生物相の形成において主要な役割を果たしてきただろう (Ricklefs and Schluter 1993a)。さらに，これらの「地域的な生物相 (regional biotas)」は何度もほかと接触し，混ざりあっている。そのため，大きなスケールでの群集パターンにおいても，競争のような群集レベルで顕著なプロセスが重要な役割を果たすことがある (Vermeij 2005, Tilman 2011)。また，独立に進化して

きた種から成る，まったく異なる生物相どうしが，近接してみられることもよくある（たとえば，ある一つの山腹に沿って温帯林，冷温帯林，ツンドラが分布するケース）。そして，局所スケールでのパターン（たとえば，ある環境傾度と種多様性との関連 (Taylor et al. 1990)）が形成されるうえでどのようなプロセスが卓越するかは，地域的な生物相，つまり「種プール (species pool)」[6]に含まれる種のタイプや数に大きく左右される (Ricklefs and Schluter 1993a)。これら大きなスケールにおける観測データやアイデアのすべては，100年以上昔にその根源をもつ。しかし，群集生態学分野において，これら大きいスケールでの観測データやアイデアと，小さいスケールにおける研究との融合が始まったのは，より最近になってからのことである。

比較的大きな空間スケールで起こるプロセスは，数々の理論モデルで表現されている。たとえば，Robert MacArthur と E. O. Wilson は，彼らの立てた局所的に相互作用する種のモデルとはまったく対照的な，「島嶼生物地理学理論」(MacArthur and Wilson 1967) を提唱した。この理論では，島の局所的な種組成はつねに変化しており，種多様性は大陸からの移入と局所絶滅のバランスによって決定すると仮定している。この理論モデルは，種多様性はより小さくより大陸から離れた島で低くなることを予想し，現実のパターンを理解する助けにもなった（図3.3）。

この島嶼生物地理学理論の重要な特徴は，種の違いが意味をもたないことで

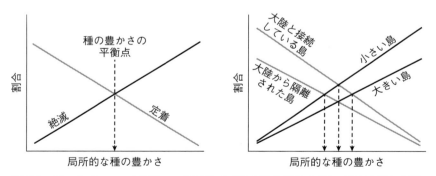

図3.3　MacArthur and Wilson (1967) の島嶼生物地理学モデルの要点を示した図。島のサイズや島の接続性/孤立具合がなぜ種多様性に影響するのかが説明されている。

---

[6]（訳者注）ある局所群集に種を提供する，地域全体での生物相（図4.1も参照）。

ある (Hubbell 2001)．仮想的な大陸の種プールから，個体は種によらずある頻度で島に到達する．このとき，定着率（新しい種の到達）は，局所的な種多様性が高いほど，到達した種がまだそこにいない確率が下がるため，減少する．大きい島ほどより大きい個体群が維持され，個体群は大きくなるほど局所的に絶滅しにくくなるが，ここでもやはり種は互いに区別されない．この理論について Hubbell (2001) は，より普遍的な中立理論（すなわち，異なる種の個体間でデモグラフィー[7]の違いを想定しない理論）の特殊ケースの一つだと述べている．Hubbell は島嶼生物地理学理論に，種分化と個体レベルでの出生–死亡プロセスを加えることで，さまざまな空間スケールにおいて，種アバンダンス分布，種数–面積関係，群集の類似度の距離減衰 (distance decay of community similarity)（すなわち，空間的により遠くに位置する群集間ほどその組成の類似度は低下するというパターン）を説明できることを示した．

　Hubbell の中立理論は，その理論予測と実証パターンが驚くほど一致することから，2000 年代の研究活動（特に，中立理論では予測できないパターンの記述を目的とした研究）に大きな論争と混乱を巻き起こした (McGill 2003b, Dornelas *et al.* 2006, Rosindell *et al.* 2012)．とはいえ，これら中立理論で予測できないパターン（たとえば，種組成と環境変数の強い関連性など）は当時からよく知られていた．私が思うに，中立理論の大きな功績は，それまで重要だと考えられてきた選択というプロセスが強く影響しているか否かに関わらず，種間の違いを必ずしも伴わないプロセス（つまり，浮動，分散，種分化）も生物群集のさまざまなパターンを創出しうることに気づかせてくれた点である．

　種分化は，ある地域に種を加えるたった 2 つのプロセスのうちの 1 つであり（詳細な議論は第 5 章で行う），広い地域における種数を決める重要な要素だと以前から認識されてきた．種多様性の緯度に沿った変化を説明するために，MacArthur (1969) は島嶼生物地理学理論と似た理論を考案した．この理論では，移入と絶滅のバランスだけではなく，移入＋種分化と絶滅のバランスで種多様性が説明されている (Rosenzweig 1975 も参照)．実際，ある場所にほかの場所よりも多くの種がいた場合，加入（input，移入と種分化）と消失（output，絶滅）のバランスが両者の間で異なっていることは明白だろう．

　局所スケールの群集パターンを決定するうえでの，（種分化，移入，絶滅に

---

[7]（訳者注）詳細は 5.2 節の訳者注を参照．

よって形作られる）地域的な種プールの重要性が広く認識されるようになったのには，1980年代から1990年代にかけてのRobert Ricklefsとその共同研究者たちの功績によるところが大きい（Ricklefs 1987, Cornell and Lawton 1992, Ricklefs and Schluter 1993a）。局所スケールの群集パターンが決定されるうえでは，種間相互作用が重要だとする説（局所仮説）と，地域の種プールの特性が重要だとする説（地域仮説）の2つがあり，両者の間で予測が異なる。このことを示す2つの例を挙げながら，これらの研究の要点について説明しよう。

まず1つ目の例では，局所的な種多様性が競争により規定される場合（すなわち，局所群集が種で「飽和」している場合），地域的な種プールがよほど小さくない限り，狭い範囲での種数は地域的な種プールのサイズに左右されない。しかし，もし局所スケールでの競争が種数を制限できるほど十分に強くなかった場合，局所的な多様性は地域スケールでの多様性に対して線形に増加すると考えられる（Cornell and Lawton 1992）。この予測は，島嶼生物地理学モデルの延長線上にあるものと見なせるだろう（Fox and Srivastava 2006）（図3.4a）。実証データから得られるパターンは事例ごとに大きく異なり，図3.4bに示した2つの状況の間のすべての場合を満たすほどである。

2つ目の例は，種多様性と環境変数（生産性など）の関係に関するものである。たとえば，種多様性と生産性は，単峰型の関係をよくもつことが知られている。

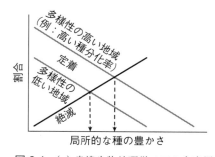
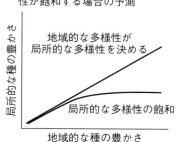

図3.4 (a) 島嶼生物地理学モデルを応用することで，地域的な多様性が局所的な多様性に与える影響を予測したもの。(b) ではある一定レベルを超えると局所的な種数が飽和する場合の仮定が含まれている。これらの図には，地域仮説と局所仮説の相反する予測も示されている（本文参照）。

この関係性について，局所仮説に基づくと以下のような説明ができる。すなわち，生産性の低い場所では過酷な環境が多くの種の生存を妨げる一方で，生産性の高い場所では激しい競争が多様性を下げる。生産性が中程度の場所で，これら両者が共存できる (Grime 1973)。一方，地域仮説では，競争は直接的な役割は果たさないとされる。地域仮説では，生産性が中程度の生息地が，その地

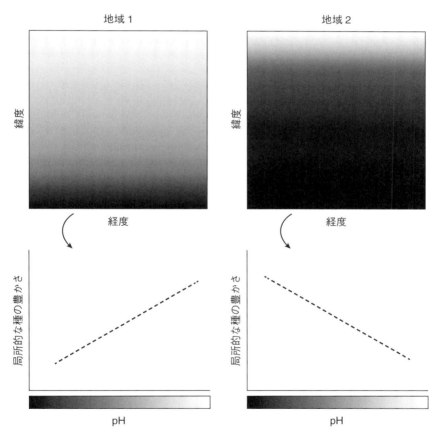

図 3.5 多様性と環境の関係を説明する「種プール仮説」を表した図。地域 1 では地域全体に対して pH の高い部分（色のうすい場所）が卓越している（上の図）ため高い pH に適応した種が多くなり，多様性と pH が正に関連している（下の図）。一方で地域 2 はその逆に，pH の低い部分が卓越し，多様性と pH が負に関連している状態を示している。

域の生物相が進化する過程で空間的・時間的に多く存在したため，結果的にたくさんの種がこの中程度の生産性で最もパフォーマンスが上がるように進化してきたのだと解釈される (Taylor *et al.* 1990)。地域仮説のもとでは，生産性が異なる生息地どうしでは，それぞれの地域の種プールの有効サイズが異なり，その結果として局所での多様性パターンが決まると想定される。なお，これらの競合する予測をたった一つの地域におけるパターンから検証するのは不可能である。しかし，もし複数の地域間で多様性と環境変数の関係の形が違っていたのであればどうだろう。この場合，地域仮説（あるいは種プール仮説）に基づくならば，各地域でどういった環境の生息地が空間的・時間的に多く存在してきたかという情報をもとに，多様性と環境変数の関係を予測することができるはずである (Pärtel *et al.* 1996, Zobel 1997, Pärtel 2002)（図 3.5）。こうした検証を直接行った研究は限られているが，それらの研究結果では種プール仮説が支持されている（第 10 章参照）。

3.4 群集生態学の最近 50 年の動向

群集生態学では最近 50 年の間に，これまで重要性が十分に評価・理解されてこなかった現象やプロセス，アプローチについての研究のブームが，それぞれが重なり合う波のように押し寄せてきた（図 3.6; McIntosh 1987, Kingsland 1995 も参照）。これらの歴史については，群集生態学の道しるべとも呼ぶべき文献で学ぶことができる (Cody and Diamond 1975, Tilman 1982, Strong *et al.* 1984, Diamond and Case 1986, Ricklefs and Schluter 1993a, Hubbell 2001, Chase and Leibold 2003, Holyoak *et al.* 2005)。

3.1 節から 3.3 節のそれぞれの節で紹介した 3 つの研究の流れのうち，後者 2 つ[8]については，Robert MacArthur と彼の共同研究者たちが 1960 年代に行った研究によって大きく推進された。共同研究者には，Richard Lewontin, E.O.Wilson, Richard Levins らが含まれている。このグループは，彼らの議論の場となった MacArthur の別荘があるバーモント州 Marlboro の地名にちなみ「Marlboro Circle」と呼ばれている (Odenbaugh 2013)。また，この時期に考案・洗練された理論を検証するため，野外観察パターンを説明するため

---

[8]（訳者注）つまり，相互作用する種に関する数理モデル（3.2 節）と，広いスケールにおけるパターンとプロセス（3.3 節）。

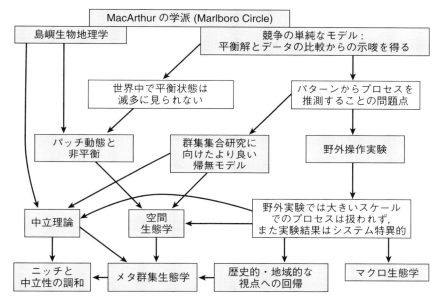

図 3.6 最近 50 年の群集生態学において用いられてきた主要な研究手法，論理，概念的枠組み。各々の枠組みが灰色で示されており，ある枠組みに関する弱点（白色）を介して次の枠組みが生じている。

の研究（3.1 節参照）も再び注目されることとなった。なお，MacArthur が 2 つの相反する理論（群集パターンが局所的な要因によって決まるという理論と，地域的な要因よって決まるという理論）（図 3.6）を提案したという事実については，「MacArthur のパラドックス」と呼ばれることもある (Schoener 1983b, Loreau and Mouquet 1999)。こうした背景から，群集生態学において現在盛んに研究されているテーマの歴史を辿るには 1960 年代は良い出発点だといえるだろう。

　最初の波を引き起こしたのは，主として種間競争が生物群集を形作ることを想定したモデル研究である (Cody and Diamond 1975)。こうしたモデルは，一般性・普遍性をもった生態学理論を提示することを目指して考案された (Diamond and Case 1986)。しかし，現実にはそうはいかなかった (McIntosh 1987)。というのも，第一に多くの群集は競争よりも捕食に強く規定されていること，そして，提示されているデータについても，競争ありきの視点からデータが解釈

されており，ほかの仮説を十分に検証していないのではないかという批判が出たたことが挙げられる (Strong et al. 1984)。第二に，このモデルでは現実世界があたかも単純な式の平衡解として表せるとされていた。しかし実際には，そのような単純で，平衡点に達しているような自然は稀だという批判も挙がった (Pickett and White 1985, Huston 1994)。これら2つの批判は，少なくとも次の3つの研究トピック（次の波）の誕生や再興につながった。すなわち，(1) 帰無モデル (null models) を用いて，競争がない状況下において群集パターンが生じる可能性を評価する (Gotelli and Graves 1996)，(2) 撹乱による平衡からの解離や，「パッチ動態 (patch dynamics)」に注目する (Pickett and White 1985)，(3) 野外実験を用いて，群集パターンに関わるメカニズムを検証する (Hairston 1989) ことである。

　1980年代に活躍していた生態学者から私は，実験系でない論文はなかなか良い学術誌に載らないことを学んだ。野外実験は，プロセスに関わる仮説を検証するうえでの決定的な手段である。しかし，ほとんどの野外実験は非常に小さい空間スケール（草原に設置されたプロットや，岩礁の数平方メートルのケージなど）でしか行えない制約や，そもそも倫理的な問題から実施できない実務上の課題に直面した (Brown 1995, Maurer 1999)。このように，局所スケールにおけるプロセスだけを重視することの限界が認識されていくにつれ，先に説明した次のトピック，すなわち「地域スケールのプロセスも局所スケールにおける群集の理解に必要だ」という認識が広まっていった (Ricklefs 1987, Ricklefs and Schluter 1993a)。地域スケールのプロセスの中でも，分散が一つの鍵だとされた。なお，分散が空間スケールを明示的に考えるうえで重要な要素であることは，すでに島嶼生物地理学理論によっても示されていた。1990年代には，空間は生態学における次世代テーマと評されるようになり (Kareiva 1994)，「空間生態学 (spatial ecology)」(Tilman and Kareiva 1997) が時の流行語となった。当時，空間生態学で扱われていたうちの群集に関する内容は，今ではメタ群集生態学として扱われている (Leibold et al. 2004, Holyoak et al. 2005)。

　島嶼生物地理学理論 (MacArthur and Wilson 1967) は，生態学はもちろんのこと，生息地の消失による絶滅の予測や保護区域の設定といった点に関して，なにより保全生物学に大きな影響を与えた (Losos and Ricklefs 2009)。景観中には生息地が島のようにパッチ状に分布していることが多く，こうしたパッチ状の生息地や環境はしばしば生息地パッチ（あるいは単にパッチ）と呼ばれる。

各パッチでは局所的な絶滅と定着が繰り返されているという考えは,「パッチ動態」の名のもと,一大研究テーマとなっていった (Pickett and White 1985)。また,生態学分野で過去30年間に最も議論を呼んだ理論の一つである Hubbell (2001) の中立理論も,島嶼生物地理学理論から部分的に着想を得ている。中立理論は,メタ群集生態学を形成する柱の一つとなるだけではなく,「なぜ真実とは明らかに異なる仮定(すべての種・個体のデモグラフィーが同じ)を含んでいるにも関わらず,自然界におけるいくつかのパターンをうまく予測できるのか」と研究者が疑問をもつ契機となり,これは過去15年ほどの主要な研究テーマの一つとなっている (Gewin 2006, Gravel *et al.* 2006, Holyoak and Loreau 2006, Leibold and McPeek 2006)。

3.5 群集生態学におけるアイデアの増加とその集約

　群集生態学の分野では,過去100年にわたって数々のモデルや概念,手法,哲学が現れては消えていった。群集生態学のこうした煩雑な歴史は,学生がこの分野の全体像を理解するうえでの障壁の一つとなっていた。新しい視点や理論を提示する際,研究者たちは限られた数のプロセスに話を限定することが多く,そのほかのプロセスについては詳しく言及しないこともよくある。たとえば,ニッチ理論は選択に,メタ群集理論は分散に,中立理論は選択以外のプロセスにそれぞれ焦点を絞っている。私が学生として群集生態学を学んでいた時にも,数々の異なる研究テーマの盛衰があった。そうしたさまざまなアイデアを見る中で,従来は個別に取り上げられていたプロセスがすべて,集団遺伝学で提案された4つのプロセスに落とし込めることに気づいた。本書で紹介しているこの発見は,群集生態学で個別に発展してきた知見を集約することで,学生がこの分野の全体構造を理解するのに役立つだろう。

　群集生態学において「選択」という用語が明示的に使われるのは,異なる種の個体間で働くプロセスとしての選択に言及する場面に限られていた (Loreau and Hector 2001, Norberg *et al.* 2001, Fox *et al.* 2010, Shipley 2010)。しかし実際には,種間の違いから生まれる決定論的 (deterministic) な群集の変化もまた,本質的には選択によって生じており,このことは Lotka–Volterra のモデルから現代のモデルに共通して当てはまる (Vellend 2010)。つまり選択は,実質的にはつねに,群集生態学の中心テーマの一つに据えられてきたのである。

確率論的な個体群変動によって生じる群集の「浮動」についても，昔からその重要性は認識されていたが，それが完全に根付いたのは Hubbell (2001) が中立理論を発表した後である．同様に，「分散」は何十年にもわたって生態学における主要なモデルの中に登場してきたものの，群集を規定する明確なプロセスの一つとして認識されたのは，メタ群集理論が提案されてからである (Leibold *et al.* 2004)．最後に，「種分化」が生物群集を形作るプロセスの一つと見なされる契機となったのは，地域的な種プール構造の重要性が指摘されたこと (Ricklefs and Schluter 1993a)，そしてマクロ生態学が誕生したこと (Brown 1995) である．これら4つの高次プロセスによって，群集生態学の多種多様な理論の数々を，いくつかの鍵となる要素の組み合わせとして理解できるだろう．

第 II 部

生物群集の理論

第 **4** 章

生態学と進化生物学における一般性の追求

　生物群集の理論は，群集生態学における多くのアイデアや概念，仮説，モデルをまとめる一般的な理論的原理を見つけ，表現したいという私の試みから生まれた．理論の中身については第 5 章で詳しく説明するが，本章ではその前に，「これまで群集生態学者がどのように一般性を探求してきたのか」，「なぜそれらが完全に満足のいく成果をもたらさなかったのか」，そして「どうして私が着想を得た集団遺伝学の理論は，進化生物学の分野において，一般性をもった強固な理論として広く受け入れられているのか」について触れておきたい．これらと，生物群集の理論の簡単な説明を行うことを，本章の目的とする．

4.1　生態学的群集における一般的な（そしてそこまで一般的ではない）パターン

　自然界における一般的なパターン（たとえば，サンゴ礁，極域のツンドラ，熱帯林などの異なる状況下において共通して観察されるパターン）を見つけることは，何十年にもわたって生態学における主要なテーマの一つであり続けてきた．MacArthur (1972) の有名な言葉に「科学を行うとは，繰り返されるパターンを見つけることであり，ただ事実を積み重ねて行くことではない」というものがある．このような姿勢は，生態学での一般性の探求における「パターン先行型 (pattern-first)」のアプローチと呼ぶことができるだろう (Cooper 2003, Roughgarden 2009, Vellend 2010)．実際，自然界では繰り返されるパターンが数多く見つかっている．たとえば，ほぼ例外なく種数は面積とともに増加し，種数–面積関係はある程度決まった型を取ることが知られている

(Rosenzweig 1995)。ほかにも，ほとんどの群集は少数の優占種と多数の希少種 (rare species)[1] からなることや (McGill et al. 2007)，多くの生物グループにおいて種多様性は熱帯域で最も高く極域に向かって単調に減少すること (Rosenzweig 1995) が知られている。しかし，一般的 (general) であることと普遍的 (universal) であることは異なり，「一般的にみられるパターン」であっても，それが「普遍的である」と断言できるケースを私は知らない（たとえば，Wardle et al. (1997) の負の種数–面積関係など）。はじめは一般性が高くみえたパターンでも，系によって大きく様相が異なることが後に分かっていくこともある（たとえば，多様性と生産性の関係; Waide et al. 1999 など）。そして最も重要なこととして，パターン先行型のアプローチを支える動機の一つに「一般的なパターンから，一般的に働いている原因やプロセスを推測できる」という考えがあるが (Brown 1995)，実際には「複数が一つに (many-to-one) 問題」と呼ばれるように (Levins and Lewontin 1980)，あるパターンはいくつもの異なる原因やプロセスから生み出されることが多いという問題がある。したがって，自然界でよくみられるパターンを探求しても，生物群集の一般理論の構築にはつながらないのである。

4.2 生物群集のパターンを生み出しているプロセス

群集生態学における一般性を探求するもう一つの方法として，自然界におけるパターンについて，それを生み出すプロセスからまず考えるという方法がある (Shrader-Frechette and McCoy 1993)。これは，「プロセス先行型 (process-first)」のアプローチと呼ぶことができる。このアプローチでは，「どのようなプロセスやメカニズムによって，群集の特性は空間的・時間的にどのように変化するのか」を問う。この問いに対する答えは，いろいろな方法を使って調べることができる。

群集のパターンを説明するうえでよく取り上げられる要素やプロセスとして，「ある場所に到達できる種を規定する分散」，「気候や撹乱といった非生物的要因」，「競争や捕食といった生物的要因」が挙げられる。これらの要因やプロセスはしばしば，一連のフィルターとして表現される。すなわち，地域の種プールに含まれる種をふるいにかけて，その中から局所群集を構成する種を選抜する

---

[1] （訳者注）出現する頻度や群集内でのアバンダンスが低い種。

ものに見立てられるのである (Keddy 2001, Morin 2011; 図4.1)。こうしたフィルターとして働きうる要因として，具体的にたくさんの項目を挙げることができるだろう。また，要因間の相互作用については，さらに多くの例を提示できる。このようにして，思いつきうる要因とその組み合わせに対応した，無数の理論やモデル，概念を提案することができるのである。

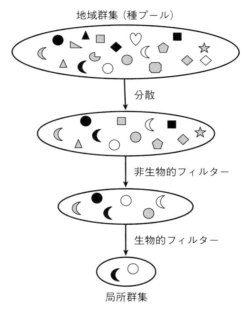

図 4.1　群集集合におけるフィルターモデル (filter model)。この図は，仮想的な局所群集が成立するまでの一連の流れを示している[2]。まず地域群集（種プール）の中のランダムな部分集合がある場所に到達することができる。このうち，特定の機能群の種（丸型と月型の種）のみが非生物的な環境に耐えることができる。次に，同一の機能群の中で競争が生じるため，各機能群のうち1種のみが生き残ることができる。生き残った2種は利用する資源が異なる場合，安定的に共存することができる。

たとえ同じ要因であっても，それが群集組成に与える影響はシステム特異的な細かな条件によって異なることが，これまでの何千ものケーススタディ（事

---

[2]（訳者注）異なる色や形で示されたマークはそれぞれ異なる種を，異なる形は機能群の違いをそれぞれ示している。

例研究)を通じて分かってきた (Lawton 1999)。たとえば放牧や地球温暖化によって，植物の多様性は上がることもあれば，下がることもある (Vellend et al. 2013)。捕食者を除去したとき，残された群集が大きく変化することもあれば，変化しないこともある (Shurin et al. 2002)。こうした地道なケーススタディを重ね，一つ一つの要因についてどのような状況でどうした影響をもつのかを特定していけば，プロセスに対する理解は徐々に進んでいくだろうという見方もある。しかし一方で，個々のシステムは非常に高い特異性をもつという事実は，生態学的な一般則や一般理論の構築・発見を目指しても，それは良くてもはるか先の夢の存在であること，悪ければただの行き止まりに辿り着くことを示唆している (Beatty 1995)。

　一般則の追求を生態学の中心課題とするべきか，それとも諦めるべきかという議論は，長年にわたり行われてきた (MacArthur 1972, McIntosh 1987, Shrader-Frechette and McCoy 1993, Lawton 1999, Cooper 2003, Simberloff 2004, Scheiner and Willig 2011)。こうした議論では概して，「生物群集に関する一般理論は，生態学的プロセスとして何らかの要因（気候，撹乱，分散，捕食，競争，共生など）を扱うものでなければいけない」という暗黙の前提が置かれていた。しかし，これとはまったく異なる視点から，生態学的プロセスについて考えることもできる。たとえば，野外集団における対立遺伝子頻度の空間的・時間的な違いは，生態学的プロセスによって生じることが多いが（ただし変異は唯一の例外とする），次節で説明するように，集団遺伝学者は生態学者とはまったく異なるアプローチによってこうした現象を研究してきた。

4.3　集団遺伝学の理論：高次プロセス

　ここで扱う疑問は，「なぜ進化生物学者は，頑強で一般性の高い理論的基盤（集団遺伝学）の上に自分たちの学問分野を築くことができたのに，生態学はそれができていないのか」というものである。この疑問が，本書で提示する理論的な枠組みを生むきっかけとなった。Van Valen and Pitelka (1974) はこの疑問をより簡潔に，「集団遺伝学と違い，生態学で扱われる基礎プロセスには規則性がない」と表現した。

　集団遺伝学と群集生態学はどちらも，生物学的な変異 (biological variants) の多様性や組成の空間的・時間的な変化の理解を目標としている。理論的な観点

からいえば，こうした変異が対立遺伝子や遺伝型なのか（集団遺伝学），それとも種なのか（群集生態学）は重要ではない場合が多い．進化生物学の分野では，現代進化論 (modern evolutionary synthesis) の名のもと，Darwin の自然選択に基づく進化論と Mendel の粒子説が統合された (Mayr 1982, Kutschera and Niklas 2004)．この統合によって得られた重要な成果の一つに，4 つの鍵となるプロセス（選択，浮動，移入（遺伝子流動），変異）を使って進化を表現した，一連の集団遺伝モデルの構築が挙げられる (Hartl and Clark 1997)．これらのモデルが基盤となって，進化は 4 つの法則によって生じるという認識が広まった（ただし，これで十分かどうかの議論はある; Laland *et al.* 2014）．

　それではなぜ群集生態学では，互いに関連し合うモデルの統合が，現代進化論のような概念的な枠組みに基づいて行われなかったのだろうか．私は，ある意味で統合はすでに行われているものの，群集生態学では高次プロセスと低次プロセス（次節で定義する）が区別されてこなかったため，単にそのように認識されていないだけだ，と考えている．集団遺伝学では，4 つの高次プロセスの一つとして自然選択がある（ほかは浮動，遺伝子流動，変異）．もし選択の強さが一定であれば，ほかの対立遺伝子よりも有利な対立遺伝子の頻度が次第に増加し，最終的には集団中に固定される．もし，ある対立遺伝子の適応度がその頻度に依存する場合，選択の結果，複数の対立遺伝子が安定的に維持されるケースと（負の頻度依存性），初期頻度に依存して勝ち残る対立遺伝子が決まるケース（正の頻度依存性）が存在する．ここでポイントとなるのは，「高次プロセスとしての自然選択を考えるうえでは，ある対立遺伝子の適応度がほかの対立遺伝子よりも高い理由は重要ではない」という点である．こうした理由には，資源競争，環境ストレスへの耐性，捕食者からの回避など，「生物としての成功」と関連する要因なら何でも含まれる．私は，これらの理由をすべて低次プロセスと呼ぶこととする．Darwin (1859) はこれらを，「生存競争 (struggle for existence) を駆動する個別事例」として，ひとまとめに扱っている．Ernst Haeckel (Stauffer 1957 によってドイツ語から英語に翻訳されている) はこれらを単に「生態学的な〜」と表現している．以上を踏まえ，私は水平群集を「（単一種ではなく）複数種からなる個体群」と捉える．こう捉えると，「群集における，異なる種の個体間で働く選択」は，「無性生殖を行う単一種の個体群における，異なる遺伝子型の個体間で働く選択」と概念的には同じものと見なすことができる（この考え方については第 5 章で詳しく述べる）．

Elliott Sober (Sober 1991, 2000) も主張している通り,「遺伝子型に応じて個体間で適応度が異なる場合,自然選択を通じて,集団にはどういった結果が生じるか」という問いに対して,普遍性のある答えを示してくれるモデルは存在するものの,「何が原因で,適応度に違いが生じるのか」という問いに対する普遍的なモデルは存在しない。適応度の違いを生み出す原因の候補は無数に存在する。たとえば,大気汚染によって色が黒くなった樹皮上では,捕食者に見つかりにくい黒色の遺伝子型をもつ蛾の適応度が高くなることもあれば (Kettlewell 1961),大きな種子(えさ)しかほとんど手に入らない年には,くちばしの大きな鳥の適応度が高くなる (Grant and Grant 2002) など,たくさんの原因が考えられる。しかし,こうした適応度の違いによって生じる進化動態的な結果は,その原因に関わらず同じだと予想される。すなわち形質の平均値は,いわば「自然選択が好む方向」へと移動していくのである。このように,適応度の違いの原因に関する理論やモデルは無限に存在しうるし,それら個々のモデルや理論の適用範囲はいくつもの要因に強く依存する (Beatty 1995, Sober 2000)。裏を返せば,集団遺伝学の強みは「高次プロセス(選択,浮動,移入,変異)に焦点を絞ること」に立脚している。すなわち,「進化に関する理論は,原因を無視して結果に着目したことで,その高い一般性を手にいれた」(Sober 1991) のである。これまでの群集生態学における理論には高次プロセスと低次プロセスの両方が登場するが,これら2つは明確に区別されてこなかった。その結果,競合する低次プロセスに関する莫大な数のモデルが作られてきた。

4.4 群集生態学における高次プロセスと低次プロセス

(小)進化的な動態と同様に,群集動態もまた,選択,浮動,分散,種分化というった4つの高次プロセスによって駆動される (Vellend 2010)。これらの高次プロセスに基づく理論については,第5章で詳しく扱う。ここでは簡単なイメージをもってもらうために,生物群集について誰しもが抱くであろうシンプルな問いを取り上げる。具体的には,「ある場所における種数 (S) の時間に伴う変化は,何が原因で起こるのだろうか」という問いについて考えてみよう。図4.2は一つの群集を表している。はじめは3種からなる9個体が存在するとしよう。この群集の種数は,4つの高次プロセスを通じて変化する。ここでは説明の都合上,プロセスが進んでいく様子を一つ一つ分けて見ていこう。

4.4 群集生態学における高次プロセスと低次プロセス | 51

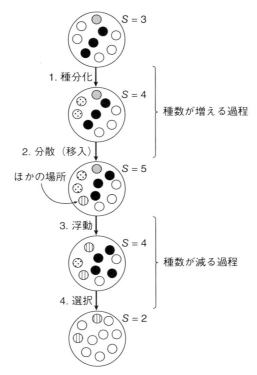

図 4.2 4つの高次プロセスは群集中の種数 (S) を変化させる可能性がある。小さい円はそれぞれ個体を，模様は異なる種を示している。

1. **種分化**：白丸で示された種の集団の一部が，新しい種へと分化する。これにより群集の種数は 3 から 4 に増える。
2. **分散（移入）**：群集に存在していなかった種の個体が，ほかの場所から到達して群集に加わる。これにより群集の種数は 4 から 5 に増える。
3. **浮動**：すべての個体が同じ確率で生き残り，繁殖できたとしても，たとえば，灰色で示した個体だけが繁殖の前に死ぬ可能性もある。この場合，群集の種数は 5 から 4 に減少する。
4. **選択**：白丸の個体は，黒丸の個体やドット柄の個体と比べて，高い適応度 (fitness advantage) をもつとする（つまり，単位個体あたりの残せる子孫の数が，白丸は黒丸やドット柄と比べて決定論的に高い）。この場合，続

く時間ステップでは，黒丸やドット柄の種は群集から排除されうる。これにより群集の種数は4から2に減少する。

数式を使って要約すると，$S_{t+1} = S_t +$ 種分化 + 移入 − 絶滅 となり (Ricklefs and Schluter 1993a も参照)，局所絶滅には，浮動と選択という2つの異なる経路が存在する。(なお，上記の4つのプロセスよりも，「種分化，移入，絶滅」の方が，数が少なくより根本的なプロセスだという意見もあるだろう。しかし，これら3つのプロセスは，種数の違いを直接的に説明するのには役立つが，種組成やアバンダンスは説明できない。そのため，生物群集を理解するための包括的なプロセスの組み合わせとはいえない)。上記の枠組みに，さらに具体的な選択の様式（たとえば，絶滅を遅らせる・防ぐ・早める選択）を加えれば，種数だけではなく任意の群集特性に対して高次プロセスが与える影響を，より包括的に検討することができる。唯一表現できない群集特性として，（形質などの）種内変異と関連する群集特性が挙げられるが，ここでは話を単純化するために基本的には触れないでおきたい。

私自身も含め，生態学者は自分が扱っている研究テーマの複雑さを主張するのが好きである。生物群集においては本当にたくさんのことが同時進行で起きており，そのため研究者たちの発想力のみが研究のニッチの数を制限している。これまで何年にもわたって論争されてきたテーマとしては，競争と捕食のどちらが重要か，種の共存は平衡か非平衡的か (equilibrium versus nonequilibrium species coexistence)，雑食性 (omnivory)，捕食の非消費的効果 (nonconsumptive effects of predators)，植物−土壌フィードバック (plant–soil feedbacks)，促進（より一般的には正の相互作用），生育環境と生物のストイキオメトリー (stoichiometry)，気候と種間相互作用の相互作用などが挙げられる。これらのテーマは主に，着目する適応度の種間差の原因に基づいて，互いに区別されてきた。言い換えるとこれらの研究は，高次プロセスの一つである選択の原因となる低次プロセスによって特徴づけられてきた。このことを踏まえると，Sober (1991, 2000) の「自然選択に基づく進化の理論の一般性は，結果に着目することに起因する」という主張は，群集生態学の文脈においても当てはまるように思える。選択を引き起こす原因は，場合に応じて，またさまざまな要因に依存して変化することが知られている (Lawton 1999)。この事実は，低次プロセスをベースに群集生態学の一般論を築いていくことの難しさを示唆している。一

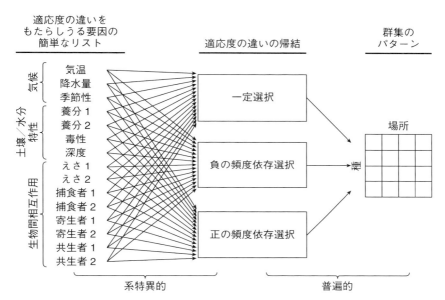

図 4.3　種間での適応度の違いを生み出す要因は膨大であり，そしてシステム特異的である（左側）。一方で適応度の違いがもたらす帰結は比較的少数であり，そして普遍的に適用できる（右側）。

方で，選択の原因が異なっても，それが生み出す結果は普遍的な適用可能性をもち，それゆえ一般理論を築くうえで有望である（図4.3）。このアイデアの有用性を支持する主張として，「種の安定共存に関するモデルは，たくさんの低次プロセスを詰め込んだものも含め，数多く存在する。しかしそれらはすべて，負の頻度依存選択と一定選択という2つの構成要素に集約できる」という主張がある (Chesson 2000b)。Chessonはこれらをそれぞれ「ニッチの違いに基づく安定化メカニズム (stabilizing mechanism)」と「適応度の違いが小さいことで生じる均等化メカニズム (equalizing mechanism)」と呼んでいる。これらの考え方については次の第5章で詳しく述べる。

　生物群集における複雑さの問題に話を戻そう。Allen and Hoekstra (1992) は「生態学における複雑さの程度は，自然界で実際に何が起きているかよりも，我々がどのように生態学的な事象を切り取るかに依存し（中略），システムを複雑にしているのは観測者自身である」と述べている。つまり，我々は生物群

集を低次プロセスの複雑な組み合わせと捉えることもできれば，高次プロセスのごく単純な組み合わせと捉えることもできるのである．低次プロセスに着目することは，特定のシステムがどのように機能しているかを知りたいときや，応用学的な場面で特定の要因に興味がある場合には，実に適切で非常に重要なアプローチだろう (Shrader-Frechette and McCoy 1993, Simberloff 2004)．しかし，群集生態学における概念の統合や一般理論の構築が目的の場合は，高次プロセスに着目することでのみ，その目的は達成されると思われる．

4.5 群集生態学における一般理論への道のり

　一般的に，ある分野のある概念体系が，専門家や学生の間でどう捉えられているかは，その分野の教科書でその概念体系がどのように説明されているかに反映されている．教科書の書き手は，まず各テーマをどのように概念的に整理するかを決め，その体系に基づいて学生たちはそのテーマについて学ぶ．私の経験によると（そして，私の多くの同僚たちの経験によると），学生たちは，群集生態学の教科書で紹介されている概念体系は複雑だと感じている．また，これは生態学分野全体にも広く当てはまるようである (D'Avanzo 2008, Knapp and D'Avanzo 2010)．この理由の一つとして，広範にわたる，互いに似つかないテーマが寄せ集めのように扱われていることが挙げられるだろう．

　図 4.4 の左側に，群集生態学の教科書で一般的に示されているテーマをまとめた (Putnam 1993, Morin 2011, Mittelbach 2012)．これらは対象とするパターン，低次プロセス（競争，捕食），抽象的な概念（ニッチ，食物網），つねに考慮すべき項目（スケール）に分類することができる．これらのテーマは，こうした類の教科書で扱われる多くのテーマと同様，研究者がどのように自分たちの分野を捉えてきたかをよく反映している．学生たちは，さまざまなシステムで繰り返しみられる多くのパターン（種数–面積関係や相対アバンダンス分布）や，これらのパターンを生み出していると考えられる多くの低次プロセスを授業で教えられる．このため，すでに述べたように，もし学部生や大学院生たちに群集組成と多様性に影響するプロセスをリストアップするようにいえば，学生たちはそれぞれまったく違うプロセスがたくさん書かれたリストを提出するだろう．これが，低次プロセスや観察パターン，分野をまたいだ抽象的概念の詰め合わせをもとにして，群集生態学という分野を組み立ててきたことの代償である．

4.5 群集生態学における一般理論への道のり

群集生態学の教科書	
テーマ	位置づけ
生態学的なパターン	パターン
競争	低次プロセス
捕食	低次プロセス
食物網	抽象的な概念
ニッチ	抽象的な概念
スケール	考慮すべき項目

集団遺伝学の教科書	
テーマ	位置づけ
遺伝学的なパターン	パターン
選択	高次プロセス
浮動	高次プロセス
移入	高次プロセス
変異	高次プロセス

図 4.4 群集生態学と集団遺伝学の教科書でそれぞれ示されているテーマ。Vellend and Orrock (2009) を改変。

また，群集生態学は結局何を扱っているのかに関する見解が共有できなくなり，ひいてはこの分野の研究の進展が制限される可能性もある (Shrader-Frechette and McCoy 1993, Knapp and D'Avanzo 2010, van der Valk 2011)。

　これに代わるアプローチとして，前述の通り，興味の対象となるパターンの記載に続いて，それを生み出している高次プロセスに言及するという方法がある（図 4.4 の右側）。この後の章では，群集生態学におけるほぼすべての理論モデルやアイデアは 4 つの高次プロセス（すなわち選択，浮動，分散，種分化）と関連づけて理解することができることを示す。具体的には，従来の理論モデルやアイデアはそれぞれ，どの高次プロセスに立脚しているのか，また，モデル内でのプロセスの扱われ方や（たとえば選択の様式），プロセス間で想定されている相互関係について説明したい。大事なのは，高次プロセスは生物群集の動態やパターンと低次プロセスを，シンプルに分かりやすく結びつけてくれるということである。

　高次プロセスを通じて生じる群集動態や群集構造を扱った理論やアイデア[3]は，まとめて生物群集の理論と呼ぶことができる。このことからもわかる通り，本書は，何もないところから新しく一般理論を構築したとか，あるいはその要素となるモデルを生み出したとかというものではない。集団遺伝学においてすでに存在していたアイデアを群集生態学に持ち込むことで，これまで群集動態や群集構造を説明するために用いられてきた複雑な群細を，普遍性のある高次プロセス使ってそぎ落とし，理解しやすいように整理したのである。

---

3)（訳者注）島嶼生物地理学理論やメタ群集理論など。

第5章
生物群集における高次プロセス

　生物個体は死亡するまでの間に成長，繁殖，分散を行う。これら成長，繁殖，分散をそれぞれどれくらい達成できるかは，同種であっても個体間で異なるだろう。また，群集には種分化によって生じた新しい種が加わることもある。こういったイベントの総和として，我々が目にする空間的・時間的な群集パターンが生じている。第4章で紹介したように，すべての群集動態は「選択，浮動，分散，種分化」という4つの高次プロセスだけで説明することができる。まず，空間・時間スケールに関わらず，群集には種分化や分散（移入）を通じて種が加わる。続いて，これらの種のアバンダンスが選択，浮動，そしてさらなる分散によって変化する。そして，その過程でいくつかの種は地域絶滅に追いやられる。端的にいえば，これが生物群集の理論である。

　本章では，まず4つの高次プロセスの特性を詳しく説明する。これまでの章や過去の論文 (Vellend 2010) ですでに述べたことの反復はなるべく避けるようにするが，内容の明確化のためにやむを得ず繰り返す場合もある。また，形質に基づく選択と，種分化については，過去の論文 (Vellend 2010) ではほとんど触れることができなかったため，ここで特に詳しく解説する。本章の最後（5.7節）では，過去の群集生態学における多くの理論が，4つの高次プロセスの組み合わせによって説明・理解できることを紹介する。

5.1　一般理論

　「あるモデルを複数の異なる分野に当てはめることによって，それまで各分野で個別に扱われてきた現象やプロセスどうしを比較したり，共通性を見つけた

りできる可能性がある」(Scheiner and Willig 2011, p.5)。本書の理論は，集団遺伝学の理論と量的遺伝学 (quantitative genetics)，群集生態学で扱われてきた現象やプロセスを，統一的に捉え直そうとするものである。これらの分野で発展してきた理論（そして本書の理論）は，「自己複製するすべてのもの」に対して広く適用できるポテンシャルを秘めている (Bell 2008, p.16; Lewontin 1970, Nowak 2006 も参照)。ここでいう「もの」とは，ある種の個体群や，異なる種の個体の集まり，コンピュータコード中の（「デジタル生物」とも呼ぶべき）文字列，人間社会における商慣習 (business practice) などである (Mesoudi 2011)。Darwin 自身が唱えた自然淘汰の定義（すなわち「有利な変異の維持と，不利な変異の排除」）(Darwin 1859) もまた，個体群だけではなく，複数種から構成される群集にも適用可能である。

「自己複製するもの」の集合特性（たとえば，個体群の形質平均値，群集の種数，ある商慣習の優占度）は 4 つのプロセスを通じて決まる。すなわち，新しいタイプの出現，ある場所から別の場所への移動，ある時点から次の時点における確率論的な変動，そして選択である。集団遺伝学では，これらはそれぞれ突然変異，移入（遺伝子流動），遺伝的浮動，自然選択に相当する (Hartl and Clark 1997)。同様に，群集生態学では種分化，分散，生態的浮動，選択にそれぞれ相当する (Vellend 2010)。いずれの場合においても，すべての個体は何かしらの「生存競争」の中に生きていることが前提となる (Darwin 1859, Gause 1934)。この生存競争という言葉は，単にあるタイプとほかのタイプのものが互いに負の影響を及ぼし合っているという，狭義の競争を指すのではなく，あらゆるタイプのものは，その数の増加に上限があるという意味をもっている。

4 つのプロセス（およびその組み合わせ）がどういったものであるのかは，それらが生物群集のパターンにどのような影響を与えるかを見れば理解しやすい。続く節では，これらのプロセスの基本概念について，なるべく直感的に理解しやすいように解説していく。第 6 章では，これらのプロセスをシミュレートするためのモデルとコンピュータコードを紹介し，そのコードを使って読者が自身で学べるよう解説する。

5.2 生態的浮動

生存，死亡，繁殖，分散はすべて確率論的なものである (McShea and Brandon

2010)。個体の適応度はこれらの確率の積で表される。そして、「形質 X が形質 Y よりも高い生存率および(または)高い繁殖成功を示すことが、X が Y よりも適応的であることの必要十分条件となる」(Sober 2000)。したがって、ある生物個体の形質がわかれば(あるいは群集生態学においてはその生物個体の種名がわかれば)、その個体の運命を確実に予測するまではできなくとも、デモグラフィー[1])の期待値を推定することはできるだろう(Nowak 2006)。

種 1 と種 2 の生存率がそれぞれ 0.5 と 0.4 であり、それ以外の条件はすべて同じだったとする。この場合、種 1 の優占度が増していくと期待される。すなわち、種 1 の方が高い適応度を持つということである。しかしここで、各種が 2 個体ずつしかおらず、生存・死亡が繁殖の前に決定される場合を考えてみよう(繁殖は無性生殖を仮定する)。まず、種 1 の 2 個体が両方とも繁殖の前に死亡する確率は、それほど低くはない:$(1 - 0.5) \times (1 - 0.5) = 0.25$。同時に、種 2 の 2 個体のうち、少なくとも 1 個体が繁殖まで辿り着く確率はかなり高い(これは、両個体が死亡する確率を 1 から引くことで計算できる):$1 - (0.6 \times 0.6) = 0.64$。したがって、たとえ種 1 の適応度が高くても、群集動態におけるランダムな要素(確率性)によって、種 2 が勝つことも十分にあり得る。このようなランダムな要素を生態的浮動と呼ぶ。

次に、群集がたくさんの個体で構成される場合を考えよう。たとえば 2 種とも 1000 個体いる場合、ある死亡イベントの後に残る個体数は、種 1 は $0.5 \times 1000 = 500$ 個体、種 2 は $0.4 \times 1000 = 400$ 個体に極めて近い値を取るだろう。種 1 については、コイン投げを 1000 回繰り返すことを思い浮かべればよい。つまり、1 回 1 回のコイン投げの結果は当てずっぽうにしか予測できないが、1000 回のうちの表と裏の回数はおおよそ釣り合うと期待される。このとき、表が 400 回以下または 600 回以上出る確率は極めて低い(図 5.1b)。しかし、仮に 10 回しかコイン投げを行わなかった場合(すなわち個体群サイズが 10 だった場合)は、表と裏がそれぞれ 5 回ずつ出る確率が最も高いものの、それ以外の結果が得られる可能性も十分に残されている(図 5.1a)。

上記の例では、一方の種が適応度上有利だったので、両種の動態には必然的に選択が影響した。本章で、このような選択が含まれる例を使って説明を始め

---

[1]) (訳者注) デモグラフィー:一般的には人口統計学と呼ばれる学問分野のことを指すが、本書では、ある生物種の個体群(集団)サイズの変化や、その変化を生み出す動態パラメータ(出生率、死亡率など)を指す。

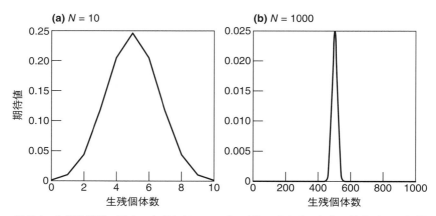

図 5.1 生態的浮動の要点。生存率が 0.5 の時に実際に生き残る個体の数 (N) は、初期の個体群サイズが小さければかなりバラつき (a)、大きければおおよそ予測可能な範囲に収まる (b)。

たのは、生態的浮動は、中立性の仮定（すなわち、異なる種のすべての個体のデモグラフィーがまったく等しいという仮定）を必ずしも必要としないことを強調するためである（ただし、第 6 章のシミュレーションで見るように、生態的浮動が群集動態に与える影響は、完全に中立な条件において最大となる）。ここで簡単に整理しよう。群集全体のサイズに上限がある時、浮動は局所群集における種の相対アバンダンス（頻度）を、その種名や形質に関わらずランダムに変動させる。その結果、最終的にはある種が完全に優占し（集団遺伝学における固定 (fixation) に相当）、そのほかの種は絶滅に追いやられる。この際、開始時の頻度が低い種ほど、絶滅する可能性は高くなる。これはたとえば、開始時の頻度が 0.05 の種は 0.95 の種よりも、ランダムな変動によって頻度が 0 （安定到達点）になりやすいためである。数学的には、ある種が完全な優占状態（もう一方の安定到達点）に達する確率は、開始時の頻度に等しい (Hubbell 2001)。いずれにせよ、完全に中立な群集において多様性が維持されるためには、移入または種分化による新たな種の加入が必要となる。なお、互いに種の分散がないパッチ状の生息地が複数ある場合、それぞれの生息地における種のアバンダンスは独立に浮動するため、全体の群集組成は多様化する（すなわち、ベータ多様性が上がる）。

浮動から次のテーマに移る前に，「ランダム」あるいは同義の「確率論的 (stochastic)」という言葉について，その意味を確認しておこう。科学者や科学哲学者は，「この世に真にランダムに生じる事象は存在するか」という問いに，過去数世紀にわたって考えを巡らせてきた (Gigerenzer et al. 1989)。一つの考え方としては，以下のようなものがある。すなわち，我々が何かしらの事象を「確率論的だ」と見なすのは，実は単にその事象に対する知識や予測能力を欠いているためであり，結局世の中には真にランダムなものなど存在しない，というものだ (Clark 2009, 2012)。一方で，次のような考え方もできる。たとえば，あるデモグラフィックなイベント（生物の出生や死亡など）と，対象の生物の種との関係について考える。このとき，種間で出生率もしくは死亡率に差がない場合（種Aと種Bの適応度が同じだった場合），「種との関係に限ってみれば，出生や死亡はランダムに生じている」と見なすことができる (Vellend et al. 2014)。このように，特定の要素間の関係に範囲を限定することによって，真の確率性を定義することは可能である (McShea and Brandon 2010)。集団遺伝学では浮動は，着目しているある遺伝子座上の対立遺伝子の状態と，個体のデモグラフィックなイベントとが無関係な場合に起きる (Hartl and Clark 1997)。ここでは，個体のデモグラフィックなイベントが非ランダムな要因（たとえば病気による死亡）によって引き起こされるかどうかは問題ではない。重要なのは，そういったイベントが，対立遺伝子の状態との関係に着目した場合にランダムに生じているかどうかである。同様に，ある群集において，デモグラフィックなイベントが種によらずランダムに生じていれば，その群集においては真の生態的浮動が生じているといえる (Vellend et al. 2014)。この考え方は，遺伝的浮動の理論的アイデアと比べてもわかりやすいものだろう。

5.3 選択

生物群集における選択は，最もなじみのあるプロセスであると同時に，その名前から最も混乱を招くプロセスでもある。選択は，種内の遺伝的進化のみに関わるプロセスだという考えに，多くの生物学者はとらわれている。しかし選択は，より一般的に適用可能なプロセスであり，実際，発案当初からそのように解釈されてきた (Darwin 1859, Lewontin 1970, Levin 1998, Loreau and Hector 2001, Norberg et al. 2001, Fox et al. 2010, Mesoudi 2011)。Bell

(2008) は「自然界を理解するための 2 つの科学体系 (すなわち，一次科学 (first science) と二次科学 (second science)) のうち，選択は二次科学の根底を成すプロセスである」とした。一次科学は物理，化学，生理学を中心とし，自然界の法則を解くことを目的とする。一方で，進化生物学，群集生態学，経済学を含む二次科学は，「選択がさまざまな集団に与える作用」を研究対象の一つとしている。なお，二次科学で扱うこれらの作用は，物理・化学原理にまで落とし込んだり，一次科学の観点から理解したりすることできない (Bell 2008)。

　生物群集において選択は，異なる種の個体間における適応度の差によって必然的に生じると期待される (Velland 2010)。では，適応度となんだろう？ 端的にいえば，適応度は「無性生殖を行う単一種の進化モデル」における「遺伝子型 (genotype)」という言葉を「種」に置き換えた場合と同様に定義できる。進化モデルでは，ある個体の絶対適応度 (absolute fitness) は，その個体自身の生存率を加味したうえで，その個体が単位時間あたりに生産する子孫の量の期待値で表される。この考えに基づくと，生物群集では，はじめに種ごとの個体の絶対適応度の平均値を知ることで，動態予測が可能になる。相対適応度 (relative fitness) は，何らかの方法を使って絶対適応度を種間で標準化した値である。たとえば，群集の平均値や最も適応的な種の絶対適応度で割った値が挙げられる (Orr 2009)。選択は，群集組成 (すなわち種の相対優占度) を種間の平均相対適応度の違いと同程度となるまで変化させると期待される。

　異なるタイプの選択について説明する前に，前の段落に含まれる 3 つの重要な点について述べておこう。1 つ目は，最初と最後の文に，期待されるという表現が使われていることである。これはなぜだろう？ 前節「生態的浮動」で見たように，たとえ遺伝的にまったく同じ 2 個体が同じ環境にいたとしても，予測のつかない確率論的な出生・死亡によって，同じ数の子孫を残すとは限らない。ここで，前述の引用句をもう一度振り返ってみよう。「形質 X が形質 Y よりも高い生存率および (または) 高い繁殖成功を示すことが，X が Y よりも適応的であることの必要十分条件である」(Sober 2000)。もしも，2 個体のどちらかがもう一方よりも高い生存率も高い繁殖成功も示さない場合 (この 2 個体とも生存率も繁殖成功の期待値も同じ場合)，たとえどちらかが偶然，よりたくさんの子孫を残したとしても，そこに適応度の差があったとはいえない。この考えに基づき，本書では，適応度の違いを「決定論的」なものと定義する。この件については哲学者の間でも議論が続いているところだが (Beatty 1984, Sober 2000,

McShea and Brandon 2010)．本書ではこれ以上は踏み込まないでおく．

2つ目は，進化生物学で広く用いられている「子孫の数 (number)」(Orr 2009) の代わりに，「子孫の量 (quantity)」という表現が使われていることである．このことは，生物群集では，種のアバンダンスが個体数ではなく，バイオマス，生物の体積，植生の被覆面積といった指標を使って表わされるケースが極めて多いことに由来している．これは個体を分けようとした際に，(特に植物では) 恣意的な判断が介入せざるを得ないことも多いためである．たとえば，単子葉植物の個体はどうやって分けるべきだろう？ 茎一本，複数の茎の集合，それらが地下茎で繋がったもの，あるいは地下茎が切断されていたとしても遺伝的なクローンであればすべての茎を一つの個体と見なすべきだろうか．この問いに対する完全な答えは存在しないと思われる．また，バイオマスなどの指標を使うことで，種間の体サイズの違いを加味できるといった利点も挙げられる．たとえば，一頭のヘラジカは一羽のウサギよりもより高いアバンダンスをもつと表現することもできる．つまり，生物群集における適応度は，生物の実際の姿や扱いやすさを優先し，必ずしも子の数で表す必要はないといえる．

3つ目として，本書で選択や群集動態について論じる際は，遺伝率 (heritability) については考慮しないことに注意してほしい．つまり，ヘラジカの子はどれもヘラジカ，ウサギの子はどれもウサギというように，親の情報は子に完全に受け継がれる100%の遺伝率 (perfect heritability) を仮定する．種の概念についてはまだ議論が続いているものの (Coyne and Orr 2004)，群集生態学では個体を何らかの区切りによってまとめ (「種」が用いられることがほとんど)，そうしたまとまりごとのアバンダンスが，空間・時間を通じてどう変化するかを問題とする．

5.3.1 選択のタイプ

選択の方向や強さは，群集の状態や，時間・空間的に応じて変化しうる (Nowak 2006)．例を使って視覚的に考えてみよう．いま，2種の生物 (種1と種2) によって構成される群集があり，それら2種の相対アバンダンス (アバンダンスの絶対値ではない) に関心があったとする．この場合，種2の相対アバンダンス (すなわち頻度) は，「種1の頻度」を1から引いた値となる．そのため，種1の頻度 (図5.2の x 軸) がわかれば，群集の状態を完全に知ることができる．

2 種しか存在しない条件下では，ある時点における選択圧はどちらか一方に対してより強く働く。このため，頻度の変化量の期待値は，種間の適応度の違い（図 5.2 の y 軸）のみによって決まる。

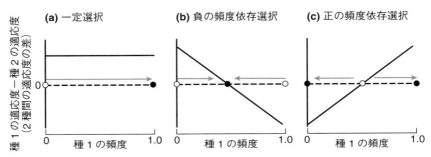

図 5.2 異なる種間で生じる局所的な選択は，3 つのタイプを取り得る。実線は，頻度と適応度の関係を表す。水平の破線は y 軸値 $= 0$ を表す。灰色の矢印は群集が変化すると期待される方向，白点は非安定平衡点，黒点は安定平衡点を表す。この 3 タイプのほかに，空間的・時間的に異なる選択が存在する。これらは，この図の実線の切片や傾きが空間的あるいは時間的に変化する場合に生じる。Nowak (2006) と Vellend (2010) を改変。

続く 2 つの章では，アバンダンスや密度ではなく頻度（すなわち，相対アバンダンス）に絞って議論を進めていく。これは，生態学の理論モデルでは前者に着目することが多いものの，集団遺伝学では後者に着目するのが一般的だからである (Lewontin 2004)。なお，群集サイズが一定の場合，両者は同等である。もちろん，種間相互作用に関する低次プロセスのメカニズムについて議論する際は，アバンダンスが用いられることが多いが (Chase and Leibold 2003)，すべての種のアバンダンスの合計値が一定とする仮定が妥当な近似であることもあるだろう (Ernest *et al.* 2008)。さらに，群集パターンについては相対アバンダンスを使って表されることが一般的であり，そうした方が，高次プロセスと群集パターンの関係の本質を理解しやすい。たとえば，種の共存について理解するためには密度依存性よりも頻度依存性の方が重要である (Adler *et al.* 2007, Levine *et al.* 2008)。

最も単純なタイプの選択は，「種の頻度に関わらず一定な選択（一定選択 (constant selection))」である（図 5.2a)。一定選択は，群集の状態に関わらずどち

らかの種の優占度を高くするように働く．たとえば，気候など環境条件の変化によって一方の種の相対適応度が上がるとき，一定選択によってこの種の優占度が高くなり，それゆえ局所的な多様性は低下する．

　選択の強さや方向が，群集の状態に応じて変化する場合もある．たとえば，2種の適応度が，それぞれ異なる資源（たとえば窒素やリン）によって制限されている場合，個体群の成長率は，その種の優占度が低いとき（つまり，資源が余っているとき）ほど高くなる (Tilman 1982)．このような状態を，負の頻度依存選択 (negative frequency-dependent selection) が生じていると表現する．負の頻度依存選択が十分強ければ，ある種の優占度は低い時には高まり，逆に優占度が高い時には低くなる．これによって群集は，両種が共存する安定平衡状態に達する（図 5.2b）．負の頻度依存選択が，前の段落で示した一定選択よりも強い場合，多様性が比較的高く維持されると期待される (Chesson 2000b)．

　反対に正の頻度依存選択は，ある種の優占度が高いときほど適応度が高まる状況を表す．このような状況の例として，植物が同種に有利（あるいは異種に不利）となるように環境を改変するケースが挙げられる（たとえば，相利共生菌類相の形成や土壌 pH の改変）(Bever et al. 1997)．こういった正の頻度依存選択が働く状況では，初期状態に応じて異なる群集が生じる．すなわち，初期状態において「2 種の適応度が一致する不安定平衡点」よりも相対アバンダンスが高い種が，最終的に優占すると期待される（図 5.2c）．このような先住効果は，ある環境において複数の安定状態（主に何らかの正のフィードバックによって生じる; Scheffer 2009）が存在する原因の一つである．正の頻度依存選択の条件下では，それぞれの場所で単独の種が優占することになるため，局所的多様性は低下する．一方で，異なる場所で異なる種が優占するため，ベータ多様性は上昇すると期待される．また，どの種が優占するかは，環境よりも初期頻度によって決まるため，群集組成と環境との関係は不明確になると考えられる．

　最後に，選択の強さと方向は，空間的に（すなわち局所群集ごとに），もしくは時間的に変わり得る．たとえば，気候条件が空間的あるいは時間的に変化する場合，ある場所やある年で種 1 が選ばれ（図 5.2a），ほかの場所や年では種 2 が選ばれることもあり得る（図 5.2a の実線の y 軸の値が 0 よりも低い状態）．このようなタイプの選択を，空間的に異なる選択あるいは時間的に異なる選択 (temporally variable selection) と表現する．選択や群集サイズ，分散の条件

次第では、種の共存や多様性が空間的・時間的に異なる選択によって促進されるケースもある (Chesson 2000b)。空間的に異なる選択が働いている場合、場所ごとの環境条件に応じて異なる種が選択されるため、群集組成と環境との関係は明瞭になり、維持される（つまり、ベータ多様性が高くなる）と考えられる。この予測については、第 6 章で詳しく検討する。

5.3.2 形質ベースの選択

ここまでで述べてきた、生物群集の文脈における選択のタイプ（図 5.2）は、集団遺伝学モデル (Hartl and Clark 1997) における「無性生殖する単一種の集団の遺伝子型間で生じる選択」と同じものと見なせる (Nowak 2006)。選択が群集パターンに与える影響について論じる際は、一次群集特性（形質や環境の情報を含まない）、または二次群集特性（形質や環境の情報を含む）に着目するという、2 つのアプローチがある（第 2 章を参照）。二次群集特性に基づくアプローチでは、形質の情報を明示的に取り入れることで、群集パターンを定量化する。ここから導かれるパターンとプロセスの関係は、集団における形質の分布を扱う量的遺伝学におけるそれと同様のものとなる (Falconer and Mackay 1996)。

群集生態学においては、形質ベースの解析（すなわち、二次群集特性に基づくアプローチ）は、以下の 2 つのシナリオを想定している。1 つ目のシナリオは、ある生息地においてある特定範囲の形質値をもつ種の適応度が上がる場合である。これは、ある特定範囲の形質値をもつことで、その生息地におけるストレス環境に耐えることができたり、他種との競争に勝つことができたりするためである (Weiher and Keddy 1995, Mayfield and Levine 2010)。この場合、群集の形質組成に選択が与える効果は、方向性選択 (directional selection)（適応的な形質が、群集レベルの形質分布の端にある時に生じる）、または安定化選択 (stabilizing selection)（適応的な形質が分布の中心付近に含まれる時に生じる）として現れる（図 5.3a, b）。なお、どちらの場合においても、群集に残された種の形質値の範囲あるいはバラつきは小さくなると期待される (Weiher and Keddy 1995)。

2 つ目のシナリオは、負の頻度依存性選択に関連するものである。まず、個体の適応度が同種の頻度だけではなく、種によらず似た形質を保持する個体の頻

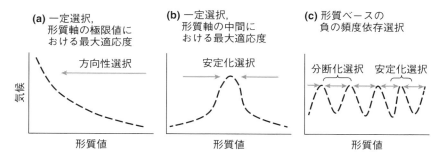

図 5.3 異なる選択タイプが群集の形質組成に与える影響。灰色の矢印は，適応度の低い形質値から適応度の高い形質値への方向を表す。(a) と (b) のケースでは，形質値と適応度の関係は環境条件に応じて固定されるだろう。一方で (c) のケースでは，形質ベースの負の頻度依存性選択によって波状の関係式が生じるが，ピークの位置は初期状態に依存する (Scheffer and van Nes 2006)。なお，本図は模式図であり，定量性はないことに注意。

度とともに低下する場合を考える。すなわち，前者は種ベースの負の頻度依存性，後者は形質ベースの負の頻度依存性である。そして，形質（たとえばくちばしの大きさや根の深さ）が似た種ほど激しく競争すると仮定する。この場合，分断化選択 (diversifying selection)，安定化選択，またはそれらが組み合わさった選択が生じる（図 5.3c）。どれが生じるかは，着目する形質の範囲によって決まる。このシナリオのもとでは，形質の分布は等間隔的になり，群集を構成する種の形質値のバラつきは，選択前よりも大きくなると期待される (Weiher and Keddy 1995)。

5.4 分散

分散は，生物がある生息地から別の生息地に移動することを指す。ただし，動物の季節的な渡り（決められた場所の行き来や，同じ場所の組み合わせの中での循環的な移動の繰り返し）とは異なる。分散は，群集に新たな種が加わる2つの方法のうち1つであり，内方向への分散（すなわち移入）がたくさんあるほど，局所的な多様性は高くなると考えられる (MacArthur and Wilson 1967)。異なる群集間で生物が分散する（到達した先に定着できる）ことは，個々の群集の動態が互いに独立ではないことを意味し，また，ある空間内における局所群集ど

うしの組成を似通らせる（ベータ多様性を低下させる）と考えられる (Wright 1940)。分散には移出，つまり局所群集の個体（または散布体）が減少する現象も含まれる。ただし，移入に比べて移出が群集にどういった結果をもたらすかについては，これまであまり研究が行われていない。

　局所群集に移入してきた新しい種が，選択のタイプを改変することで，結果として種組成や多様性を変化することもある。ただしこの変化は，分散の直接的な効果ではなく，移入してきた種による選択のタイプの改変という，二次的な効果によるものであることに注意が必要である。この場合，その後の群集動態は，改変された選択タイプに左右される。

　もし分散能力が種間で異なる場合，生物の生活史サイクルのなかの分散を行う段階においても，選択が生じうる。たとえば，撹乱跡地をいち早く独占できる分散能力が高い種と，分散能力は低いが一度定着してしまえばほかの種を競争によって排除できる種がいたとする。どのような撹乱が生じるかは場所や時間によって異なるため，撹乱条件によってどちらの種が選択されるかは空間的あるいは時間的に異なるだろう。分散に関わるこのような生活史トレードオフは種の共存を引き起こす低次プロセスの例である (Levins and Culver 1971, Tilman 1994)。

5.5　種分化

　これまでの群集生態学では，比較的狭い空間スケールで生じる現象に着目して研究が行われてきた。そのため従来の群集生態学理論に含まれるプロセスの多くは，選択，浮動，分散の組み合わせとして理解することができ，種分化はほとんど考慮されてこなかった。しかし，より広い空間スケールや長い時間スケールから群集を捉えようとするならば，種分化を考慮する必要がある (Elton 1927, Ricklefs and Schluter 1993a, Gaston and Blackburn 2000, Wiens and Donoghue 2004)。実際，種分化は広い空間スケールでの種多様性の変異を説明する上で不可欠なプロセスである (Ricklefs and Schluter 1993a, Wiens and Donoghue 2004, Butlin *et al.* 2009, Wiens 2011, Rabosky 2013)。なお，「絶滅」は独立した高次プロセスでなく，選択や浮動の結果として起きるものと見なす。これは，集団における対立遺伝子の消失が，個別のプロセスではなく選択や浮動の産物と見なされるのと同じ考えである。

5.5 種分化

　空間スケールの問題以外にも，種分化を考えなければいけない理由がある。まず，たとえ狭い空間スケールであっても（たとえば，10^4 平方キロメートル未満），孤立した海洋島などにおいては，種分化が重要な種の加入源になりうる (Losos and Schluter 2000, Gillespie 2004, Rosindell and Phillimore 2011)。この場合，先に説明した分散による移入に加えて種分化が，多様性を上げる役割を果たすことになる。次に，近年の急速な微生物群集生態学の発展に伴い，種分化が重要なプロセスであるとの認識が研究者の間で広まってきている。これは，微生物群集においては新たな表現型をもつ系統が，速いペースで生じうるためである (Hansen et al. 2007, Costello et al. 2012, Nemergut et al. 2013, Kassen 2014, Seabloom et al. 2015)。最後に，前述の環境勾配に沿った種多様性の変化といった，局所スケールにおける群集パターンが生じた原因を追究しようとした時に，実際問題として，種分化抜きではうまく説明できないことも多い (Ricklefs and Schluter 1993a, Gaston and Blackburn 2000, Wiens and Donoghue 2004)。これらが，種分化を考慮しなければいけない主な理由である。

　種分化は突然変異を群集レベルに置き換えたものと見なせる。とはいっても，両者は実はそれほど似ているわけではない。突然変異は，厳密には異なるかもしれないが「ある時間において，ある個体のゲノムに生じるランダムな遺伝的変化」と考えてモデル化できる。これは，生態学における中立理論の中で Hubbell (2001) が種分化をモデル化した方法とほぼ同じものである。すなわち Hubbell (2001) は，種分化率を ν（ニュー）として，その確率にもとづいてある個体が新たな種に変化し，その個体がその新種の最初の一個体になるとした。しかしながら，実際には種分化はたくさんの異なる過程によって生じ，その違いによって，新種の初期集団サイズ，分布，形質は大きく異なりうる (Coyne and Orr 2004, McPeek 2007, Butlin et al. 2009, Nosil 2012)。また，種分化の速さや性質は，群集自体の要素によっても左右されうる (Desjardins-Proulx and Gravel 2012, Rabosky 2013)。なお，大進化プロセスとしての種分化については，ほかの文献でよくまとめられているのでそちらを参照されたい (Coyne and Orr 2004, Nosil 2012)。本書では，種分化が第 2 章で紹介した群集レベルのパターンに与える効果について，焦点を絞って議論を進めていく。

　種分化は，群集の種の豊かさを増加させると期待される。また，異なる群集（たとえば，ガラパゴス諸島と南アメリカ大陸）で独立に生じる種分化は，群集

間のベータ多様性を増加させる。データとしては，種分化が起きるということは種組成ベクトル **A** に新たな要素（つまり種）が加わることになる（あるいは，図 2.2 のような種 × 場所で表される行列に新たな行が加わる）。なお，先の移入によって種が加わる例と同様に，種分化が起きた後に，群集内の選択様式が変化し，それが種組成の変化へと波及することもある。ただし，これもやはり種分化自体の影響ではなく，選択を介した二次的な効果であることに注意が必要である。このような種分化の二次的な効果は，新しい種が既存種と生態学的に似ている場合は小さく，似ていなければ大きいと考えられる (McPeek 2007, Butlin *et al.* 2009)。

私が個人的に興味をもっているのは，たとえ局所スケールであったとしても，種分化は種多様性–環境の関係性に，大きく影響しうる点である。この関係性の強弱は，種分化の速度や種分化が生じ得た期間の長さが，環境条件によってどれくらい変化するかによって決まるだろう。たとえば，Kozak and Wiens (2012) は，熱帯におけるサンショウウオの高い種分化率が，正の多様性–温度関係に寄与していることを明らかにした。また，Wiens *et al.* (2007) は，サンショウウオの多様性が中標高域で最大となること，そしてその理由が中標高域では低・高標高域よりも早い段階で定着イベントがあったためであることを明らかにした。これらの研究は，ほかの事例と合わせて第 10 章において詳しく紹介する。

5.6 生態–進化動態に関するメモ

生物群集の理論の概略を述べた論文 (Vellend 2010) を発表した際，Marc Cadotte（トロント大学，私信）は，「種分化は生態学的に意味のある新たな表現型が生み出される過程の一つに過ぎず，種内の適応進化や可塑性もまた，表現型の分布を変え，群集構造や動態に影響しうる」と指摘してくれた。これは間違いなく真実である。これは「生物群集の進化理論」とも呼ぶことができ，以下のように表すことができる。すなわち，選択，生態的浮動，分散，種分化が群集動態を形作るとき，それと同時に，自然選択，遺伝的浮動，遺伝子流動，変異が種内の進化を生じさせる。この種内の進化が群集レベルで生じるゲームの法則を改変することも，またその逆も起こりうる。このような相互フィードバックは，一種の個体群に限定したうえで「生態–進化動態 (eco-evolutionary dynamics)」と呼ばれ，総合的なモノグラフを含め (Hendry, 2017)，論文数が近年急速に伸びているテーマである (Fussmann et al. 2007, Urban et al. 2008, Pelletier et al. 2009, Schoener 2011, Norberg et al. 2012)。

生物群集の理論においては，こうした小進化（種内の進化）は考えないものとする。理由は2つある。1つ目の理由は，小進化は「群集における選択のタイプや強さを空間的あるいは時間的に変化させる低次プロセス」と見なせるためである。このようなプロセスについては次の節でいくつか紹介する。たとえば，種が資源レベルに対して非線形に応答する場合，これは変動的な選択を群集内に生じさせる (Armstrong and McGehee 1980, Huisman and Weissing 1999, 2001)。これと同様に，種内の適応進化もまた，群集を構成する種間の選択様式を改変しうる (Levin 1972)。Pimentel (1968) はこれを，各種の個体群の安定性に寄与するメカニズムとして，「遺伝的フィードバック機構 (genetic feedback mechanism)」と呼んだ（Chitty 1957 も参照）。

2つ目の理由は，まずは基礎となる高次プロセスを明確にすることが，さらなる複雑性を上乗せする前に必要だと私は考えるためである。群集生態学においても種内の進化を根本原理として扱うべきだという主張があったとしても，私は同意しかねる。単純化された状況において何が起きるかを知らずして，より複雑な状況で起きることを知るのは難しい (Bell 2008)。私も，生態学において種内の遺伝的変異を考慮する重要性を主張してきた研究者のうちの一人である (Vellend and Geber 2005, Vellend 2006, Hughes et al. 2008, Urban et al. 2008, Drummond and Vellend 2012, Norberg et al. 2012)。たしかに，生態学的な結末を理解するうえで生態–進化的フィードバックを組み込まなければいけないケースがあることは間違いない。しかし，異なる生態–進化動態を組み込んだ詳細な個々のモデルが，最終的には普遍的な生態–進化理論の構築に繋がるのか，あるいは，それらのモデルは生態と進化という2つの理論に立脚した事例特異的なモデルと見なされるべきなのかという疑問については，私はまだ答えをもっていない。

要約すると，自然選択による進化の一般理論が，自然選択の根底にあるプロセス（たとえば競争，非生物的ストレス，寄生生物）や突然変異（複製エラー，放射線，化学的突然変異原）を明示的に考慮しなくても成り立つのと同様に，生物群集の理論も種内進化やそのほかの低次プロセスを明示的に考慮しなくても成り立つ。群集生態学においては，生物個体をまとめる際には種を単位とする

ことが基本となっているため，ここでは進化によって新しい種が生じることのみを高次プロセスと見なす。

5.7 群集生態学における構成的理論とモデル

　1960年代に生態学で見られた理論化の波は（第3章を参照）「消化しきれないほど大量の，野外および実験室内における観察事例」を説明するためには，何かしらの一般則を探求していく必要があると人々が認知し始めたことに，少なくとも部分的には起因している (May 1976)。私が前述してきた枠組みを構築しようと思ったのは，本来そういった観察事例を説明するための理論自体の数や種類が，消化しきれないほど増えすぎてしまっている現状に端を発している。McIntosh (1980) も，「観察事例を単純化または解釈するためのモデルや理論自体が，生態学という体内において吸収しきれない状況にあるならば，何かしらの下剤の投与が必要だろう」と，35年前に同様の意見を述べている。この問題は，特に学生にとって憂慮すべきものと思われる。実証研究で得られた結果の基礎を理解できる学生は多いが，生態学の複雑怪奇な理論研究を理解できる学生は少ないためである。

　生物群集の理論の下位に位置づけられる理論やモデルを表5.1に示す。表には24の事例が示されているが，実際にはこの3倍から4倍の数が存在するだろう (Palmer 1994)。これらの理論やモデルはすべてたった4つの高次プロセスで理解できる。すなわち，選択（いくつかの形をとる），浮動，分散，種分化である（表5.1を参照）。群集生態学における理論の膨張の根底にあるのは，無限と思えるほど存在する低次プロセスと変数（競争，捕食，ストレス，撹乱，生産性など），およびその提示の仕方の組み合わせである。これらの異なる理論を同一の高次プロセスのもとに位置づけ直すことで，従来の多様な理論をシンプルに理解することができるだろう。

　4つの高次プロセスは，群集生態学についての理論をシンプルに整理し直すだけでなく，概念や言葉だけで議論してきたことをもっと明確に考え抜くうえでのヒントを示してくれるだろう。たとえば，低次プロセスとしての撹乱を例に考えてみよう。風倒，山火事，洪水，穴を掘る動物による影響など，撹乱はさまざまな場所において普遍的に発生する (Pickett and White 1985)。そして，これらの撹乱はその場所における選択のタイプを改変する。これによって，

5.7 群集生態学における構成的理論とモデル

表 5.1 生物群集の理論の下位に属する理論やモデル，枠組みの例

理論またはモデル	高次プロセスとの関係	低次プロセスとしての解説	引用
\multicolumn{3}{c}{局所群集で生じる選択に着目した理論}	

理論またはモデル	高次プロセスとの関係	低次プロセスとしての解説	引用
競争排除則 (the competitive exclusion principle)	一定選択	同じ資源をめぐって競争する2種がいるとき，多かれ少なかれ一方の種がもう一方よりも優位なため，両者は共存できない。	Gause (1934)
R^* 理論 (R^* theory)	一定または負の頻度依存選択	複数の限られた資源をめぐる競争に関する理論。R^* は，ある種が生存できる資源レベルの下限を表す。単一の資源の場合，R^* が最も低い種が競争に勝つ。複数の資源タイプに関する R^* と獲得力について種間でトレードオフが存在するとき，負の頻度依存選択が生じる。	Tilman (1982)
天敵を介した共存 (enemy-mediated coexistence)	負の頻度依存選択	天敵（たとえば捕食者や病原体）は，最も優占度の高い種を標的としやすい。このため，優占度が低い種は生き残りやすい。捕食者密度 P^* は R^* と同様に定義できる。	Holt *et al.* (1994)
Janzen–Connell 効果 (Janzen–Connell effect)	空間的に異なる選択と負の頻度依存選択	当初，熱帯林の多様性を説明するために提案された。種特異的な捕食者や病原体が親木の周りに集積することで，その樹種の更新を局所的に阻む。これによって，優占度の低い種が有利になる。天敵を介した共存と似た概念である。	Connell (1970), Janzen (1970)
時間的ストレージ効果 (temporal storage effect)	時間的に異なる選択と負の頻度依存選択	3つの条件を備える。(1) 環境への応答は種間で異なる。(2) 種内競争は種の優占度が高い時に激しく，種間競争は種の優占度が低い時に激しい。(3) 条件の悪い期間を耐えしのぐ何らかの術（たとえばシードバンク）を各種がもっている。	Chesson (2000b)

表 5.1 つづき

理論またはモデル	高次プロセスとの関係	低次プロセスとしての解説	引用
競争の相対的非線形性 (relative nonlinearity of competition)	時間的に異なる選択と負の頻度依存選択	資源レベルに対する適応度の非線形な応答が，種ごとに異なるとする。この場合，種自身が生み出す資源レベルの変動によって，選択タイプも時間的に変動する。これによって共存が可能になる。	Armstrong and McGehee (1980)
遺伝的フィードバック (genetic feedback)	時間的に異なる選択と負の頻度依存選択	ある群集において，適応度の低い種に選択がかかることでその種内における形質の強い自然選択が生じる。その結果としてその個体群が維持される。	Pimentel (1968)
先住効果 (priority effect)	正の頻度依存選択	ある場所に最初に定着した種が，後から来た種の定着を抑制する。これは，生活史ステージの違い（たとえばすでに大きくなった植物が後から飛んできた種子の発芽を抑制する）や，生物と環境の正のフィードバック（たとえば，植物−土壌フィードバック）によって引き起こされる。	発案者は不明。Fukami (2010) によってレビューされている。
推移律の成立しない競争 (intransitive competition)	頻度依存選択	種が厳密な競争階層構造をもたない状況（たとえば，ジャンケン式ゲーム）において，種は共存できる。	Gilpin (1975)
複数安定平衡点 (multiple stable equilibria)	正の頻度依存選択	ある閾値を超えた状態の群集（たとえば，岩礁に大量の藻類あるいは大量のサンゴがいる場合）においては，優占している種がますます増殖する。ただし，複数安定平衡点に関する研究は，事例ごとに異なる複雑な前提条件を持つことが多い。	Scheffer (2009) によってレビューされている。
遷移理論 (succession theory)	選択，浮動，分散	遷移は，およそすべての低次元プロセスを含む，極めて包括的な用語である。遷移と群集動態は同義語だが，遷移は特に撹乱後の変化を指す場合に用いられる。	Pickett et al. (1987)

表 5.1 つづき

理論またはモデル	高次プロセスとの関係	低次プロセスとしての解説	引　用
ニッチ理論 (niche theory)	すべてのタイプの選択	選択に関するモデルのうち、種間相互作用が関わるすべてのものを含む、包括的な用語。	Chase and Leibold (2003)
複数の群集または空間を明示的に考慮した時に生じる選択に関する理論			
空間的ストレージ効果 (spatial storage effect)	空間的に異なる選択と負の頻度依存選択	時間的ストレージ効果と基本的に同じ条件を備える。異なるのは、環境が時間ではなく空間的に異なる点である。	Chesson (2000b)
中規模攪乱仮説 (intermediate disturbance hypothesis)	空間的・時間的に異なる選択と一定選択	大規模な攪乱では、強い一定選択によって、生存できる種の数が限定される。攪乱がない場合、競争能力の高い一部の種しか生存できない。中規模の攪乱は、競争排除を遅らせ、時間的に異なる選択を生じさせる。	Grime (1973), Connell (1978)
凸型の多様性–生産性仮説 (the hump-shaped diversity–productivity hypothesis)	空間的に異なる選択と一定選択	生産性の低い場所では環境ストレスが、生産性の高い場所では競争が、それぞれ多様性を低下させる。生産性が中程度の場所で、こういった共存を阻む制約が緩和される。(なお、凸型の多様性–生産性仮説は、数々の後続の仮説を生むきっかけとなった。)	Grime (1973)
種–エネルギー理論 (species–energy theory)	選択，浮動，種分化	種多様性とエネルギー量（たとえば、蒸発散ポテンシャル）は相関するという観察結果をもとに提案された。その後、この関係を生み出すさまざまな低次プロセス（種分化率や群集サイズを含む）が提案されている。	Wright (1983), Currie (1991), Brown *et al.* (2004)
競争–定着トレードオフ (competition–colonization tradeoff)	時間的に異なる局所的な選択，分散	空き地（攪乱跡地など）に定着する能力が高い種は、競争能力が高い種に簡単に取って代わられる。その代わり、競争能力が高い種は定着能力が低い。攪乱は時間変化する環境を生み出す。	Levins and Culver (1971)

表 5.1　つづき

理論またはモデル	高次プロセスとの関係	低次プロセスとしての解説	引　用
メタ群集における集団効果 (mass effects in metacommunities)	空間的に異なる選択，分散	ソース個体群からの分散によって，条件の悪い場所にいるシンク個体群が維持される。	Leibold et al. (2004)
メタ群集におけるパッチ動態 (patch dynamics in metacommunities)	選択，分散	定着-絶滅動態が関係するすべてのモデルを含む，包括的な用語。中でも前述の競争-定着トレードオフが最も有名。	Leibold et al. (2004)
浮動，種分化，またはこれら両方に関する理論			
確率論的ニッチ理論 (stochastic niche theory)	選択，浮動	ニッチ理論に，デモグラフィーの確率性（すなわち浮動）を加えたもの。	Tilman (2004)
種プール仮説 (the species pool hypothesis)	空間的に異なる選択，分散，種分化	ある場所における種数は，その場所の環境に適応した種が，地域の種プールに何種類いるかによって決まる。種プールは，その地域の種分化と分散の歴史によって形作られる。空間的に異なる選択によって，群集組成-環境の間には関係が生まれるが，多様性-環境の間には生まれない。	Taylor et al. (1990)
島嶼生物地理学理論 (the theory of island biogeography)	分散，浮動	局所的な種の豊かさは，定着（分散）と（浮動による）絶滅のバランスによって決まる。多様性は，孤立した（分散の少ない），小さな（浮動が大きい）島で低くなる。	MacArthur and Wilson (1967)
中立理論 (neutral theory)	メタ群集における浮動，分散，種分化	局所種多様性，相対優占度曲線，ベータ多様性は，浮動，分散，種分化のバランスによって決まる。	Hubbell (2001)

注：ここに挙げたのは，群集生態学におけるモデルや理論のほんの一部の例である。このほかにも，さまざまな文脈で異なる名前をつけられたモデルや理論が，とても網羅しきれないほど存在する。

撹乱直後に繁茂している種は，撹乱前あるいは撹乱後しばらくして繁茂している種とは別のものとなる場合が多い。では，群集の種多様性に対して，撹乱はどのような影響を与えるだろうか？

よく，「撹乱は種密度を低下させ，競争排除を遅延させることで多様性の維持に貢献している」といわれる (Connell 1978, Huston 1979)。しかし競争排除とは，ある種に対しての選択が，ほかの種に対してよりも強く働いている時に生じるものであって，競争排除を単に遅らせるだけでは多様性の低下を防ぐことにはつながらない (Roxburgh et al. 2004, Fox 2013)。一方で，もし撹乱がすべての種のアバンダンスを等しく低下させる場合，結果として生態的浮動の影響力は増加する。また，長期にわたっての群集サイズの平均値が同じである 2 つの群集を比較した場合，時間的な変動が大きい群集の方が，浮動はより迅速に生じる (Adler and Drake 2008)。サイズが変動する群集は，「有効群集サイズ (effective community size)」が小さくなることから (Vellend 2004, Orrock and Watling 2010)，撹乱はむしろ多様性を低下させる方向に働くと示唆される。しかしながら，撹乱は時間的に異なる選択を引き起こす低次プロセスでもあり，もしもその結果として負の頻度依存性が生じるのであれば，共存および多様性は促進されるだろう (Roxburgh et al. 2004, Fox 2013)。撹乱が多様性に与える効果の概要だけを理解したいのであれば，高次プロセスについて言及する必要はない。しかし私は，撹乱の効果を，選択と浮動という観点からとらえ捉え直すことで，撹乱が群集生態学におけるほかのモデルとどう関係しているのかを，明確にできると考えている。

5.8 生物群集の理論の意義

本書のテーマである生物群集の理論について，私はよく「こんなことは明白で，いまさらわざわざ取り上げる必要はない」と感じる一方で，「この理論はとても有益で，なぜ群集生態学ではこのような概念が整理されていないのか？」とも感じる。これらの問いについて，再び進化生物学の歴史を参照しながら考えてみよう。

生物群集の理論は，進化学における 4 つのプロセスを群集生態学に投影したものである（図 5.4; 第 4 章参照）。進化生物学においてこれらの 4 つのプロセスは，遺伝の性質や進化を駆動するプロセスに関してまだまだ根本的な不確実

性があった時代において（1930年代から1940年代），画期的なアイデアだった (Mayr 1982)．しかし，それからおよそ80年が経ったいま，「多様性は変異と移入によって生まれ，自然選択と浮動によって形作られる」というアイデアは十分に確立され，もはや明白と捉えられている．現代の進化生物学では，多くの研究者は4つのプロセスを，検証するのではなく「種分化における異なるメカニズムの相対的な重要性」(Nosil 2012) や「人為撹乱が進化に与える影響」(Stockwell *et al.* 2003) といった具体的な命題に取り組むための道具として利用している．

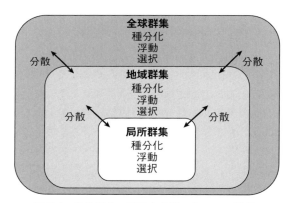

図5.4　生物群集の理論と空間スケールの関係．

　生物群集の理論は，それほど画期的なアイデアとはいえない（少なくとも一部の人にとってはもとより明白だっただろう）．しかし，有益なのではなかろうか．本当に有益かどうかを確かめるために，実際に私は10人余りの進化生物学者に「現代の知見からすれば明白であるにも関わらず，進化生物学においてなぜ未だに「選択，浮動，分散，変異」という枠組みに価値があるのか」と聞いてみた．その結果，いつも返ってくるのは3つの答えだった．1つ目は，概念的枠組みは，進化の本質を理解するうえで教育上きわめて重要な役割を果たす．2つ目は，共通する枠組みをもつことは，異なる進化的テーマに取り組む研究者間の相互理解を保証し，車輪の再発明[2]を防ぐ．3つ目は，ほぼ普遍的である

---

2)（訳者注）広く受け入れられ，確立されている技術や解決方法を知らずに，同様のものを再び一から作ること．

概念それ自体が，若い科学者を進化生物学に呼び込むことに貢献する（私が話を聞いた進化生態学者にも，この普遍的な概念に魅力を感じている人がいた）。

　進化生物学における理論と同様に，生物群集の理論は，必要以上に数が増えて内容も多岐にわたっている理論やモデルを，学生たちが理解するうえでの一助となるだろう（上述の1つ目の答えと関連）。また，生態学者の間では，昔からある考えに新たな名前をつけることで車輪を再発明することが往々にしてみられると，批判されてきた (Lawton 1991, Graham and Dayton 2002, Belovsky *et al.* 2004)。したがって，上述の2つ目の答えは，群集生態学にも当てはまるだろう (Tucker and Cadotte 2013)。さらに，上述の3つ目の答えと同様に，一般化された理論は，若く快活な頭脳を生態学に導くと期待される。

第6章
生物群集動態のシミュレーション

　ここまでは，群集生態学における理論的アイデアを，やや定性的に解説してきた。生物学では多くの場合，まずは定性的な論拠に基づいて概念的な構築が行われ (Wilson 2013)，続いてそれらが数理モデルを使って発展させられる (Otto and Day 2011, Marquet *et al.* 2014)。まず，数理モデルは我々の直感が合っているかどうかを検証するのに用いられる。すなわち，もしある現象を数理モデルで定量的に描写できない場合，そのロジックには何かしらの穴があると疑う必要がある。また，ある現象を説明しようとする際，我々は無意識のうちにさまざまな仮定をおいていることも多い。理論モデルは，こうした仮定を明確化し再認識する機会を我々に与えてくれる。さらにモデルは，さまざまな条件下（たとえば，環境の時間変動のパターンなど）における結果（たとえば安定共存）を調べたり，野外で目にする現象を定量的に予測したりするのに利用できる。最後に，数理モデルは概念的な統合を行うための手段であり，それによって詳細なモデルの多くは，より一般的なモデルの特殊事例だということを示すことができる。

　本章の目的は，以下の3点である。(1) 異なる高次プロセスを組み合わせた際に生じると期待される群集動態とパターンを紹介する。これは，第8章から第10章で示す仮説や予測に関する理論の基礎となる。(2) 群集生態学におけるほとんどのモデルは，いくつかの構成要素の組み合わせによってできていることを示す。(3) 必要となる数学的な知識や技術は最小限に抑えつつ，読者に自分自身でシナリオを探求する手段を身につけてもらう。これはプロセス–パターン関係を学ぶうえでとても効率の良い方法である。

　本章は，ほかの教科書ではあまり見られない方法を使って話を進める。すな

わち，理論的な予測の提示に加えて，読者が自分で予測や試行錯誤ができるように，プログラミングコードを提供し，それらについて解説する。自分でプログラミングをすることに関心のない読者は，その部分については読み飛ばしていただいても構わない。なお，主なモデルの結果は図として示してあるので，それらを見れば内容が理解できるようになっている。

6.1　モデリングの準備

　生物群集の動態や構造をモデリングするうえでは，いくつかの選択肢がある。代表的なものは，(1) 解析モデル (analytical model) と，(2) シミュレーションまたは数値モデル (numerical model) である。なお，(1) と (2) は，一つの式で成り立つか，あるいは複数の式の集合によって成り立つかの違いよって区別されることも多いが，本書では以下の定義によって両者を区別する。解析モデルとは，「閉形式解」または「一般解」をもつもの，つまり式が一度決まればそれを解くことによって，興味の対象（たとえばある種の集団サイズ）の，任意の時点における状態を，初期条件とモデルパラメータに基づいて予測することができるモデルである。第3章で紹介した個体群の指数関数的成長，ロジスティック成長，Lotka–Volterra 式はすべてこの解析モデルに属する。これらのモデルの長所は挙動を正確に把握でき，出力結果がどの原因から生じたのかを辿ることができる点である。これらのモデリングは紙と鉛筆さえあれば行うことができる。そして，その見た目が簡潔で美しいことも，数学者にとっては魅力の一つだろう。

　ある程度の複雑さを超えると，解析モデルの閉形式解を見つけることはほぼ不可能になるため，シミュレーションを用いることになる。シミュレーションモデルでは，はじめにシステムの初期状態（たとえば，相互作用する各種の個体群サイズ）およびそれらの変化を規定する式やルールを定義する。続いて，異なるシナリオ下における動態を，コンピュータを使って再現・予測する。シミュレーションモデルの良い点は，複雑な条件を扱えることに加えて，モデル内で起きることと自然で起きることとの対応を，頭の中で描きやすい点である。たとえば，シミュレーションコードの一行一行を心の目で見ることで，林冠木が死に，種子が散布され，倒れた林冠木の跡地で稚樹が競争している様子を脳内で再生することができる (Pacala *et al.* 1993)。数学に精通している人は，

こういったシナリオを，あまり複雑ではない限り，解析モデルで表現できるかもしれない (Otto and Day 2011)．しかし，多くの生態学者はこういったシナリオを数式化できるほど数学に明るいとはいえない．実際のところ，すでに存在するモデルに従って専門家の後についていくのがやっとの場合も多い．

　前述の理由より，たとえ単純な生態学的モデルであっても（そして解析モデルで表現可能なものであったとしても），シミュレーションはすべての生態学者が自分の手で群集動態を理論的に探索することを可能にする意味で，大きな教育的価値をもっている．自分の手を動かしながら学習することは，単に専門家がやったことの後を辿るよりも得られるものがはるかに多い．「疑似コード」すなわちシミュレーションの構成内容を口語的に記したものを実際のコンピュータコードに翻訳することで，理論的な探求への道は開かれる．プログラミング技術は一朝一夕で身につけることは難しいが，それでも数学的な知識をあまり必要とせず，何十もあるスマートフォン用のアプリについての知識を身につけるよりは簡単だろう．ここで断っておきたいが，私は数学が生態学に不必要だといっているのではない．ただ，生態学に携わる人達にとって理論研究の内容を理解することは難しいことも事実である．シミュレーションを通じて，読者が群集生態学における重要な理論的アイデアに触れることができると期待している．また，一部の読者は自分で解析モデルを構築するためのきっかけを得られるかもしれない．

　ここで紹介するシミュレーションはすべて R プログラミング言語 (R Core Team 2012) で行った．R の事前知識がない読者でも理解できるように，丁寧な解説を心掛けたつもりである．まずは読者が，シミュレーションとはどういうものかという概略をつかめるように，Box 6.1 に最初のモデル（局所群集における中立的動態）についてまとめた．ほかのコードについては，ウェブ上の Online Box 1 から 8 (http://press.princeton.edu/titles/10914.html) で参照可能である．なお，図を表示させる際には，シミュレーションを走らせる前に適当なパラメータを自分で設定する必要があるので注意されたい．

Box 6.1
R を使った中立的な群集動態のシミュレーション

以下，図 B.6.1 に示した R コードを解説していく。なお，文頭の番号はコードの行番号と対応している。

```
1.    J <- 50
2.    init.1 <- J / 2
3.    COM <- vector(length = J)
4.    COM[1:init.1] <- 1; COM[(init.1 + 1):J] <- 2
5.    num.years <- 50
6.    year <- 2

7.    freq.1.vec <- vector(length = num.years)
8.    freq.1.vec[1] <- init.1 / J

9.    for(i in 1:(J * (num.years - 1))) {

10.       freq.1 <- sum(COM == 1) / J
11.       Pr.1   <- freq.1
12.       COM[ceiling(J * runif(1))] <- sample(c(1, 2), 1,
              prob = c(Pr.1, 1 - Pr.1))
13.       if (i %% J == 0){
14.          freq.1.vec[year] <- sum(COM == 1) / J
15.          year <- year + 1
16.       }
17.    }

18.   plot(1:num.years, freq.1.vec, type = "l", xlab = "Time",
19.   ylab = "Frequency of species 1", ylim = c(0, 1))
```

(1) 開始時の群集およびシミュレーション期間を定義する

データを記録するためのベクトルを準備しておく

(2, 3, 4) シミュレーションを実行する

シミュレーション結果を図示する

図 B.6.1　2 種からなる局所群集の中立的な動態をシミュレートするための R コード。種分化は仮定していない。右に示された数字は，本文中の疑似コードの番号と対応している。左の数字は，この Box 6.1 の説明文の番号と対応している。実際に R で実行する際は，これらの数字は消去しておくこと。そのまま R で実行でき，より詳しい注釈が加えられたコードは Online Box1 (http://press.princeton.edu/titles/10914.html) で提供している。

1. 群集サイズ J を定義する。変数 J の中に，矢印 <- を使って数字の 50 を格納する。
2. 種 1 の初期個体群サイズ init.1 を定義する。デフォルトでは，種 2 の初期個体群サイズは J - init.1 となる。
3. 群集 COM を表す，長さが J の空のベクトル（配列）を作る。
4. COM 中の，一番目から init.1 番目の個体を種 1 とし，残りの個体を種 2 とする。
5. シミュレーションの年数 num.years を指定する。

6.1 モデリングの準備

6. シミュレーションの開始年を 2 年目と定義する（1 年目は初期値のため）。
7. 個体群サイズ（頻度）を記録するための空ベクトルを作る。この例では，種 1 の頻度のみを記録するため（種 2 の頻度＝1－種 1 の頻度），ベクトル名を freq.1.vec とする。頻度は年ごとに記録するため，freq.1.vec の長さは num.years とする。
8. ベクトル freq.1.vec の第一要素に，種 1 の初期頻度を記録する。
9. シミュレーションを開始する。for 文を使って，死亡・繁殖イベントを指定した回数分だけ繰り返す。各年は J 回の死亡・誕生イベントを含むものと定義し，また，1 年目は初期値がすでに記録されているため，繰り返し（ループ）数は J*(num.years-1) となる。変数 i を使って，繰り返された回数を記録する。最初のループは i=1，2 回目のループは i=2 といった具合である。
10. 種 1 の頻度（freq.1）を計算する。COM==1 は，COM ベクトル内の各要素が 1 の時には「TRUE（真）」，それ以外の時（つまり要素が 2 の時）は「FALSE（偽）」を返す。R では，TRUE は数字の 1，FALSE は数字の 0 と同等に扱われる。したがって，COM==1 の合計である sum(COM==1) は，その時点における種 1 の個体群サイズを表し，それを J で割った値は頻度を表す。
11. 繁殖を行う種として，種 1 が選ばれる確率を Pr.1 と定義する。この例では，中立的な動態（つまり，浮動のみ）を仮定しているため Pr.1 は freq.1 と同値である。選択を含むモデルの場合は，この部分のコードを書き換えることになる。
12. 死亡する個体をランダムに一つ選び，繁殖によって生まれた個体と置き換える。runif(1) は，0 から 1 の値をもつ乱数を一つ生成する関数である（言い換えると，0 から 1 の範囲をもつ一様分布から，ランダムに値を一つ抽出する）。これに J を掛ければ（J*runif(1)），0 から J の実数をランダムに一つ生成できる。個体を指定するためには整数が必要なため，ceiling 関数を使って値を切り上げる（つまり，1 から J の整数を一つ生成する）。これによって選ばれた個体が死亡する。右辺では，繁殖する種を決定する。c(1,2) は，数字の 1 と 2 が結合されたベクトルを表す。このベクトルから，sample 関数を使って値を一つ抽出し，それを繁殖する種とする。種 1 が選ばれる確率は Pr.1，種 2 が選ばれる確率は 1-Pr.1 である。選ばれた種の個体を，死亡した個体と置き換える。

13-15. 死亡・繁殖が J 回繰り返されるごとに，頻度を記録する。i%%J は，i を J で割った剰余を表す。剰余 i%%J が 0 のとき（つまり，死亡・繁殖が J 回繰り返されるごとに），if 文の中のコード（14 から 15 行目）が実行さ

れる。その時点の種 1 の頻度を、ベクトル `freq.1.vec` の `year` 番目の要素に記録する（14 行目）。年数をカウントする変数 `year` の値を 1 増やす（15 行目）。
- 16–17. `if` 文と `for` 文を閉じる。
- 18–19. 結果を図として出力する。`1:num.years` は x 軸の値、`freq.1.vec` は y 軸の値を表す。`type="l"` は、折れ線グラフとして図示することを意味する（数字の 1 ではなくアルファベットのエル l であることに注意）。`xlab` と `ylab` は軸ラベルを、`ylim` は y 軸の範囲を表す。

6.2 局所群集動態：浮動

　まず、私が思いつく中で最も単純なシナリオを、Moran モデルを使って説明したい。Moran モデルとは、もともとは集団の対立遺伝子頻度の変化を表すために提案されたモデルである（Moran 1958; Hubbell 2001, Nowak 2006 も参照）。本章では、この Moran モデルをすべてのシミュレーションの基礎として用いる。そして、Moran モデルに一つあるいは少数の改良を加えることで、さまざまなシナリオを検討していく。ここで、（特に数学に詳しい読者に）あらかじめ断っておきたいことがある。すなわち、これから示すすべてのシナリオでは、カギとなる生態学的なポイントについては忠実に表現しているものの、便宜上いくつかのケースでは、オリジナルの数式とモデルが必ずしも一致していないことに注意されたい（たとえば、競争–定着トレードオフや島嶼生物地理学のモデル）。

　中立で、種分化のない、閉じた群集の動態を表す Moran モデルの「疑似コード」は以下の通りとなる：

- ステップ 1. 総個体数 J、種数 S の初期群集を定義する。種 i の個体数を N_i と表す。
- ステップ 2. 一個体をランダムに選択する。その個体は死亡する。
- ステップ 3. 一個体をランダムに選択する。その個体は子を一個体、生産する。生産された個体はステップ 2 で死亡した個体と置き換わる。
- ステップ 4. ステップ 1 から繰り返す。

　このモデルの美しさは、その単純性にあるといって良いだろう。このモデル

のステップ 3 に，子を生産する個体がどのように選択されるかについてのルールを少し加えるだけで，さまざまな動態やパターンを生み出すことができる。また，ステップ 2 にルールを加えても，同様の変化を生み出せる。見かけ上は，一個体の親から一個体の子が生産されるというステップ 3 は，生物学的にはやや不自然かもしれない。ただしこれは「すべての個体がつねにたくさんの子を生産しており，ある時点における群集には，そのうち一個体が新規個体として加わる」と定義することと同じである。なお，これ以降は，文中で R コードを示す場合は R で用いられる表記方法とフォント (Courier) を用いる。R コード内に明示的に含まれない変数やパラメータについては，通常のフォントを用いる。

群集の状態は，種アバンダンスのベクトル $[N_1, N_2, \ldots, N_s]$ で表す。ここで，N_i は種 i のアバンダンス（個体群サイズ）を表す。総個体数 J が一定であるという仮定を置けば，第 5 章で示したような種頻度 (frequency) の変化を追うことができる。2 種しか存在しない群集では，`freq.1`$= N_1/$`J` と `freq.2 = 1 - freq.1` となるため，一種の動向を追うことで群集に何が起きているかを知ることができる。すなわち，群集のパターンは，一つの応答変数 (response variable) によって説明される。また，上記のステップ 1〜4 を J 回繰り返したとき，平均寿命が 1 年の生物にとっての 1 年が経過したと見なすことができる[1]。

上記の中立モデルを使って，種 1 と種 2 の 2 種からなる群集について考えよう。このモデルの R コードを Box 6.1 に示す。このコードは，後から選択プロセスを加えることを考慮して，本来必要であるよりもやや長いものとなっている（なお，第 3 章で紹介したような解析モデルを，R を使って扱いたい読者は Stevens (2009) を参照するとよい）。すべての個体は同じ確率で繁殖個体として選ばれるため，繁殖個体が種 1 である確率は，この種の頻度に等しい。すなわち，`Pr.1`$=$`freq.1`$= N_1/$`J`。したがって，群集動態は浮動のみによって規定される。種頻度はどちらか一方の種が絶滅するまで上下する（図 6.1）。群集サイズが大きいほど浮動はゆっくりと進み，そして，最終的にある種が勝つ確率は，初期頻度に等しい（図 6.1; Kimura 1962, Hubbell 2001）。

---

[1]（訳者注）平均寿命が 1 年の生物が J 個体いた場合，1 年間で死ぬ個体数は J である（つまりすべての個体が死ぬ）。ステップ 1 から 4 を通じて 1 個体が必ず死ぬので，J 個体が死ぬにはステップ 1 から 4 を J 回くり返す必要がある。

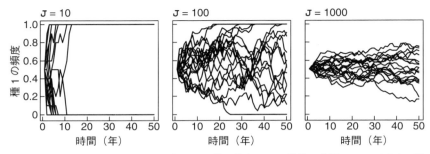

図 6.1 生態的浮動を仮定したときの，2 種で構成される群集の動態。3 つの図は，群集サイズ (J) を 10，100，1000 とした場合の，20 回分のシミュレーション結果を示す。種 1 の初期頻度 (init.1) は 0.5 とする。生態的浮動のみが群集動態を規定するとき，どちらかの種が絶滅するまで，種の頻度は変動を繰り返す。浮動はサイズの小さな群集で強く働く。ある種が完全な優占状態に達する確率は，初期頻度に等しい。R コードについては Box 6.1 および Online Box 1 と 2 を参照。

6.3 局所群集動態：選択

選択は種間で適応度が異なる場合に生じる。すなわち，ある種が，「繁殖する種」として選択される確率がその頻度と異なる場合である ($Pr.1 \neq N_1/J$)。例として，種 1 が 10 個体，種 2 が 30 個体の群集を考えよう (freq.1 = 10/40 = 0.25，freq.2 = 30/40 = 0.75)。種 1 と種 2 の 1 個体が単位時間当たりに生む子個体の数（すなわち適応度）がそれぞれ 20 と 10 だった場合，種 1 は 10×20 = 200，種 2 は 30×10 = 300 の子を生む。この中からランダムに選ばれた一個体が，死亡した個体と置き換わる場合，その子個体が種 1 である確率は，すべての子個体のうち種 1 の子個体が占める割合に等しい。すなわち (10×20)/(10×20+30×10) = 200/(200 + 500) = 0.4 である。このように，種 1 はより高い適応度をもち，群集に新規個体を加えられる確率 (Pr.1 = 0.4) は，その頻度 (freq.1 = 0.25) よりも高い。これを一般化すると，種 1 と種 2 の適応度をそれぞれ fit.1 と fit.2 としたとき，Pr.1 = fit.1*freq.1/(fit.1*freq.1 + fit.2*freq.2) となる (Ewens 2004)。右辺の分子と分母をそれぞれ fit.2 で割ると，重要なのは両種の適応度の絶対値でなく，その比率であることがわかる。

Pr.1 = (fit.1/fit.2)*freq.1/((fit.1/fit.2)*freq.1 + freq.2)

これ以降，fit.1/fit.2 を適応度比 (fitness ratio) もしくは相対適応度と呼ぶこととする。選択を組み込んだ局所モデルの R コード (Online Box 2) では，fit.1/fit.2 という表記は用いず，fit.ratio を用いている。

続く節では，選択を考慮した群集動態について見ていく。具体的には，適応度比 (fit.ratio) を，以下の 2 つの要素に分けて考える。すなわち，(1) 種頻度が取り得る範囲 (0 から 1) にわたっての適応度比の平均値 (fit.ratio.avg) と，(2) 適応度と種頻度の関係の方向と強さを表す値 (freq.dep) である。ここで，fit.ratio.avg は一定選択の強さ，freq.dep は頻度依存選択の強さを表す。これらのモデルの R コードは Online Box 2 に載せてある。fit.ratio.avg＝1 かつ freq.dep＝0 の時は，完全な中立モデルとなり，Box 6.1 のコードと同等となる。まずは，freq.dep＝0 と仮定し，一定選択の強さ fit.ratio.avg を変えるところから始める。その後，頻度依存選択や，時間により異なる選択を仮定したシナリオについて見ていく。さらに，群集を構成する個体数 J を変化させてシミュレーションを行うことで，「個体数が少ない（すなわち J が小さい）とき，適応度の違いから期待される結果は必ずしも得られない（すなわち，確率論的浮動が決定論的プロセスを原理的に上回る）」という事実がつねに成り立つこととを示す。

6.3.1　一定選択による競争排除

種 1 がつねに種 2 よりも高い適応度をもつ場合（すなわち，fit.ratio＞1），種 1 は種 2 を競争によって排除し，またこの逆の例も成り立つ（図 6.2）。この動態をシミュレートするには，Box 6.1 の R コードにおいて fit.ratio.avg を新たに定義し，Pr.1 の式（疑似コードにおけるステップ 3）を改変すればよい。たとえば，fit.deg＝0，fit.ratio.avg＝1.1 とすることで種 1 に適応的な優位性をもたせることができる。

6.3.2　負の頻度依存選択による安定的共存

種 1 の頻度が低い時に，種 1 の適応度が種 2 より高くなり，その逆も成り立つとする。この場合，各種は頻度が低い時ほど相対的な優位性を得られ，その結果，両種のアバンダンスが 0 ではない安定平衡点が存在するはずである (Chesson 2000b)。すなわち，両種は負の頻度依存選択によって共存すると期待される。

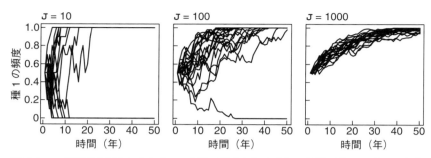

図 6.2　一定選択を仮定したときの，2 種で構成される群集の動態。種 1 が種 2 よりも適応度が高い場合の例（fit.ratio.avg ＝ 1.1, freq.dep ＝ 0）を示す。3 つの図は，群集サイズ（J）が 10, 100, 1000 のときの，20 回分のシミュレーション結果を示す。選択は種 1 を優占させる方向に働くが，群集サイズが小さい場合，実際に種 1 が優占するかどうかは不確実になる。各パラメータの定義については本文を，R コードについては Online Box 2 をそれぞれ参照。

ただし安定的な共存のためには，種の適応度がその頻度と負の関係にあることに加えて，この関係が fit.ratio.avg と比較して十分に強い（すなわち，種 1 の頻度が十分に低ければ fit.ratio ＞ 1 となり，その逆も成り立つ）ことが必要である（Adler et al. 2007; 図 6.3）。図 6.3 の左図において，線の傾きは負の頻度依存選択の強さを表し（Chesson の「ニッチの違い」），y 軸の平均値は一定選択の強さを表す（Chesson の「適応度の違い」）。適応度と頻度との関係を決めるこれら 2 つの要素は，近代共存理論（HilleRisLambers et al. 2012）の根底にあるアイデアである。これらのシナリオは Online Box 2 の R コードで実行することができる。

　負の頻度依存選択をシミュレートするには，まずは種 1 と 2 の適応度比（fit.ratio）が種 1 の頻度とともに低下するようにパラメータを設定する（図 6.3 の左図）。なお，負の頻度依存選択によって得られる優位性が 2 種間で対称的にするために，fit.ratio の対数が，種の頻度に従う（一次関数になる）と定義してもよい（Online Box 2 および章末の付録 6.1 参照）。パラメータ fit.ratio.avg は，両種の頻度（x 軸）が 0.5 の時の，fit.ratio（y 軸）の値である。つまり，この値によって，適応度と頻度の関係を表す線（図 6.3 の左図）の y 軸の位置が決まる。また，線の傾きはパラメータ freq.dep によって決まる。

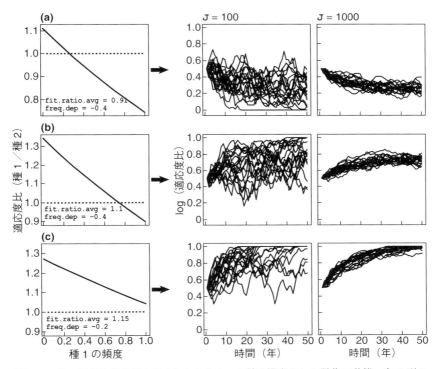

図 6.3 負の頻度依存選択を仮定したときの，2 種で構成される群集の動態。右 2 列の図は，群集サイズ (J) が 100 または 1000 のときの，20 回分のシミュレーション結果を示す。上段と中段の例 (a, b) では，平均適応度の差に比べて，負の頻度依存選択の効果が十分に大きいため，両種が共存する安定平衡点（左図の実線と破線の交点）が存在する。下段の例 (c) では，負の頻度依存選択は生じるものの，常に種 1 の適応度が種 2 よりも高いため，両者は共存できない。各パラメータの定義については本文を，R コードについては Online Box 2 をそれぞれ参照。

6.3.3 時間的に異なる選択

ここまで見てきたシミュレーションから負の頻度依存選択が働く場合，群集サイズがある程度大きければ，群集組成（すなわち種頻度）は安定平衡に向かって収束することが分かった。この負の頻度依存選択によって安定的に共存するというルールは，ある種の頻度が低くなった時に長期的に優位性が得られるこ

とが期待される場合にあてはまる．こうした状況は，選択が時間とともに変化する場合にも生じうる．モデルとしてはいくつかの条件が満たされる必要がある (Chesson 2000b, Fox 2013)．まず最も単純な条件は，種の相対適応度が時間とともに変化するとき，一方の種の相対適応度が高くなり個体群サイズが増加する期間が，その反対の期間（つまり適応度が低くなる期間）に被る個体群サイズの減少を打ち消すほど十分長いことである．ほかの条件の例としては，個体群動態を和らげる効果が挙げられる．たとえば，休眠繁殖体といった特殊な方法を使って厳しい環境を凌ぐ能力をもつ種がいる場合や (Chesson 2000b)，何らかのメカニズムによって優占種が他種を完全に排除することが妨げられる場合 (Yi and Dean 2013) が挙げられる．

　適応度の変化は，気候などの外的因子，または生物自身が引き起こす内的な環境変動（たとえば，資源利用を介した変動; Armstrong and McGehee 1980, Huisman and Weissing 1999, 2001）によって生じる．説明を簡単にするために数学的な詳細は省くが，たとえば気候の時間変動などによって2種間の適応度の優劣が10年ごとに入れ替わる場合，各種の頻度が上下しながら共存し，保たれる場合がある（図 6.4; R コードについては Online Box 3 を参照）．次節では，これと似た現象として，空間的な環境の違いに着目する．

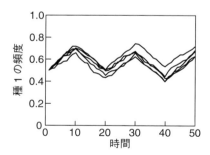

図 6.4　選択が時間的に変動するときの，2種で構成される群集の動態．適応度比が 10 年ごとに 1.1 と 0.91 ($= 1.1^{-1}$) で入れ替わるときの，5 回分のシミュレーション結果を示す．群集サイズ J $= 4000$ とする．このような条件下では，いつかは浮動によってどちらかの種が優占する．2種が長期的に共存できるかどうかは，個体群の減少の緩和といった，何らかの追加条件が必要である．R コードについては Online Box 3 を参照．

6.3.4 循環動態

生態モデルには，ある一つの点（たとえば，ある特定の種頻度）で表される平衡点だけではなく，ある一定の変動や循環が無限に繰り返される動的平衡点をもつものも多い。そのようなモデルには捕食–被食サイクルといった異なる栄養段階間で生じる相互作用 (trophic interaction) を想定したものが多い。動的平衡のカギとなるのは，何らかの平衡点を繰り返し超過（オーバーシュート）してしまうことである。この現象は一種からなる個体群モデル (May 1974) や，競争のみを扱う多種モデル (Gilpin 1975) においても生じる。単一栄養段階における種間相互作用が生み出す動的平衡については実証研究が極めて少ないため，ここで議論する内容はあくまで理論上の話であることに注意されたい。また，このトピックについては実証研究に関する第 8 章から第 10 章においても取り上げない。

群集が平衡点を超過してしまう現象は，種の頻度の変化に対する適応度の反応に，タイムラグを加えることで再現することができる。具体的には，fit.ratio を計算する際，その時点の頻度に応じて毎回計算し直すのではなく，その「年」（すなわち，J 回の死亡・新規参入の繰り返し）の開始時点の頻度に応じて求め

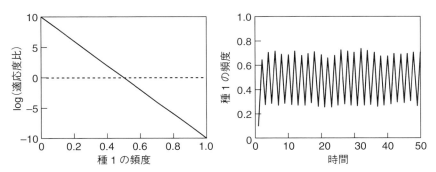

図 6.5　負の頻度依存選択が「遅延」を伴うときの，2 種で構成される群集の動態。この例では，種の適応度は死亡–繁殖イベントごとには更新されず，1 年間は同じ値に保たれる。これによって，種の頻度は仮の平衡点である 0.5 を繰り返し超過する（右図）。この超過は，負の頻度依存性が十分に高い時のみ（この例では freq.dep < -10 のとき）生じる。本図は，freq.dep $= -20$, J $= 500$, 種 1 の初期頻度 $= 0.1$ の場合を示す。左図の y 軸は対数軸であるため，2 種の適応度が同じときの値が 1 ではなく 0 になっていることに注意。各パラメータの定義については本文を，R コードについては Online Box 4 をそれぞれ参照。

た値を，その年は一定として使い続ける場合を考える。この時，強い負の頻度依存が永続的な変動を生み出す（図 6.5）。このシミュレーションを行うには，一つの時間ループ内の繰り返し回数を J*num.years とするのではなく，ループに入れ子（ネスト）構造をもたせる（Online Box 4 参照）。すなわち，まず num.years 回のループ，次に J 回のループを定義し，fit.ratio が年ごとに変化するようにする。動的平衡は，3 種間の「推移律の成立しない競争 (intransitive competition)」を想定した場合にも生じる (Gilpin 1975)。すなわち，3 種の間でグー・チョキ・パーの関係が成り立つとき，ある種（たとえばグー）の優占度が増加すると，ほかの種（たとえばパー）の適応度が相対的に上がる。これによって，3 種の優占度は順番に増加・減少を繰り返す (Gilpin 1975, Sinervo and Lively 1996, Vellend and Litrico 2008)。

6.3.5　正のフィードバックを介した先住効果と多重安定平衡

　種の適応度がその頻度と正の関係にある場合（すなわち，頻度が高い時に fit.ratio が 1 より大きくなる場合）を考えよう。この場合，開始時点でより頻度が高い種がもう一方を排除すると期待される。すなわち，強い先住効果が生じる。先住効果を再現するには，freq.dep の符号を正の値に代えればよい（Online Box 2 参照）（図 6.6）。先住効果は，多重安定平衡（今回の例でいえば，一方の種が完全に優占した状態）が生じる最も単純なモデルの一つである。このほかにも，多重安定平衡を予測・再現するモデルはたくさん提案されているが，より複雑でシステム特異的なものが多い。これらのモデルでは，多重安定平衡は特定の生物的・非生物的な状態に基づいて定義される場合が多い。たとえば，ある機能形質をもつ水生大型植物が優占した状態に対し，それがほぼ不在の状態や，水の透明度といった環境変数の大きなシフトが挙げられる (Scheffer 2009)。これらのモデルに共通する核となっているのは，システム内でなんらかの正のフィードバックが生じるということである（たとえば，一部の種が互いに優占度を促進し合う）。そういう意味では，図 6.6 で示したモデルは単純だが要点は押さえたモデルとなっている。

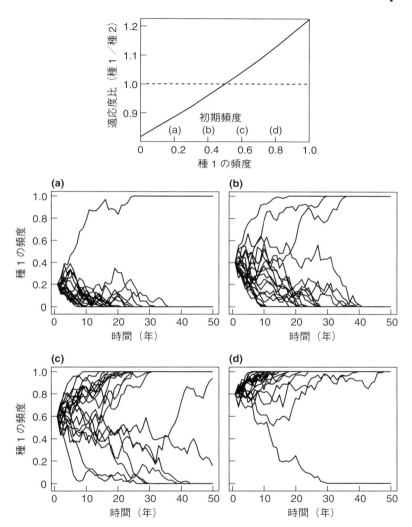

図 6.6 正の頻度依存選択を仮定したときの，2 種で構成される群集の動態。正の頻度依存性選択は，多重安定状態を生み出す例の一つである。初期頻度によって，どの種が優占するかをある程度決定論的に予想することができる。本図の例 (`freq.dep = 0.4, fit.ratio.avg = 1`) では，種 1 の初期頻度が 0.5 より大きいときは種 2 より種 1 の適応度が高くなり，その逆も成り立つ。各図は，種 1 の初期頻度が (a) 0.2, (b) 0.4, (c) 0.6, (d) 0.8 で，J = 100 としたときの，20 回分のシミュレーション結果を示す。(b) と (c) の例では初期頻度が 0.5 に近いため，初期頻度が 0.5 より小さい種も浮動によって優占する可能性がかなり残される。一方で (a) と (d) の例では，どの種が競争排除されるかがより予測可能になる。各パラメータの定義については本文を，R コードについては Online Box 2 をそれぞれ参照。

6.4 分散によって結ばれた群集の集まり

本章の最後（6.5節）では，分散と種分化を考慮した，多くの種を含む群集の動態をシミュレートする。その前にこの節では，より単純で理解しやすい，局所群集の間で生じる分散や，空間的に異なる選択について見ていこう。なおここでは，群集が存在する場所を指す言葉として「パッチ」を用いる。Online Box 5 の R コードを使えば，任意のパッチ数 (num.patch) における 2 種の動態をシミュレートできる。なお，各パッチは J 個体から成るものとする。ここで，全パッチの集合をメタ群集と呼ぶ。メタ群集においては，各パッチで選択が生じると同時に，パッチ間で個体が分散することで互いの群集動態に影響し合う。これは，確率 m（分散パラメータ）をモデルに加えることでシミュレートできる。具体的には，本章の冒頭で紹介した Moran モデルのステップ 3 において，子を生む親個体が，死亡イベントが起きたパッチの個体の中からだけではなく，メタ群集全体の中から確率 m に基づいてランダムに選ばれる場合を考える。

6.4.1 浮動と分散の相互作用

分散のない，真に中立なモデルでは（図 6.7），各群集の組成がランダムに浮動することで，パッチ間の組成の違い（すなわちベータ多様性）が生じる。ここに分散が加わると，各パッチは互いに独立ではなくなる。分散がある場合，メタ

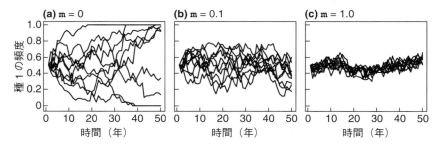

図 6.7 パッチ間の分散の程度 (m) を変えたときの，2 種で構成される 10 個のパッチから成るメタ群集動態。完全な中立性を仮定し，J = 100 としたときの例を示す。パッチ間で分散がないとき (m = 0)，浮動によって群集間のベータ多様性が高まる (a)。分散が高くなるほど，パッチ間の群集組成が類似する (b, c)。R コードについては Online Box 5 を参照。

群集全体の組成（この例の場合，種1の頻度）は浮動するものの，変動速度は遅くなる．これは，各パッチのサイズと比べて，メタ群集全体のサイズが大きい（つまり，個体数が多い）ことによる（図6.7では，`num.patch*J = 10*J`）．分散が極めて高い場合は（図6.7c），各パッチの群集は，より大きなメタ群集の一部であること以外に生物学的な意味はもたなくなる．中程度の分散が起きる場合は（図6.7b），各パッチの組成はメタ群集の組成の平均値付近で変動する．

6.4.2　分散と選択の相互作用

2つのパッチがあり，パッチ1では種1，パッチ2では種2が，より適応的だったとする．このとき，パッチ間である程度の分散がある場合，両種は両パッチにおいて永続的に共存できる場合がある．つまり，選択が空間的に異なるとき，パッチ内・パッチ間の両方で多様性が高まる可能性がある．もし2種の適応度の優位性がパッチ間で対称的である場合（すなわち，パッチ1における種1の優位性が，パッチ2における種2の優位性と同程度の場合），分散の程度とは無関係に，メタ群集レベルでの共存が実現すると期待される．分散がまったくなければ，各パッチで各種はもう一方の種を排除する（図6.8a）．分散の程度が大きくなると（図6.8b, c），適応度が高いパッチからの一定の移入が起き

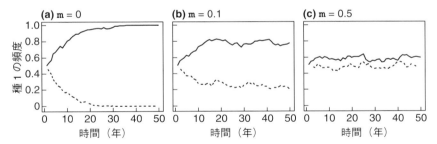

図6.8　パッチが2つ存在し，一方のパッチでは種1，もう一方では種2の適応度が高いときのメタ群集動態．適応度比が一方のパッチ（実線）で1.2，もう一方のパッチ（破線）で1.2^{-1}，各パッチの群集サイズ$J = 1000$としたときの例を示す．選択が空間的に（すなわちパッチ間で）異なるとき，全体（メタ群集レベル）での種の共存は促進される．パッチ間で分散がなければ（m = 0）局所的な選択により競争排除が起きる（a）．分散の程度が増加すると局所的な選択が緩和され，パッチ間の群集組成が類似する（b, c）．RコードについてはOnline Box 5を参照．

るので，適応度が低いパッチにおいても種の頻度が増す．

次に，適応度の優位性がパッチ間で非対称な場合を考えよう．パッチ1における種1の優位性（たとえば，適応度比 = 1.5）が，パッチ2における種2の優位性（たとえば，適応度比 = 1.1^{-1}）よりも大きい場合，分散の程度が高ければ，種2は絶滅する可能性がある．なお，分散がなければ各種は適応度が高いパッチにおいてもう一方の種を排除する（図6.9a）．分散がある場合（図6.9b, c），パッチ1における種2の個体は優位性の低さから頻度を高められないが，種1の個体はパッチ2での優位性がそれほど低くないため移入によりパッチ2での頻度を高める．この結果，ある一定以上の分散があるとき，パッチ2の組成はパッチ1のそれに引っ張られ，やがてメタ群集レベルで種2は絶滅に追いやられる（図6.9c）．

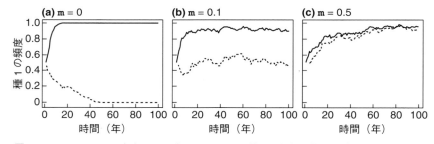

図6.9 パッチが2つ存在し，一方のパッチでは種1，もう一方では種2の適応度が高いときのメタ群集動態．適応度比が非対称，すなわち，適応度比が一方のパッチ（実線）で1.5，もう一方のパッチ（破線）で 1.1^{-1} のときの例を示す．各パッチの群集サイズ J = 1000 とする．パッチ間の分散が少なければ，メタ群集レベルで2種は共存できる (a, b)．一方，分散が多い時は，両パッチ（つまりメタ群集全体）で種1が優占する (c)．R コードについては Online Box 5 を参照．

6.4.3 分散ステージにおける選択：競争–定着トレードオフ

6.4.1項と6.4.2項で示したモデル（Online Box 5参照）は，すべての種が同程度の分散能力をもつと，暗に仮定していた．つまり，新規個体が局所群集ではなくメタ群集全体から選ばれるとき，その個体はランダムに選ばれるとした．ここでは，パッチをまたいで分散する子孫のプール（次世代に選ばれる個体のプール）への個体あたりの貢献度が種間で異なる場合を考える．これは，

分散能力を適応度の構成要素と見なすことでモデル化できる。具体的には、メタ群集から新規個体を生む親個体を選ぶ際に、種の分散能力に応じてその種の個体が選ばれる確率を変化させる。

ここで、新しく分散適応度比 (`fit.ratio.m`) というパラメータを加える (Online Box 6 参照)。R コードの for ループ内で分散が実行される時に、まずメタ群集全体における種 1 の頻度を計算し、続いてその値と `fit.ratio.m` を使って `Pr.1` を求める。これによって、適応度は「競争能力」と「定着能力」の 2 つの要素で決まることになる。たとえば、種 1 はパッチレベルでの高い競争能力をもつ一方で (`fit.ratio` > 1)、種 2 は優れた定着能力をもつ (`fit.ratio.m` < 1)、といった具合である。これらの能力間のトレードオフが十分に強く、また、分散が小さすぎたり大きすぎたりしなければ、メタ群集レベルで種は共存できる (Levins and Culber 1971, Tilman 1994)（図 6.10 の m = 0.1 のケース）。また、種 1 は競争能力が高く、種 2 は定着能力が高い場合、パッチ間の分散が少なければ種 1 が有利になり（図 6.10 の m = 0.05）、パッチ間の分散が高ければ種 2 が有利になる（図 6.10 の m = 0.2）。このような競争–定着トレードオフを想定したモデル (Online Box 6) は、単純ではあるが、多様性の維持に関わる生活史トレードオフをうまく表現できるものとなっている。

6.4.4 分散に関するモデルのおさらい

ここまで、基本となる Moran モデルに少し改良を加えることで、種々のシミュレーションを行ってきた。これらのシミュレーションは比較的単純なものであったにも関わらず、よく知られた、また一見まったく別物とも思えるさまざまな現象を再現することができた。ここまで、以下のような理論を紹介してきた。(1) 空間的に異なる選択（環境異質性）は、多様性維持に大きく貢献する (Levene 1953)。(2) 分散はシンクとなる個体群の維持に貢献し、パッチ内の多様性を高める (MacArthur and Wilson 1967)。(3) 分散は、各パッチで起きる選択の程度に関わらず、パッチ間の群集組成を収束させる（ベータ多様性を低下させる）(Hubbell 2001, Chave *et al.* 2002)。(4) 種の適応度の優位性がパッチ間で非対称的である場合、高い分散はメタ群集レベルでの多様性を低下させる (Mouquet and Loreau 2003)。(5) 種の分散能力と競争能力（適

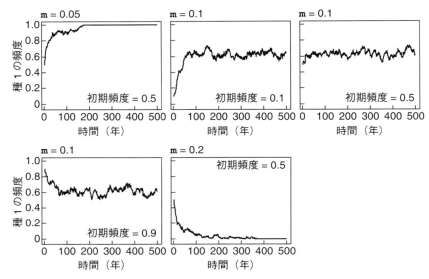

図 6.10 2つのパッチで構成されるメタ群集の動態。両パッチにおいて種2よりも種1の適応度が高く (fit.ratio.avg = 1.2)，両パッチとも J = 1000 の場合の例を示す。また，パッチ間で分散があり (m > 0)，種1よりも種2の分散「適応度」が高いと仮定する (fit.ratio.m = 1/5) (Online Box 6 を参照)。局所動態に関わるパラメータはパッチ間ですべて同じため，ここではメタ群集レベルでの頻度のみを示す。m = 0.1 のとき，種1の頻度は初期頻度 (0.1, 0.5, 0.9) に関わらず約 0.6 に収束する。分散が少ない時 (m = 0.05) は種1が優占し，多い時 (m = 0.2) は種2が優占する。ここで示したシミュレーションは，競争–定着トレードオフを仮定したモデルの特長をとらえている。すなわち，種1は競争能力が高く (fit.ratio.avg > 1)，種2は定着能力が高い (fit.ratio.m < 1) 状況を表している。

応度の優位性) が負の関係にある場合 (すなわち，トレードオフがある場合)，パッチレベルで生じる選択が空間的に均一であっても，種は共存できる (Levins and Culver 1971, Tilman 1994)。

6.5 種分化に関するモデル

最後に，種分化をモデルに組み込むことで，以下の2点を示したい。(1) 高い種分化率は種の豊かさを増加させ，種間のアバンダンスを均一化させる。(2)

地域種プールから種が移入してくる場合、その地域における種分化率が高い方が局所スケールの多様性は高くなる。以下の段落では、まず、種分化と浮動のバランスによって生じる地域群集動態をシミュレートする。続いて、古典的な島嶼生物地理学モデルと同様に (MacArthur and Wilson 1967)、異なる地域群集を移入種のソース (すなわち大陸 (main-lands)) と見なして、移入 (分散) と浮動が局所群集に与える影響をシミュレートする。いずれのケースにおいても、選択は生じないものとする。これは、種分化に焦点を当て余計な複雑性を排除するためである。

種分化を含む中立モデルは、すでに見てきたパッチレベルでの中立モデル (Box 6.1 を参照) とほぼ同じものである。ただ一点異なるのは、ある低い確率 nu (ニュー、ギリシャ文字の ν で表されることが多い) に応じて、群集に新規加入する個体が新種となる点である (Online Box 7 を参照)。これまでは、群集が 2 種で構成される例を見てきたが、このモデルでは、それよりもたくさんの種が群集に加わっていくこととなる。つまり、Online Box 7 の R コードの群集ベクトル COM は、(判別用の数字をそれぞれ割り振られた) たくさんの種を含むこととなる。このシミュレーションから、種分化率が上がるほど、群集内 (または、種プール内とも見なせる) の種数が増え、種間の優占度が均等化することがわかる (図 6.11)。

地域種プールへの影響を介して、種分化が局所群集の多様性に与える効果を調べるために、移入を考慮した局所群集動態をシミュレートしてみよう。すな

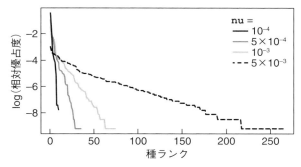

図 6.11　異なる種分化率 (nu) を仮定した中立モデルによって生成された相対優占度分布。群集サイズ $J = 10,000$ 年目の状態を示した。R コードについては Online Box 7 を参照。

わち，分散パラメータ m に応じて，地域種プールから局所群集に新規個体が移入する場合を考える。このとき，どの種が移入するかは地域種プールの相対優占度分布 (relative abundance distribution) （図 6.11）によって決まる。これは，島嶼生物地理学モデル (MacArthur and Wilson 1967) の個体ベース版と見なすことができる。このシミュレーションの R コードは Online Box 8 で実行できる。

　これらのシミュレーションによって，島の面積（局所群集サイズ J）と移入率 m の増加に伴い種の豊かさは増加するという，よく知られたパターンを確認することができる（図 6.12）。また，地域種プールにおける種分化率が高い方が，局所スケールの多様性は高くなるということもわかる（図 6.12b）。さらにこのシミュレーション結果は，環境傾度に沿った種多様性の変化を説明する種プール仮説 (the species-pool hypothesis) (Taylor *et al.* 1990) の核心にも触れている。つまり，図 6.12a と b が 2 つの異なる生息地（たとえば生産性が低い場所と高い場所）を表している場合，b における高い局所的な多様性は，選択などのほかの局所的な要因を考えなくても，地域種プールの高い種分化率だけで説明できるかもしれない。

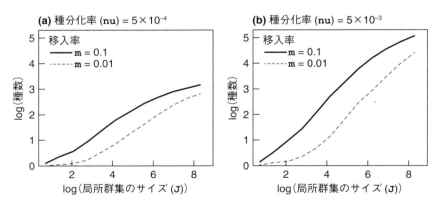

図 6.12　移入率 (m) と種プールのおける種分化率 (nu) を変化させたときの，群集サイズ（パッチの面積）と種の豊かさの関係。種は完全に中立とした。R コードについては Online Box 8 を参照。

6.6 要約

　これまでに，群集動態を説明するために多くのメカニズム（たとえば，栄養素，撹乱，捕食者，病原体，環境変動，生理学的および生活史トレードオフ，生物地理学的要素）が提案されてきた。しかしながら，これらのメカニズムの根底にあるのは結局のところ，本章で紹介してきたいくつかの単純なシナリオ（局所群集における同一栄養段階の種間相互作用や，局所群集どうしを結びつける分散，そして種分化が与える地域レベルでの影響）で説明することができるだろう。重要なのは，これらのシナリオはそれぞれ，基本となるコンピュータコード（Box 6.1）を少し改良するだけで再現することができる点である。なお，これらのシミュレーションは，実証研究（第8章から第10章）の土台となる。

　数学的なモデル研究に精通している人たちの目には，本章で示したシミュレーションは粗末なものに映るかもしれない。それは，同じ現象が解析モデルでも表現できるため，そして，いくつかの仮定（たとえばJが一定であること）は特定の現象（たとえば捕食–被食関係）を扱う際には明らかに成り立たないためである。しかし，私が本章の読者として想定しているのは，モデル研究に精通していない大多数の生態学者である。物事が時間とともにどのように変化するかを示す単純なルールを，コンピュータ言語を使って書き表すことで，実証研究の対象となる予測を提示したり，相互作用する種に関する沢山のモデルを理解するための糸口を見つけたりすることができる。そして，そのルールとはたった4つの高次プロセス「選択（いくつかのタイプがある），浮動（群集サイズに左右される），分散，種分化」およびこれらの空間的・時間的なバリエーションである。

付録 6.1　適応度と頻度の関係

　負の頻度依存選択とは，ある種の頻度の低下とともにその適応度が増加することをいう。この関係を表す負の関数は，いくつかの形を取りうる。定性的には，関数の形が多少違っても似たような結果が得られるが，コンピュータは厳密な命令を必要とするため，ここではやや数学的に説明しよう。本章で見てきたように，群集動態をシミュレートする場合，種間の適応度の比が（適応度の差よりも）重要なパラメータとなる。ここで例として，種1と種2の適応度が，

それぞれ 1.2 と 1.0 のケースと，それぞれ 0.8 と 1.0 のケースを考えよう．このとき，両ケースとも，適応度の差は 0.2 で同じだが，適応度比は異なる．最初のケースでは種 1 の種 2 に対する適応度比が $1.2/1.0 = 1.2$ なのに対し，後のケースでは種 2 の種 1 に対する適応度比は $1.0/0.8 = 1.25$ となる．これらの適応度比を両ケースで同じにするには，後のケースで種 1 の適応度を $1.2^{-1} = 0.833$ にする必要がある．適応度と頻度の関係を定義する際，このような適応度比の対称性を保証するために，log を使って以下のように定義することができる．

```
log(fit.ratio) <- freq.dep*(freq.1-0.5) + log(fit.ratio.avg)
```

式中の -0.5 は，両種の頻度が同じとき ($= 0.5$)，fit.ratio.avg と fit.ratio の値が一致するように定義するものである．Pr.1 を計算するために必要な fit.ratio は，式を以下のように変形することで求められる（Online Box 2 を参照）．

```
fit.ratio <- exp(freq.dep*(freq.1-0.5) + log(fit.ratio.avg))
```

図 6.3 左図の線は，わずかに湾曲している．これは，fit.ratio ではなく，log(fit.ratio) が freq.dep とともに線形に減少すると定義されたためである．一方で，図 6.5 左図では，縦軸が log(fit.ratio) となっているため，線は完全な直線となっている．

第 III 部

実証的な証拠

第7章
実証研究の性質

　これまでの章では，群集生態学における概念，理論，モデルに着目してきた。ここからの第8章から第10章にかけては，実証研究へと進み，生物群集の理論から生まれた一連の仮説と予測についての実証例を精査していく。とはいえ，その前に，生態学者がさまざまな方法で実証研究に取り組んできたことをふまえて，その哲学的な問題や方法論的な問題を把握しておくことは重要である。

　そこで，まず第7章では，以下の4つの問いに言及していく。

1. 生物群集の理論に基づく仮説と予測に関係している研究はどれだけあるのか？そして，それらの研究はどのような分類群を対象にし，どのような研究手法を用いているのか。
2. 群集生態学において実証研究は主にどのようなアプローチで行われているか。そしてそれらのアプローチのメリットとデメリットは何か？
3. 群集生態学において実証研究を行う動機となるのは何か？
4. 群集生態学者が観察対象とする基本単位と解析を適用するレベルとは？

　読者の中には，すでに実証研究に取り組んでおり，研究アプローチや解析について熟知している人もいるだろう。そうした人は，本章を読み飛ばしたいと思うかもしれない。しかし，実証研究により得られた結果を解釈する上では，単に結果から因果関係を検出する能力のみならず，上記4つの問いに関して研究者間での考えが実に多様であるという事実を知っておくこともまた，大きな助けとなるだろう。

7.1　実証研究論文の現状

　本章を書くにあたり，まず自分自身の群集生態学に関する偏った知識の殻を

破ってみようと決心した．多くの研究者に当てはまることだと思うが，私自身の研究対象（温帯林と草地に生息する植物）に関連する実証研究や概念的・理論的なアイデアについては，よく理解していると自負している．しかし，ほかのトピックや生態系についてはそれほどではない．そこで，知識の殻から抜け脱すために，まずは生態学分野の7つの雑誌について，2011年から2014年の各年に出たうちの一つの号をそれぞれ無作為に選び，そこに掲載されている全論文を読んでみた (Box 7.1)．その結果，以下の3つのことが分かった．

1つ目は，本書のトピックである水平群集の生態学は，生態学分野の文献全体のおよそ3分の1と関連しているということである．予想していた通り，これらの文献の扱う対象分類群と研究方法は，私の専門とする「植物を対象にした観察研究」に偏っていた．ただし，文献を無作為に選ぶことによって自分自身の専門性が収集文献の方向性を偏らせないように注意した．

2つ目は，私が思っていた通り，出版された論文の数が圧倒的に多いということである．簡単に見積もっても，過去10年間に本書のトピックと関連する論文は10,000本以上（おそらくその2倍以上は）出版されている (Box 7.1)．本書のような専門的な文章では感嘆符はさけるべきだが，まさかの10,000本である！ 生態学の一分野に過ぎないこの分野をくまなくレビューし，分野全体の包括的な知識を得たと自信をもっていうためには，単純計算[1]で毎日4本以上の論文を読まないといけないのである．本書を書くにあたり私は数百本の論文を読んだ．この数ですら，Google Scholar に私がロボットではないかと疑わせるには十分な量であったが（そして私は何度かこの認証をクリアできなかった．図7.1），それでもなお，10,000本には到底届かない．そこで，この分野に関連する文献を網羅することは諦め，その代わりに本章では特定の仮説と予測を検証したいくつかの例を選抜して説明する．

3つ目は，群集生態学の実証研究は扱われる生息地や分類群だけでなく，研究の動機，アプローチ（たとえば観察か実験かといった手法の違い），対象とするスケール（個体，プロット，地域といったデータを取得し解析するスケール）といった点においても極めて多様であることである．この多様性を理解するために，以降の節ではそれぞれの実証研究を互いに区別し整理するための軸を説明するとともに，実証研究がしばしば直面している課題について議論していく．

---

[1]（訳者注）論文が10年で10,000本なので年間1,000本．就業日が年250日とすると 1,000/250 なので，1日あたり4本．

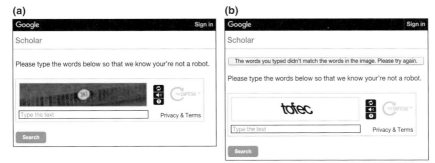

図 7.1 (a) 短い期間にとても多くの論文にアクセスした時の Google Scholar。(b) 著者がロボットではないかと Google Scholar に疑われた証拠。

Box 7.1
群集生態学ではどんな論文が出版されているのか？

生態学全般を取り扱う 7 つの代表的な雑誌 (*Ecography, Ecology, Ecology Letters, Global Ecology & Biogeography, Journal of Ecology, Journal of Animal Ecology, Oikos*) を対象に 2011 年から 2014 年までの各年から特集号以外の一つの号をそれぞれ無作為に選択し，掲載されているすべての論文の要旨を読んだ。ほかの論文の解説 (brief commentaries on other papers) や訂正 (errata) などを除くと，選んだ 28 号の雑誌には 502 本の論文が含まれていた。このうち 34%にあたる 173 本を，水平群集の話題に関する論文として分類した。この 173 本には，主題もしくは主題の一部が水平群集に関する論文，もしくは群集レベルの特性（たとえば，生態系機能に及ぼす生物多様性の影響）を扱った論文が含まれている。そして，173 本を精査し，基本的なアプローチや対象としている分類群などの論文の要素を記録した。

173 本のうち，18 本は純粋な理論研究であり，残りの 155 本が実証研究と呼べるものであった。実証研究のおよそ半分は植物を対象にしていた。また，すべての分類群が網羅されているものの，高等植物と動物を対象にしたものは微生物や藻類よりも多かった（表 B.7.1）。およそ 3 分の 1 の論文は野外または実験室で行われた実験的なアプローチによる研究であり，対象とする生物分類群は脊椎動物よりも植物や無脊椎動物を扱ったものが多かった。対象に偏りがあることなどは予想通りであったが，出版された論文量には驚愕するばかりであった。

第 7 章 実証研究の性質

表 B.7.1 水平群集に関する 155 の実証研究の分類群・アプローチに基づく分類

アプローチ	分類群						
	微生物	藻類	植物	無脊椎動物	脊椎動物	複数分類群	合計
野外での観察	5		47	17	20	9	98
野外での実験		4	22	11	1	6	44
室内実験	4	1	2	5	1		13
合計	9	5	71	33	22	15	155

注：実験と観察の両方を行っている研究は，どちらか一方に分類した。また，複数分類群に含まれている研究は，ほかの分類群の欄には含めていない。この表では，各研究がアプローチと分類群それぞれに関して一つのカテゴリーに属するようにしている。

　過去 10 年間に水平群集の生態学に関連する論文がどれほど公表されたかについて，大まかな計算を行った。私が選んだ 7 つの雑誌は，2011 年から 2014 年までの 4 年間で合計 276 号出ているので，私が選んだ 28 号は全体のおおよそ 10% にあたる。したがって，7 つの雑誌にはこの 4 年間で，約 1700 本の関連論文が含まれている。号ごとの掲載論文数が最近になるにつれて増加していることを考慮にいれると，7 つの雑誌から過去 10 年間に 3000 本に達する関連論文が公表されたのではないだろうか？ そしてさらに私が選んだ 7 つの雑誌以外にも，特定の分類群やシステムを扱う雑誌（*Journal of Vegetation Science, Marine Ecology Progress Series* など），多種多様なシステムを扱う雑誌（*PLoS One, Oecologia* など），保全をテーマにした雑誌 (*Ecological Applications, Journal of Applied Ecology*) など，多数の雑誌に群集生態学に関わる論文は掲載されている。これらのことを考慮すると，過去 10 年間で水平群集に関連した論文は少なくとも 10,000 に達すると私は推測している。実際にはこの 2 倍以上あるのではないだろうか？

7.2 実証研究の科学的な動機

7.2.1 科学の最終目標 —予測と説明— (The goals of science: Prediction and explanation)

　興味深い現象の記述に加え，科学者は 2 つの目標をもっている。1 つは予測，そして，もう 1 つは説明である。ただし，生態学者の中には，現象の予測こそが科学の究極的な目標であり，「何が起こるのか」を正確に予測するためには，

「それがなぜ起こるのか」というメカニズムについて説明する必要はないと主張する研究者もいる (Peters 1991)。たとえば，1000 平方キロメートルを超えるほどの広いスケールにおいて，多くの分類群の種数は，気温と降水量に伴い変化する利用可能なエネルギー量によって高い精度で予測できる (Currie 1991, Hawkins *et al.* 2003)。この場合，なぜ種数とエネルギー量が関係するのかを知らなくても，両者が関係するという事実は気候変動に伴う種数の変化を予測する上で非常に役立つだろう (Vazquez-Rivera and Currie 2015)。しかし一方で，予測を行うためには説明が不可欠であり，説明こそがより重要な目標である，という主張も存在する (Pickett *et al.* 2007)。たとえば，これまで種数とエネルギー量の関係を生み出していたプロセスのすべてが，将来においても同様の種数とエネルギーの関係を生み出すとは限らない。したがって，プロセスを理解することによってのみこの関係性を評価することができるのである (Wiens and Donoghue 2004, Kozak and Wiens 2012)。

　第 8 章から第 10 章では，プロセスベースの仮説に基づく予測を検証するための，あらゆる種類の研究について記述する。その中には統計的な予測を目的とする研究も含まれる。というのも，競合するプロセスベースの仮説が出てきた際に，両者の違いを際立たせるためには，このような研究により予測された関係性の方向性や強度といった情報が役立つからである。とはいえ実際には，予測と説明はあまり明確に区別できるものではない。たとえば，種数とエネルギー量の強い相関関係が空間・時間・生物分類群を問わずに繰り返し検出される場合，この相関関係は種数の変化を規定する「真の」因果経路のどこかにエネルギーが関連している可能性を強く示唆している (Currie 1991, Hawkins *et al.* 2003, Vazquez-Rivera and Currie 2015)。たしかに，単純な相関関係だけでは，エネルギー量が種数を決定する直接的な要因とするには根拠に乏しく，エネルギー量は未知の「種数を決めている真の要因」と相関しているだけかもしれない。しかし，このようなパターンの一般性を確立することによって，「種数の変化はエネルギー量と強く関連する要因によって引き起こされる」という現在ではよく知られた説明に近づくことができるのである。つまり，X と Y の相関関係自体は，両者の因果関係を示すものではないが，X と Y の両者を含む因果経路の存在（間接的な関係性も含めて）を示唆するのである (Shipley 2002)。

7.2.2　実証研究に至る 4 の経路

　ここでは，上記の予測と説明のほかに，実証研究の動機となりうる 4 つの問いについてまとめた。これら 4 つの問いは互いに排他的なものではなく，複数の問いが研究の動機になることもある。

問い 1. 何が起こったのか？
　　これは，生態学において最も基本的な問いである。多くの生態学者は，何気ない観察によって見つけた自然界のパターンに興味をもち，定量化を行ってきた。この「興味深いパターン」には，たとえば種アバンダンス分布の形（たとえば，少数の優占種と多数の希少種といったパターン）や，緯度傾度・撹乱・島面積に沿った種多様性の変化，場所間で優占種が突然入れ替わるパターンなどが含まれる。

問い 2. なぜそれが起こったのか？
　　緯度経度に沿った多様性変化について，「どのような環境変数や歴史的背景がこの多様性の変化を説明するのだろうか？」という疑問から原因を探す研究を始めることができる。また，環境傾度に沿って優占種が突然入れ替わっているときは，環境耐性と競争のどちらが強い要因であるかを検証するために，移植実験や除去実験を組み合わせた研究を行うことができるだろう (Connell 1961)。問い 1 と問い 2 は互いに関係し合うものである。つまり，問い 1 は，群集の特性のパターンを記載することを目的としており，その特性がなぜ場所によって違うのか？という問い 2 を導く足掛かりとなるのである。

問い 3. 要因の変化は何をもたらすか（生態学的な帰結）？
　　野外観察では，気候，養分の流入，生息地分断，捕食といった個々の要因に着目してきた。しかしこれらはいくつもの生態学的なプロセスに潜在的な影響を与える可能性がある。生態学的なプロセスへの影響を探るには，まず原因となる要素（統計用語でいうところの独立変数）を決めて，続いてこの要素が群集の特性（統計的には従属変数と呼ばれる）にどのような影響を及ぼすかを調べる。問い 1 と問い 2 は，自然界ですでに観察されている現象やその帰結に着目することからスタートした。これとは対照的に，ここでは「もしこうなっ

たどんな影響が出るだろうか？」という問いを立て，それを検証するための仮想的なシナリオを作ったり探索したりする。こうした影響を探るために，たとえば池に人為的に捕食者を加える，生息地を分断するなど，対象となる要因を操作する実験がよく行われる。

問い 4. 理論の前提や理論に基づく予測は実際の自然に当てはまるのか？
問い 1 から問い 3 に関する研究の中には，この問い 4 に関係するものも多い。しかし，理論に動機づけされた研究については，上記の 3 つには当てはまらないこともある。その例として，種間の適応度，形質間のトレードオフ，適応度の負の頻度依存性 (HilleRisLambers *et al.* 2012) などの共存理論についての実証研究が挙げられる。データを集め実証を行う研究者と理論を提唱する研究者の両者の関わりは薄いことも多いが，提唱された理論はさまざまな方法で実証研究に組み込まれている (Shrader-Frechette and McCoy 1993)。このような実証研究と理論の関係性については，次の項（7.2.3 項）で詳しく触れていく。

7.2.3 実証研究の動機としての理論

自然界における自明ではない事象を説明するための仮説を含み，そこから検証可能な特定の仮定や予測が導かれるものが理想的な理論だろう。どのようなものに対して「理論」，「モデル」，「仮説」という言葉を用いるべきかについて，ガイドラインを設けることはできる (Scheiner and Willing 2011)。しかし，実際には，理論や仮説という言葉は，自然界で何が起こるかの予測を行う動機となるものに対して用いられてきた (Pickett *et al.* 2007, Marquet *et al.* 2014)。

私見ではあるが，生態学における理論の多くは，「観察されたパターンがなぜ生じたのか」という問い対して論理的な説明を提示するためではなく，観察されたパターンの一般性を主張するために用いられているように見える。その具体例として，歴史的に多くの議論を呼んだ中規模撹乱仮説が挙げられる。(Fox 2013, Huston 2014)。中規模撹乱仮説は，撹乱の卓越する環境と撹乱のない環境の双方で生息する種数が少ないという実際に観察された多様性のパターンを説明するものとして提唱された。この仮説では撹乱強度に沿って多様性が単峰型に変化する理由を説明している。つまり，撹乱が多い厳しい環境にはわずか

な種しか適応しておらず，一方で撹乱の影響が少ない場合は競争排除によって，一種または少数の種のみが優占する (Grime 1973)．しかし，この仮説を「検証」している研究の多くは，Grimeがイギリスの植物群集で見出した単峰型パターンをほかの場所でも探すというものである (Fox 2013)．たしかに，これらの研究はパターンの一般性を確立した点で十分に実証研究としての価値はある．しかしそれだけでは，自然の仕組みに対する理論的な見方を確立するという自然科学の根源的な目的へのフィードバックには至っていないだろう．なぜなら，パターンが仮説と一致するしないに関わらず，パターンの一般性の検証だけでは，ほかの原因によってパターンが形成された可能性を否定できないからである．つまり，パターンの一般性を確立するだけでは形成要因についての論理的な説明を加えることはできないのである．

　ほかの理論では，第一原理[2]）からスタートして，世界がどうやって動いているのかについていくつか仮定を置き，その上で言葉や数式を用いた論理によって特定の予測を生み出す．生態学における中立理論はこのような理論の典型的な例である．Hubbell (2001) は，すべての個体のデモグラフィー（たとえば出生率や死亡率）は種によらず同じであること，群集内の個体数には上限があること，その分散が空間的に限られていること，という3つの仮定のもとに群集のパターンについての一連の予測を行う数学的モデルを開発した．このモデルで予測される群集のパターンとは，面積の増加に伴う種数の増加，種アバンダンス分布の形，空間的距離に伴う群集の類似度の低下についてである．中立理論の提唱以降，この理論の前提と，モデルによる予測の妥当性については，多くの研究で検証されている (Rosindell *et al.* 2012, Vellend *et al.* 2014)．こうした中立理論の検証を行った一連の研究結果は，観察されたパターンの一般性を主張するためではなく，生態学的パターンやプロセスに関する理論的説明の土台をよりたしかなものにするフィードバックを生み出すものだといえるだろう．中立理論の場合の例として，種組成と環境要因が強い相関関係をもつ群集について考える．種組成と環境の相関というパターン自体は中立理論では予測することはできないので，選択の影響を考える必要がある（第8章参照）．しかし，もしこの群集において種アバンダンス分布の形など群集構造を表す何らかの指標が中立理論による予測と一致している場合は，群集と環境の関係は選択

---

[2]（訳者注）近似や経験的なパラメータなどを含まない最も根本となる基本法則．

によって過去に形成されたものであり，現在観察している群集においては「選択が必ずしも重要な働きをしているわけではない」可能性を考慮する必要があるだろう（第9章参照）．

これから続く3つの章で示す理論では，「理論」の使い方のうち後者（Hubbellの中立理論と同様の）の方法と位置づけられるものである．第8章から第10章にかけては，まず4つの高次プロセスに関する一連の仮説を提示する．次に仮説から導かれる予測を挙げ，個々の予測に対して現在までどのような実証データが得られているのかを述べる．さらに，第11章では「パターン先行型」のアプローチについて再考し，生物群集の理論がプロセス先行型，パターン先行型の両タイプの研究に「なぜ」あるいは「どのように」関連しているのかについて解説する．

7.3　実証的なアプローチの基本 —観察と実験—

科学はつねに説明あるいは予測したい事象の「観察」からはじまる．しかし，観察のみによる研究ではパターンを知ることはできても，そのパターンの元となるプロセスを検証することはできない．したがってこのようなタイプの研究は，しばしば「単なる記載」と評される．とはいえ，この考えは誤りとはいわずとも，単純化しすぎではないだろうか (Shipley 2002, Sagarin and Pauchard 2012)．実際，天文学，地質学，疫学では，(1) 入念な観察，(2) 観察された現象を説明するいくつかの理論やモデルの提唱，そして，(3) それを検証するための複数の証拠を探求する，という過程を通じてプロセスの理解を深めている．この過程は生態学においても同様である (Pickett *et al.* 2007)．たとえば，気候変動に伴う樹木群集の集合規則や樹木の分布が変化するプロセスについては，まずさまざまな場所・時代の花粉化石，環境，樹木のデモグラフィーの観察から始まり，次に分子遺伝的手法や数理モデルによる裏づけを得ることによってその理解が進んできた (Clark *et al.* 1998, McLachlan *et al.* 2005, Williams and Jackson 2007)．

操作実験は，仮説やメカニズムの検証や，システムがどう動いているのかをシンプルに把握する上での，非常に強力な手段である (Hairston 1989, Resetarits and Bernardo 1998, Naeem 2001)．たとえば，「局所的な多様性が種の移入によって決まる」という仮説を検証する最も直接的な手法は，実験的に種の移

入率を変化させて，その結果を観察することである (Turnbull *et al.* 2000)。こうした操作実験は，自然系（たとえば，自然植生のなかにプロットを設置し，播種[3]する），実験系（たとえば，ミクロコズム[4]間の接続性を変化させ，分散を操作する），あるいはその両方において可能である（たとえば，池に模したコンテナを野外に設置する）。

　操作実験は強力な手段ではあるが，第3章で述べたように，必ずしも万能というわけではない。まず，対象とするシナリオが，倫理的あるいは物理的に再現不可能な場合がある。また，操作実験は非常に限られた空間スケールでしか行えない。さらに，操作実験の結果を自然系に適用できるか不確かな場合も多い (Bender *et al.* 1984, Yodzis 1988, Dunham and Beaupre 1998, Petraitis 1998, Werner 1998, Maurer 1999, Naeem 2001)。たとえば，温度上昇が群集構造に及ぼす影響を調べるために，地面や小さな池の温度を操作する場合，その温度変化は自然界でみられるよりも速いことが多い。また，ほかの要因を変化させることなく，温度だけを上昇させることは不可能である。したがって，実験による温度の操作は，自然に起こる温度上昇と異なった影響を群集構造にもたらすかもしれない。この例は，地球温暖化に対する群集の応答を予測する場合に，操作実験だけでは不十分であることを示唆している (Wolkovich *et al.* 2012)。さらに，厳密に科学的な理由ではないが，社会的関心の高い大型哺乳動物や鳥類に関しては，多様性を操作する実験を行える可能性が低い。

　観察研究の中には「自然の実験」と呼ばれるものも多い (Diamond 1986)。このような研究では，自然に生じた環境変化や人為的な環境改変に伴う群集の変化を観察することによって，対象とする要因が群集にもたらす影響を検証する。たとえば，火災，伐採，外来種の侵入などの攪乱は，一部の場所に発生する現象である。したがって，これらの現象が起こった場所と起こっていない場所を比較することで，「本物」の操作実験を行った場合と同様の検証をすることができる。異なる条件の場所間を比較する研究の多くは「自然の実験」と見なすことができるが，操作実験の場合と異なり，研究によっては着目している要因以外の要因も同時に変化してしまっている可能性が高いため，解釈には注意が必要である。それでもなお，操作実験よりも自然に近い状態を観察できる可能性があるため，実証研究における「自然の実験」の有用性は高いだろう。

---

3)（訳者注）種子の添加。
4)（訳者注）生態系の一部を隔離し実験的な操作を可能にした閉鎖的な系。

まとめると，実証研究で用いられるアプローチにはそれぞれ欠点と利点がある。表7.1に，群集生態学の研究でよく用いられているアプローチの利点と欠点について，現実性（結果がどの程度自然系に当てはまりそうか），プロセスに言及する能力，社会的な関心（生態学者以外の人々がどの程度結果に興味を示すか）という3つの点から主観的にまとめた。この後の第8章から第10章では，異なる仮説から導かれた予測について，ここで取り上げたものも含めてさ

表7.1 生態学におけるさまざまな実証研究アプローチの利点と欠点

アプローチ	現実性（自然系への適用可能性）	プロセスへの言及可能性	一般性（社会的な関心に答えることができる能力）
観察的：分断された景観（人為的にではない）と分断されていない景観における鳥群集の特性の比較	高	低	高
観察的：異なる土地利用履歴をもつ森林における遷移の比較	高	低	高
実験的：木のウロのような，「コンテナ群集」における捕食者の追加や除去の影響	高	高	低
実験的：キャトルタンク[5]における養分添加による動物プランクトンへの影響	中	高	中
実験的：野外での気温操作による植物群集への影響	中	中	高
実験的：多様性が生産性に及ぼす影響や特定の共存メカニズムの重要性を検証するため野外に実験的な群集を作る	中	中	中
実験的：ミクロコズム中の微生物群集に対する分散の影響	低	高	低

注：現実性は，結果がどの程度非実験系に適用できるかを意味している。一般性は，生態学者ではない一般の人々，生態系管理の現場におけるエンドユーザー，政策関係者が結果に関心を持つかどうかを評価している。

---

5) 牛が水を飲む時に用いる容器のようなものを用いた実験。

まざまなアプローチから検証した実証研究についてとりあげていく。

7.4　解析レベルと観察単位

　本章ではここまで，研究の目標，動機，アプローチは研究により大きく異なることを示してきた。しかしこれらの違いは，本節で示す観察単位，解析レベル，興味の対象となる生態学的要因の多様性に比べると微々たるものかもしれない。

　研究において，実際に測定の対象となるのが「観察単位」である。具体的には，小さい方から順番に器官，個体，個体群，種，方形区，地域全体といったものが生態学における観察単位の例である。「解析レベル」は，解析に用いる観察単位である。群集生態学では，群集をターゲットにした解析のみを行うと思っている読者もいるかもしれない。しかし実際には，群集生態学の理論から導かれる予測というのは，群集を解析レベルにしたものとは限らない（表7.2の4.から7.）。たとえば，成木や実生を対象にした個体レベルの解析を行うことで，「異種あるいは同種の密度変化に伴う成長や生存率の変化」という群集レベルの理論的予測を検証している研究がある (Comita et al. 2010)。こうした研究が行われている最も有名な場所の一つが，パナマのバロコロラド島 (Barro Colorado Island: 略してBCI) にある50ヘクタールのプロットである。ここでは森林の長期モニタリングが行われているが，ここでの基本的な観察単位は樹木個体である。個体ごとの主要な測定項目は，樹種，サイズ，プロット内の位置などが挙げられる (Hubbell and Foster 1986)。そのほかにも，たとえば理論的には「安定した種の共存は，適応度や形質についてのトレードオフがある場合に促進される」という予測があり，これを検証するために，種を解析のレベルとする場合がある。この場合は，個体レベルで計測された適応度や形質のデータを種レベルに集約することで解析を行う (Wright et al. 2010)。

　個々の樹木個体のデータを集約することで，任意のサイズ（たとえば，50メートル×50メートル）のプロットや「局所群集」についての研究が可能である。この解析レベルの研究ではたとえば，環境と種組成や環境と多様性の関係性を検証できる (John et al. 2007)。さらに，異なる地域の同じような大規模プロットのデータを使うことで，50ヘクタールのプロット全体を解析レベルとすることができる。これによって，たとえばプロット内のベータ多様性（50ヘクタール

表 7.2 群集生態学の実証研究で用いられる解析のレベルと研究対象

解析レベル	説明したい特性（従属変数）	潜在的な説明変数（独立変数）
1. 場所/局所群集	・種組成や形質の多様性 ・種組成や形質の組成	・環境（各場所のばらつきや平均値） ・場所のサイズ/面積 ・場所の周囲の状況（場所の連結性など） ・群集構造の一部の要素（外来種の多様性やアバンダンスなど） ・場所の年齢/経過年数 ・場所の履歴
2. 場所の組み合わせ	・場所間の種組成の違い（ペアワイズのベータ多様性）	・場所間の地理的距離 ・場所間の特性の違い
3. 複数の場所（2ヵ所以上）（複数の地域や実験処理区）	・場所全体のベータ多様性 ・1. と 2. で挙げた群集特性間の関係性	・メタ群集や地域スケールの群集に対する 1. と 2. で挙げた場所特性の推定値（地域の多様性，地域種プールにおける種や形質値の分布状況，気候などの環境）
4. 個体，個体群	・適応度/パフォーマンス ・形質値	・同所的に生息する他種や同種の密度/頻度 ・環境
5. 種	・全体もしくは，特定の適応度成分 ・種の在/不在 ・形質値	・従属変数になっていない適応度成分 ・他種の在/不在 ・従属変数になっていない形質値
6. 種の組み合わせ	・ニッチの違い ・適応度の違い ・相互作用の強さ/方向性	・形質や系統的な違い ・環境
7. 複数種（2種以上）（複数種からなるグループ）	・ここまでに挙げた従属変数や，従属変数と独立変数の関係性	・平均的な形質値 ・複数の形質値間のトレードオフの関係性

注：この表における環境は，対象としている群集とは独立していて計測可能な場所の特性の意味で用いられる（図 2.1e 参照）。一般的な例として，群集が消費する資源（養分，えさ），pH や温度などの非生物的環境要因，撹乱体制，草食動物や捕食者による影響などが含まれる。
　ペアワイズ分析（2. と 6.）の場合，単一の場所や種特性の変数を用いて場所間，種間の違いを計算することもできる。しかし，この場合，場所（1.）や種レベル（5.）の分析と重複している。したがって単一の場所や種特性の変数を用いた解析はペアワイズ分析には含まれない。また，多変量空間（たとえば種組成，地理座標）におけるペアワイズの距離は情報の損失なしで単一の軸に集約することはできない。
　3. の「地域」は，複数の調査地点の含む範囲を意味する。その大きさは任意の範囲を取りうる。

内のサブプロット間の種組成の変異) やほかの群集特性が環境条件によってどのように変化するかといった疑問を検証することができるのである (De Cáceres et al. 2012)。第 2 章で示したように，場所の特性（たとえば環境）と群集の一次特性（たとえば多様性）の関係性はそれ自体を群集の特性（二次特性）と捉えることができる。したがって，このデータセットを用いることで群集の二次特性に関する研究を行うこともできる。たとえば「地形と種組成の関係性の強さは，異なる森林プロット間 (De Cáceres et al. 2012)，あるいは特定の要素をもつ種のグループ間（たとえば，成長の速い種のグループと成長の遅い種のグループ）で異なるのか」という問いを設定できるだろう。後者の場合，解析レベルは，一連の種のグループである。

　群集生態学では，観察単位は個々の生物ではなく，任意のサイズのプロットであることも多い。たとえば，植物または海洋の固着性無脊椎動物について，プロット単位でのアバンダンスの推定値としてしばしば被覆率[6]が記録される。このとき，種を観察単位とみなすことで，種間での分布パターンの相関などを検証することができる (Gotelli and Graves 1996, Legendre and Legendre 2012)。プロットレベルのデータは，より小さな観察単位に分解することはできないが，異なる解析レベルに集約することができる。つまり，前述の BCI の樹木データのように，複数のプロットレベルデータを用いることで，プロット間，プロットの組み合わせ間，またはプロットの集合間（たとえば，異なる実験処理をした複数プロットどうしの比較）での，群集特性の変化を調べることができるだろう。最後に，解析レベルという概念は空間スケールとはわずかな関係しかもたないことに注意が必要である。というのも，一口に「調査プロット」といっても，そのスケールは 1 立方ミリメートルの土壌サンプルから，数百平方キロメートルの範囲の陸域または海域までさまざまである。解析レベルに対する唯一のスケールによる制約は，ある研究において「複数のプロット」といったとき，それはその研究における「単一のプロット」より多くの面積が占められているということだけである。

　解析レベルごとに着目される群集特性（つまりは解析における従属変数）はさまざまである。そして，その特性を説明するために用いられる説明変数（つまり「独立」変数）（表 7.2）の数はさらに多いだろう。そのため，群集生態学者

---

[6]（訳者注）一定の範囲の面積のうちどのくらいの割合がその生物で覆われているかを表す指標。

が取り組んでいる問いのすべてを把握するのは難しいと思われる。しかし，特定の課題の解明のために用いられる観察単位と解析レベルを考慮することで，ある研究と別の研究の関連性を把握しやすくすることができる。生態学においては，このような研究間の関連性の把握することが大切である。第8章から第10章で取り上げる実証研究は，さまざま観察単位や解析レベルの組み合わせを含んでいる。

7.5 交絡変数と因果関係の推測における注意点

たとえどのような動機，アプローチ，解析レベルを取ったにしても，説明変数や応答変数と共変動する潜在的な第三の変数，つまり交絡変数 (confounding variables) に関する問題からは逃れられない。つまり，群集生態学において，ある理論から導かれる予測というのは，ほとんどの場合，生物特性についての応答変数 Y（たとえば個々の種の適応度や群集組成）と，その原因となる非生物的または生物的要因についての説明変数 X（たとえば種個体の頻度，環境条件）から成っている。X と Y を使って予測を検証しようとする際に問題になるのが交絡変数である。X と Y の両変数とともに変動するあらゆる変数を交絡変数と呼ぶ。この交絡変数の存在を無視してしまうと，X と Y の関係性の解釈を誤ってしまう可能性がある。たとえば，実際には X と Y の間には因果関係がない（あるいは極めて弱い）にも関わらず，誤って因果関係の存在を認めてしまうかもしれない。多くのタイプの実証研究はこの問題に直面している（図7.2）。

この問題の解決策は大きく分けて2つある。まず観察研究においては，最も可能性の高い交絡変数をあらかじめ測定しておくことで，交絡変数の影響を統計的に「制御」することができる。この方法は，生態学の研究でよく用いられている。たとえば，線形モデルを用いる場合は，着目している要因（説明変数 X_1）のほかに，潜在的な交絡変数も測定しておく（説明変数 X_2）。そして，両説明変数を含むモデル ($X_1 + X_2$) を用いて，説明変数全体の効果を評価した後に，着目する説明変数 (X_1) の効果を評価する。これによって，交絡変数の効果を考慮した上で応答変数と説明変数の関係性を検証できる。ほかにも，パス解析や構造方程式モデリングを用いることで，交絡変数を含む複数変数間の複雑な関係を解析することができる (Shipley 2002)。しかし，こうした観察研

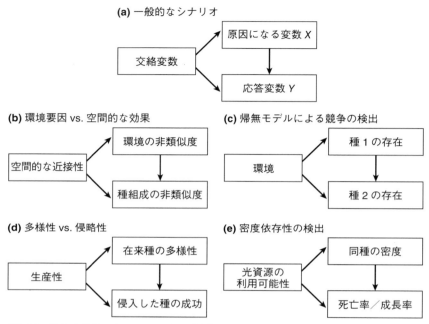

図 7.2 群集生態学において，因果関係を検出する過程で発生する交絡変数の問題。(a) は交絡変数に関わる一般的なシナリオを示す。(b) から (e) は交絡変数の問題の具体例を示す。この図ではわかりやすくするために，X に対する Y の影響や，X と Y が交絡変数に及ぼす影響を表す矢印は省略している。

究のリスクとして，そもそも重要な交絡変数を特定あるいは推定できず，したがって事前に測定できない可能性があることが挙げられる。

　もう一つの解決策は，操作実験を行うことである。つまり，繰り返しや無作為化によって交絡変数を実験的に制御することで，興味の対象となる説明変数の影響のみを観察できるようにする。操作実験は，最も直接的に交絡変数を制御できる方法だが，問題もある。まず，これまでにも述べたように，特定のシステムや大きな空間スケールでは操作実験を行うことができない。また，ある操作を行うことで，本来知りたかった X と Y の関係性そのものが，自然界でみられるものとは変わってしまう可能性もある。さらに，一つの変数（たとえば，種数や資源の空間的異質性など）の操作に伴って，ほかの変数（たとえば種組成，ミクロサイトの最大資源量など）が同時に変化してしまう可能性もあ

る。なお，3つ目の問題点については，実行可能性などの実務的な課題はあるものの，実験デザインを工夫することによって解決できる場合もある。ここからの3つの章では，生物群集の理論に基づく予測に対する実証的証拠を取り上げるが，このような交絡変数に関わる問題と繰り返し向き合うことになる。

7.6　広大で不均一に広がる文献の世界

　要するに，生態学の文献はとても広大なのである。生態学者はさまざまな目標によって動機づけられ，異なる観察単位と解析レベルを対象としたいくつものアプローチを採用している。そして，潜在的な交絡変数に頻繁に対処する必要がある。これらに関して，たしかに問題は散見されるが，しかし，ここで重要なのは群集生態学の実証研究には多くの方法があり，それぞれの実証研究には長所と短所があるということである。このことを念頭に置いて，本書の残りの部分では群集生態学におけるさまざまなタイプの実証研究を見ていくことにしよう。

第8章
実証的証拠：選択

　第8章から第10章では，群集構造と動態を規定する高次プロセス（選択，浮動，分散，種分化）の実証的証拠について解説していく．第8章ではさまざまなタイプの選択，第9章では浮動と分散，そして第10章では種分化をそれぞれ取り上げる．

　各章では，まず高次プロセスの重要性についての仮説を明示し，その仮説から導かれる予測について言及していく．なお，これらの仮説や予測はすべて，第5章と第6章で示した記述モデルと定量的モデルに由来するものである．そして，各予測について，検証するための方法，実証研究の結果と解釈，それぞれの方法の欠点について簡単に説明する．第8章から第10章では，少数の事例研究のみを例としてあげていることが多い．しかし可能な場合は，得られている実証的証拠が研究やシステム間でどの程度一貫しているのかについて評価を行う．そのために，メタ解析や総説論文がすでに出版されている場合にはこれらを参照にするが，出版されていない場合は私個人がいくつかの論文を読んだ印象を述べるにとどめる．さらに，それぞれの高次プロセスについて，その根底にある低次プロセスや要因についてのよくある質問とその回答 (FAQ) を示した．各章の最後には，そこで取り上げた仮説と予測，実証的証拠，課題と注意事項について表形式でまとめた．第5章で示したように，群集生態学の高次プロセス（特に選択）の実証的な検証は，どんどん増え続ける膨大な数の専門用語によって記述されている（表5.1参照）．第8章から第10章では，膨大な数の実証研究の文献をまとめるにあたり，これらの専門用語を生物群集の理論に基づいて階層的に整理したうえで用いている．これらの章では，特定の仮説や予測を説明するためにいくつかの同義語について触れているが，これらの同義語については表などにまとめていない．本書で使用している用語とほかの専門用語を対応づけるにあたっては，表5.1が役立つだろう．

8.1 仮説1：一定選択と空間的に異なる選択は群集構造や動態を決定づける重要な要因である

　ここでは，一定選択と空間的に異なる選択を一緒に扱う。「空間的に異なる選択」とは，「場所間で選択の強さや方向が異なる」ことであるが，一つの場所に着目した時には一定選択（種の頻度に関わらず，つねにある特定の種が有利になる選択）とみなせる場合が多い。つまり空間的に異なる選択というのは，一定選択の強さや方向が場所によって異なっている状況だとみなせるだろう。この仮説における重要な前提は「なんらかの非生物的または生物的環境要因が選択の要因となり，それによって，異なる種が異なる場所で有利になる」ことである。

予測1a：種組成は，場所ごとの生物的・非生物的な環境要因と相関する。

方法1a：野外の複数のプロットにおいて，種組成と選択の要因になりそうな環境要因を調べる。

　このような研究は生態学の中でも最も古くから行われている研究の一つである。とはいえ，この手の研究を指す用語は時代とともに変化しており，定量的に測定・評価する手法も着実に洗練されてきている。1960年から1980年代にかけては，「傾度分析 (gradient analysis)」と呼ばれ (Whitaker 1975)，現在では，しばしば「種選別 (species sorting)」の検証と表現される (Leibold et al. 2004)。近年の研究では，データ解析の際になんらかの多変量解析を用いることが多い。この場合，それぞれの場所に生息する種のアバンダンスベクトルを多変量の応答変数であるとみなし（第2章参照），回帰分析などによって，この応答変数と関連しそうな環境要因の予測能力を評価する (Legendre and Legendre 2012)。このような解析にはいくつか種類があるが，いずれにおいても手順は似ている。まず群集間の種組成の違いを示すためにペアワイズの非類似度（pairwise dissimilarity，つまりベータ多様性）を計算する。次に「距離ベース」の解析 (distance-based analysis) によって，場所間の環境の違いによってどの程度群集間の非類似度を予測できるかを評価する (Anderson et al. 2011)。これまでの20年間では，種組成の違いに対する環境要因と空間的距離の影響を分離することに大きな労力が割かれてきた（図7.2b参照）。これは

以下の理由による。まず，環境要因と種組成はどちらも空間自己相関 (spatial autocorrelation)[1] を示す場合がある (Bell et al. 1993)。もし環境要因と種組成の空間自己相関のパターンがたまたま一致していた場合，実際には両者の間には因果関係がないにも関わらず，統計的には有意な相関関係が検出されてしまうだろう (Legendre and Fortin 1989)。

結果 1a：種組成が環境条件と相関することは明白である。これについては，わざわざ定量的なデータを収集するまでもないかもしれない。フィールドガイド（野外観察図鑑）を開くと，さまざまな種の生息環境の嗜好性についての情報を目にすることができる。こうした種ごとの生息環境の嗜好性が組み合わさることで，種組成と環境の関係性が生み出されると考えられる。環境要因の中でも，たとえば，気候変数は陸上植物やそこに生息する鳥などの動物群集の広域的な群集パターンを高い精度で予測できる（図 8.1 と図 8.2）。こうした種組成と環境の関係性は空間的な近接性を考慮しても，なお明確である (Cottenie 2005, Soininen 2014)。さらに，種組成と環境の関係性は，数ミリメートルの範囲でサンプリングされた微生物群集から (Nemergut et al. 2013)，地球上の植生によって定義されるバイオームスケールに至るまで (Merriam 1894, Whittaker 1975) さまざまスケールと分類群において観察されている。

> **予測 1b**：(1) 同所的に出現する種の形質値の幅やばらつきは，地域種プールから無作為に選択した場合よりも小さい。
> (2) プロットレベルでの形質値の平均値は環境条件と相関する。

この予測では，計測した形質のいずれかが，種組成と環境の相関関係を規定していることが前提となる。たとえば，ある形質に対して高い形質値をもっている種は，ある環境では適応度が高くそれゆえアバンダンスも大きくなるが，別の環境ではそうではない。体サイズを例に挙げると，形質値が高い（すなわち体サイズが大きい）種は気温の低い環境では適応度が上がるため優占的になるが，気温が高い環境ではそうではない。これらの予測を支持する結果は，しばしば「生息地フィルタリング (habitat filtering)」や「環境フィルタリング

---

[1]（訳者注）近い場所ほど環境や種組成が似ていること。種組成については分散制限によって生じうる。

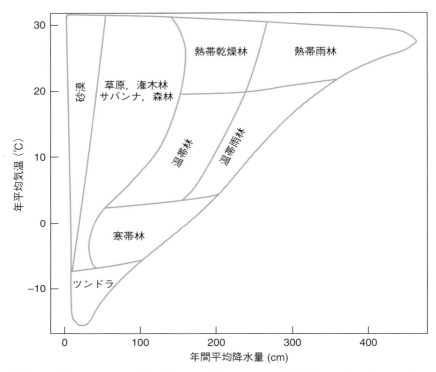

図 8.1 大きなスケール（気候帯レベルの）における環境と植生の関係。空間的に独立した異なる地域であっても，気候要因（気温と降水量）と植生の関係性が類似しており，まったく同じではないが，生物群系（バイオーム）と表現される類似した植生が発達する。砂漠にはならないが比較的降水量が低い地域では，土壌，草食動物による被食，火災などの気候以外の要因によって，草原，潅木林，サバンナ，森林などの植生タイプが決まる。Whittaker (1975) を改変。

(environmental filtering)」[2] の存在を示唆するものとして扱われる (Cornwell et al. 2006, Kraft et al. 2008, Cornwell and Ackerly 2009)。とはいえ，予測 1b (1) に関して検証を行う際には，どのような環境変数が群集組成を強く規定しているのかを事前に知っている必要はない。なお，形質値の平均値は，群集における「形質の組成」を定量化する方法の一つである。したがって予測 1b

---

[2] （訳者注）生息地の環境によって特定の形質，もしくはその形質をもつ種が選ばれて（フィルタリングされて）いる。

8.1 仮説1：一定選択と空間的に異なる選択は群集構造や動態を決定づける重要な要因である | 129

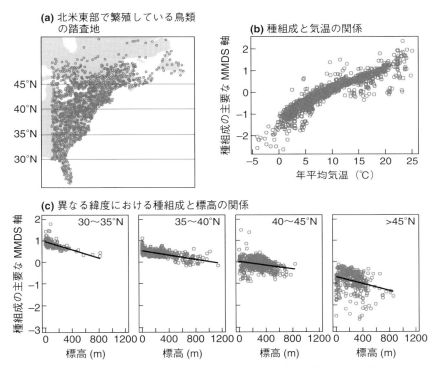

図 8.2 北アメリカ東部における，鳥類の種組成と，年平均気温，標高の関係。北アメリカ大陸の西経 85 度線から東で繁殖しているすべての鳥類（177 種）を対象に，1548 の北米繁殖鳥調査地 (USGS 2013) において，2012 年以前の平均的なアバンダンスを計算した。Bray–Curtis 非類似度指数を用いた非計量多次元尺度構成法 (nonmetric multidimensional scaling: NMDS) によって，種組成を説明する主要な軸を検出した。それぞれの地域の気温の低い高標高の場所では NMDS 軸の低い値を示す (c)。したがって，すべての地域を通してみられる種組成と気温の強い相関は (b)，個々の地域における種組成と標高の関係にも反映されている (c)。(c) の回帰線は最小二乗法によるもの。

(2) は，予測 1a の派生的なものとして捉えることもできる。

方法 1b：野外にプロットを設置し，そこで群集組成を記録し，出現した種の形質を計測する。測定値をもとに，各プロットにおける形質の統計量（平均や分散）を計算する。

予測 1b (1) を検証するために，帰無モデルをもとに算出した形質値の期待

値と，観察された形質値の範囲や分散を比較する（詳細は次の段落を参照）。また，特別なケースとして，「種の環境への適応を左右する重要な形質は，進化的に保存される」前提のもとに，形質値ではなく，種間の系統的な類似性に基づいた比較がされることもある (Webb *et al.* 2002)。ただしこの場合，前提そのものが議論の余地を多く残している（結果 2c 参照）。

また予測 1b (2) を検証するためには，群集レベルでの形質値の平均値と環境変数の相関関係を解析する。

局所群集中の種数は地域の種プールに含まれる種数より必ず少ない。種数が多いと形質値の幅が必然的に大きくなるので，単純に局所群集と種プールの形質値の幅を比較することはできない。たとえば種プール内には 100 種いて，そのうち平均 10 種が局所群集に含まれる場合，この 10 種の形質値の幅が種プール（100 種の形質値の幅）よりも小さくなるのは当然である。このような種数の違いによる影響を調整した上で，地域の種プールと局所群集を比較するために，帰無モデルが必要である (Gotelli and Graves 1996)。つまり，種数が S の局所群集に対してこの手法を用いる際には，種プールから繰り返しランダムに S 種を抽出し，各繰り返しで得られた群集に対し形質値の幅を計算する（なお，種プールから S 種を抽出する際には，各種の抽出頻度を，実際にその種が得られた場所の数で重みづけする）。これにより，偏りのない（ランダムな）形質の幅の分布（帰無分布）を得ることができる。この分布を用いて，実際に観察された形質の幅が帰無分布と比べて有意に狭いかどうか（つまり帰無分布の値の 95％ より小さいかどうか）を評価する。

結果 1b：予測 1b (1) と予測 1b (2) は自然界において広く支持されている (Weiher and Keddy 1995, Kraft *et al.* 2008, Cornwell and Ackerly 2009, Vamosi *et al.* 2009, Weiher *et al.* 2011, HilleRisLambers *et al.* 2012)。このような研究は特に，植物群集を対象に行われていることが多い (Kraft, Adler, *et al.* 2015)。最も一般的に測定されている植物形質は，葉の寿命および光合成速度と関連する (Wright *et al.* 2004)，比葉面積（specific leaf area: SLA。葉の乾燥重量当たりの面積）である。たとえば，カリフォルニア沿岸の低木 (shrubland) 群集では，SLA の平均値は土壌水分含有量とともに増加しており，また群集の SLA 値の幅は帰無モデルによって予測された期待値よりも有意に小さかった（図 8.3; Cornwell and Ackely 2009）。同様の結果は，哺乳類の体の

大きさ (Rodríguez et al. 2008), マルハナバチの舌の長さ (Harmon-Threatt and Ackerly 2013), サンゴのコロニー形態 (Sommer et al. 2013) などさまざまな分類群で知られている。なお，これらの予測の検証に関して，定量的な解析手法は近年急速に発展したものの (van der Plas et al. 2015), 定性的な観察結果は何十年も前から報告されている (Tansley 1939, Margalef 1978, Grime 1979, Weiher and Keddy 1995) ことは留意しておくべきだろう。

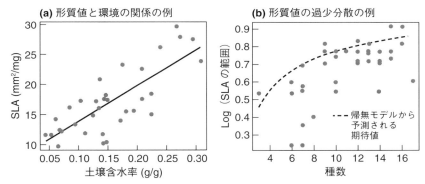

図 8.3 カリフォルニア沿岸域の 44 の樹木群集（20 メートル × 20 メートル）の比葉面積 (SLA) の傾向は予測 1b を支持する。アバンダンスで重みづけされた群集の SLA 平均値は土壌の重量ベースの含水率と強く相関する (a)。さらに個々の群集内の SLA の幅は，地域種プールから無作為抽出された仮想的な群集（帰無モデル）によって予測されるものよりも小さくなる傾向がみられる (b：ほとんどの群集の値が帰無モデルによる予測より下に位置する)。(a) の回帰線は最小二乗法による。Cornwell and Ackerly (2009) より。

予測 1c：環境改変に伴う種組成の変化はランダムではない。

種組成と環境の関係性が空間的に異なる選択によって形成されるならば，環境改変などで選択のルールを実験的に変化させることによって，群集組成の変化が予測できると考えられる。ただし，環境改変などがなくても，環境条件と群集組成はつねに一定の変化をし続けている。したがって，この予測をテストするためには，対照として環境変化が起こっていない場所（つまりは，コントロール）の群集構造の変化も同時に観察する必要がある。

方法 1c：気温や資源，あるいは病原体や天敵の有無などの環境条件を実験的に操作し，改変操作をしたところとしていないところの種組成の変化を比較する。

結果 1c：人為的な環境改変が種組成の変化を引き起こすことは強く支持されている。2種の生物を用いた古典的な室内実験の例として，異なるタイプの土壌に植えた植物 (Tansley 1917)，異なる気温や水分条件下で飼育した甲虫 (Park 1954)，異なる栄養条件下の植物プランクトン (Tilman 1977) などについての研究がある。これらの研究ではいずれも環境の変化によって優占的な種が入れ変わるという結果が示されている。一方，野外においても，気候変数，土壌や水の化学性，撹乱，捕食者や植食者，共生生物（たとえば菌根菌）などさまざまな要因の操作に伴う群集構造の変化が報告されている (Ricklefs and Miller 1999, Gurevitch et al. 2006, Krebs 2009)。たとえば，潮間帯群集は捕食者の除去によって劇的に変化することが示されている（Paine 1974; 図 8.4）。

> **予測 1d**：空間的な環境異質性が増すほど，種多様性が増加する。

方法 1d：(1) 環境異質性の程度が自然に異なっている場所において群集を観察する。
(2) 環境異質性の程度が異なる場所を実験的に作り，群集の応答を観察する。

　空間的な環境異質性，つまり場所によって環境が違うのは，直感的に当たり前だと思えるが，定量的な表現方法は実にさまざまである (Kolasa and Rollo 1991)。環境異質性を定量的に評価するには，まずプロット内の複数の場所（空間的位置）または環境の違う「ミクロサイト」で環境条件を測定する。測定の対象となるのは，pH などの連続変数，土壌タイプなどのカテゴリーやクラス変数，または樹冠の階層ごとにどの葉がどれぐらい出てきたのかといった頻度データである。これらの測定値について，場所間での変動や多様性がプロットやミクロサイト内の環境の空間的異質性を示すことになる。このとき，研究を行う空間スケールについて考慮することが極めて重要である。なぜなら本章の冒頭でも述べたように，比較的大きなスケールにおける空間的に異なる選択というのは，結局はその中に含まれる小さなスケールの一定選択の集まりだと解釈できるからである。

8.1 仮説1：一定選択と空間的に異なる選択は群集構造や動態を決定づける重要な要因である | 133

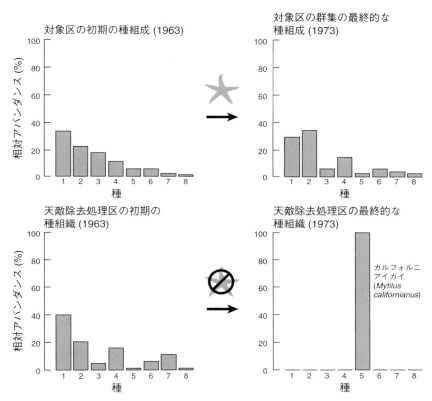

図 8.4 フジツボ3種（種1, 4, 8），イガイ（種5），藻類（種2, 3, 7），カイメン（種6）を含む潮間帯群集に及ぼす捕食者のヒトデ（*Pisaster ochraceus*）の影響。実験開始時の相対アバンダンスによって x 軸上に順番に種が並べられている。捕食者のヒトデの除去はカリフォルニアイガイ一種のみによる優占状態をもたらす。Paine (1974) より。

結果1d：この予測の支持は多岐にわたる。観察研究では，ほとんどの場合，種多様性と環境の異質性との間に有意な正の相関を見出している (Tews *et al.* 2004, Lundholm 2009, Stein *et al.* 2014)。たとえば，森林の林冠構造の垂直方向の異質性と鳥類の多様性が相関することを示した研究は群集生態学の古典とも呼べる研究の一つである（MacArthur 1964; 図 8.5a）。このような林冠構造の垂直方向の異質性と多様性の相関はトカゲでも見出されている（Pianka 1967;

図8.5b)．このほかにも，陸域，淡水，海洋などさまざまな環境に生息する動植物について，環境異質性と多様性の相関が示されている．ただし，有意な相関が検出されない，あるいは負の相関が検出された研究もいくつかある (Tews *et al.* 2004, Lundholm 2009, Tamme *et al.* 2010, Stein *et al.* 2014)．野外で実験的に環境異質性を操作した研究は比較的少ない．これはおそらく，適切な空間スケールで操作を行うことが難しいという実務的な問題のためだろう．こうした野外実験研究のほとんどは植物を対象にしており，その結果は上記の観察実験の場合と同様の傾向である．つまり，主には環境異質性と多様性の間に正の相関を検出しているが，相関が検出されない，あるいは負の相関が検出された研究もある (Tamme *et al.* 2010)．

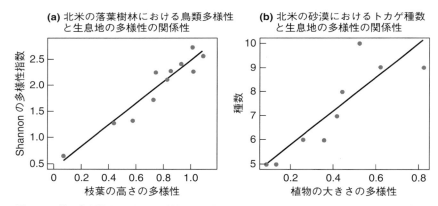

図 8.5 種の多様性と環境の異質性の正の相関．y 軸は，森林の鳥類の Shannon の多様性指数 (a)，砂漠に生息するトカゲの種数 (b) をそれぞれ示す．x 軸は，植物種 3 種の高さ (a) もしくは，植物種 3 種のサイズか体積 (b) をもとに計算された Shannon の多様性指数．図中の回帰線は最小二乗法による．(a) MacArthur and MacArthur (1961)，(b) Pianka (1967) より．

環境変数を測定しているすべての研究（たとえば予測 1a）に共通していることではあるが，多様性と環境異質性の関係を検証する際に，対象とする群集が最も強く応答する環境変数が解析に含まれていない可能性がある．さらに，これらの研究は特に交絡要因の影響を受けやすい．この問題について，陸上生態系の複数の 1 ヘクタールのプロットを例に考えてみよう．それぞれのプロットでは，

8.1 仮説1：一定選択と空間的に異なる選択は群集構造や動態を決定づける重要な要因である

土壌含水量や養分（それに伴う生産性）の空間的な異質性があるだろう。そして，こうした変数の異質性は，動物，植物，微生物の群集構造に影響するだろう。景観が広範囲に及んでいるとき，ある特定の環境がほかの環境よりも優占してみられることがよくある。ここではたとえば，生産性の高い場所が低い場所よりも優占してみられる場合を考える。このとき，プロット内の環境が比較的均質であるということは，プロット内は一様に生産性が高いことを意味し，逆にプロット内の環境異質性が高いということは，生産性の高いミクロサイトと低いミクロサイトの両方が混在する可能性が高いことを意味する。こうした状況においては，環境の「異質性」と「平均的な条件」が混同されうる (Tamme et al. 2010, Seiferling et al. 2014)。つまり，生産性の平均は均質性の高いプロットで高く，異質性の高いプロットで低く評価される。このようなプロットの平均的な環境条件（今回の例では生産性）は，一定選択とは異なるタイプの選択，浮動，種分化への影響を介して，それ自体が多様性の重要な決定要因となりうる。同様に，環境の異質性の高いプロットでは均質なプロットよりも，特定の環境をもつミクロサイトが断片化されている（個々のミクロサイトのサイズが小さい）可能性が高い。こうした小さなパッチでは，断片化 (microfragmentation) による浮動の影響が強くみられる (Laanisto et al. 2013)。実験研究では，このような交絡要因を制御することができるが，これらの処理が野外（たとえば数ヘクタールの森林）においても適用できることは稀である。

FAQ：空間的に異なる選択の背景にある低次プロセスについて

「どの環境要因が選択を引き起こしているのか」はどのように調べる？

観察研究では，場所間の種組成の違いを複数の環境要因で説明できるのかどうかがよく調べられる。ただし，測定されていない「真の」因果要因が存在する可能性はつねに念頭においておく必要がある。場合によっては，まず観察研究を行い群集に影響していると思われる要因を特定した後で，野外操作実験によってその要因の影響を検証したり，あるいは室内実験によってその要因に対する種ごとの反応を検証したりすることができるだろう（たとえば Tilman et al. 1982, Litchman and Klausmeier 2008）。また，ある環境要因が一定選択の要因となる可能性を検証するために，どの種が減少もしくは増加するかについて前もって予測を立てることもある。たとえば，気候の温暖化に対しては，温

暖な気候に対して適応している種が増加し，寒冷地へ適応している種が減少するという予測を立てることができる (Devictor *et al.* 2012, De Frenne *et al.* 2013)。

非生物的な環境変数の影響は直接的なものか？ それとも競争を介した間接的なものか？

観察研究と実験研究の両者において，ある非生物的な環境変数（たとえば気温）が群集動態に強く影響を与えることが示されたとする。このとき，その影響は少なくとも2つの経路を介して生じた可能性がある。1つ目は，種間の相互作用を介さずに，環境要因がそれぞれの種の適応度に直接影響する経路である。たとえば，ある環境条件下（たとえば温暖な場所）では，特定の種が出現できない，あるいはアバンダンスが減少してしまう場合がこれにあたる。2つ目は，生物間の相互作用を介して間接的に影響する経路である。この場合の例として，ある種にとっての天敵や競合する種が特定の環境条件（たとえば温暖な場所）のみに生息していることによって，その環境には出現できない状況があげられる。この2つの可能性に対し，フジツボを用いた種の移植・除去実験が行われている。その結果，フジツボの垂直分布を制限しているのは，浸水している時間の長さではなく競争であることが示された (Connell 1961)。

「どの形質が選択に対する応答を規定するのか」はどのように調べる？

環境変数に着目した研究では通常複数の環境変数が計測されるように，形質に基づいた研究では同時に複数の形質を計測することが多い。計測した形質のうち，環境変数と強い相関を示す形質，あるいは形質値のばらつきが帰無モデルから大きく逸脱する形質が，選択に対する群集の応答を規定する形質であると推測される。しかし，測定した形質が，真に選択と関連するほかの形質と相関しているだけで，本当は選択と関係していない可能性がつねにある。しかし，実際には，SLAなどの計測が簡単な形質を，測定の困難な形質（生理学的速度，光合成速度など）と相関関係にあるという理由で代替的に使用されている場合は多い (Hodgson *et al.* 1999, Violle *et al.* 2007)。このような場合は測定した形質と選択の因果関係について解釈する際に特に注意する必要があるだろう。

8.2　仮説2：負の頻度依存選択は群集構造と動態の重要な決定要因である

　この仮説は「種の共存理論」(Chesson 2000b, Siepielski and McPeek 2010) と密接に関連している。しかし，以下に挙げる理由により，完全に同じというわけではない。まず，負の頻度依存選択は種の安定的な共存に必要だが，それだけで安定的な共存が成立するわけではない（第6章参照）。そして，負の頻度依存選択の効果が十分に強くない場合，つまり一定選択の効果を打ち消すほどには強くない場合でも，共存が成立することがある（図6.3c）。たとえば，適応度の高いほかの場所からの分散によって種が加入してきている場合は，その場所で種が存続しやすくなることで，共存が成立する可能性がある。こうした分散による種の加入は，群集が平衡状態に達するまでの一時的な動態（過渡期動態 (transient community dynamics)）に大きな影響を与える可能性がある (Hastings 2004, Fukami and Nakajima 2011)。また，よく引用されている共存のための「侵入可能性の基準 (invasibility criterion)」というのは，実際には，複数の種が共存可能な安定平衡点が存在するための必要条件ではない (Box 8.1)。なお，侵入可能性の基準とは，ある種のアバンダンスが極端に減少し，他種が新たな平衡状態のアバンダンス（優占）に達した状態において，減少した種が正の個体群成長率を示すかどうか，というものである (Chesson 2000b)。要するに，負の頻度依存選択についての実証研究は，厳密な共存理論の条件を検証すること以上の意義をもつのである。

　ここであげる予測には，負の頻度依存選択の重要性についての一般的な検証と，安定的な共存をもたらすほど重要なプロセスなのかどうかについての検証が含まれる。仮説2に関わる研究は，比較的均質な環境における局所的な相互作用から生じる選択と関わっている。なお，仮説1においても言及したが，空間的な環境異質性から生じる選択は，より大きなスケールで生じる負の頻度依存選択だと捉えることもできる (Chesson 2000b)。

Box 8.1
負の頻度依存選択，侵入可能性，共存

　安定した種の共存を示すかを判断する要素の一つとして「侵入可能性の基準」が挙げられてきた (Chesson 2000b)。とはいえ，侵入可能性の基準を実証することはかなり難しい。なぜならその検証のためには，群集内の対象種の密度をほかの種に影響を及ぼさないほどまで減少させ，群集内のほかの種が新たな平衡状態のアバンダンスに達するようにした上で，対象種を「解放」し，その個体群成長率を評価する必要があるからである (Siepielski and McPeek 2010)。もし，群集内のすべての種がこれらの状態で正の個体群成長率を示した場合，つまり，相互に侵入可能性がある場合は，安定した共存が成立していると考えられる。しかし，「安定した平衡」のより一般的な定義は，「なんらかのゆらぎ (perturbation) の後に，（2 種の頻度などが）もとの状態に戻る傾向があること」である。したがって，たとえ一方の種が非常に低密度になった時に個体群を回復できなくても（つまり，侵入可能性の基準を満たさなくても），あるゆらぎの後で 2 種が安定的に共存する

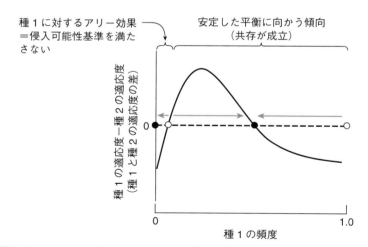

図 B.8.1　アリー効果などによって，極端に頻度が低い場合のみ種 1 は低い適応度を示すが，それ以外の場合はつねに負の頻度依存選択の影響を受けるという，複雑な頻度依存選択のシナリオ。第 5 章と同様に黒丸は安定的な平衡，白丸は不安定な平衡，灰色の矢印は予想される群集変化の方向をそれぞれ示す。

8.2 仮説 2：負の頻度依存選択は群集構造と動態の重要な決定要因である | 139

> ことは幅広い群集状態の範囲で十分にあり得る。たとえば，2 種からなる群集において種 1 のみにアリー効果 (Allee *et al.* 1949) が働いている場合を考えよう。アリー効果とは，低頻度の時にその種の適応度が低下（高頻度の時に増加）する状態を指し，たとえば，種 2 からの競争排除を受けたり，低頻度では繁殖相手が見つけにくくなったりするために生じる。このとき一方の種（種 1）は侵入可能性の基準を満たしていないにも関わらず，この 2 種はかなり強いゆらぎが生じても多くの状況で安定的に共存できるだろう（図 B.8.1）。

予測 2a：適応度は，他種よりも同種の密度によってより強い負の影響を受ける。

　群集内で低頻度種が有利になる（負の頻度依存が起こる）場合ある種のアバンダンスが減ることは，その種が強い種内競争から「解放」されるということを意味する。したがって，この予測は，しばしば「種内競争が種間競争よりも強い」とも表現される。多くの場合，この予測は同種および他種の密度変化に対するそれぞれの種の応答を調べることによって評価される。しかし，後述の FAQ で示すように，密度または頻度に依存する同じ栄養段階にある種間相互作用は，直接的な干渉（たとえば毒物の生産や共通の資源をめぐる競争），共通の捕食者・病原生物・共生者（たとえば植物–土壌フィードバック）を介して生じる見かけ上の競争 (apparent competition; Holt 1977)，促進作用 (Ricklefs and Miller 1999, Krebs 2009) などの多くの低次プロセスによって生じる (Dunham and Beaupre 1998)。つまり，予測 2a は直接的な競争がない場合でも成立するのである。またこの予測からは必然的に，「ある種の個体レベルでのパフォーマンスはその種単独で生育している時よりも，多数の種を含む群集において高くなる」という予測も導かれる[3]。

方法 2a：(1) 種の密度や頻度を操作した群集を新規に作る。
(2) 実際のフィールドの群集において密度や頻度を操作する。
(3) 時間的・空間的に異なる種組成の群集を比較する。
(1) から (3) の場合において，適応度，適応度の指標（成長率など），時系列に沿ったアバンダンスの変化のいずれかを測定する。

結果 2a：この予測に対しては研究によって異なる結果が示されている。潜在的

---
[3]（訳者注）生態系機能と生物多様性の関係を検証する研究ではよくこの予測に言及する。

に競争関係にある生物の頻度や密度を操作する実験は，さまざまな生物グループ（動物，植物，菌類，微生物など）を対象にいくつもの手法で行われており，その数は合計すると数百にも及ぶだろう (Connell 1983, Schoener 1983a, Goldberg and Barton 1992, Gurevitch et al. 1992)。こうした研究のうちの大部分は，1年もしくは一つのシーズンを通したバイオマスの変化といった，比較的短時間における少数の適応度の指標あるいは個体群成長を記録したものである。そしてこれらの多くは，個体群の増加に焦点を当てている。初期の総説では，予測 2a の通り適応度への負の影響は他種よりも同種の方が大きいと結論づけられている (Connell 1983)。しかし，その後に出版された総説やメタ解析では，予測 2a を支持する一般的な傾向は見出されていない (Schoener 1983a, Goldberg and Barton 1992, Gurevitch et al. 1992)。ただし，個別の研究には，この予測を支持する結果を提示しているものもある（図 8.6）。

とはいえ，ほかの目的で行われた研究から，間接的に予測 2a を支持する結果を見出すことができる。ここで例に挙げる過去 25 年間の研究の多くは，予測 2a を直接検証したものではないが，植物，草食動物，および捕食者のアバンダンスを操作することで，多様性が群集全体のアバンダンスや生産性に及ぼす影響の検証を目的としている (Cardinale et al. 2012)。これらの研究は，単一種の群集よりも複数の種を含む群集において，それぞれの種が高いパフォーマンス（多くの場合は，初期アバンダンスに対するバイオマスの蓄積量で評価）を発揮するという結果を示している (Cardinale et al. 2012)。この結果の一部は，多様性が高ければ高いほど，「より能力の高い」種を含む可能性が高いことに起因しているかもしれないが (Aarssen 1997)，種間の相補性（それぞれの種が相補的に資源を利用することによって，多様性の高い群集では高いパフォーマンス発揮する）もまた，重要な役割を果たすようである (Cardinale et al。2007)。これらの結果は，長期間の安定した共存を維持するのに十分かどうかはさておき，負の影響は異種間よりも同種内において強いということを強く示唆している (Turnbull et al. 2013)。

予測 2a は，群集の時間的な変化を観察することでも検証できる。具体的には，ある種の頻度が低い時に適応度が高くなるのかを評価する。たとえば，Harms et al. (2000) は熱帯林の小さなプロットにおいて，種子と実生の多様性を調査しており，実生の多様性は種子の多様性よりも高いことを示した。これは，種子の多様性が高く，個々の種の密度が低い場所で，実生まで成長できる可能性

8.2 仮説 2：負の頻度依存選択は群集構造と動態の重要な決定要因である | 141

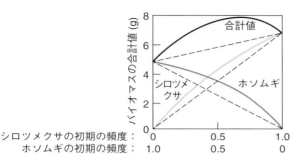

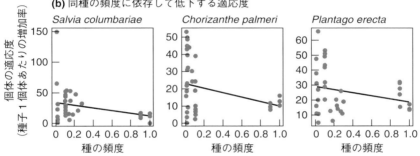

図 8.6 他種よりも種内の競争が適応度に負の影響を及ぼすことを示す証拠。(a) それぞれの単一栽培よりも 2 種を混合して栽培した場合に高いバイオマス生産を示す。16 年生の牧草地から採取したシロツメクサ (*Trifolium repens*) とホソムギ (*Lolium perenne*) の 2 種を 1 ポット (直径 13 センチメートル) あたり 24 個体の密度で栽培した。実線は観察されたバイオマスの傾向を示し，点線は種内と種間の競争の影響が同等だった場合の期待値を示す。(b) カリフォルニアの一年草を用いた実験区で最も優占的な 3 種の，個体あたりの増加率 (適応度) と初期の頻度の関係性。回帰線は最小二乗法による。(a) Jolliffe (2000), (b) Levine and HilleRisLambers (2009) より。

が高くなること，つまり同種の密度が低いことが適応度に有利に働く可能性を示している (Green *et al.* 2014 も参照)。このほかに，より高度で複雑な解析を行っている観察研究もある。たとえば，各種の個体群成長について，潜在的に競合する個体の種や密度とそのほかの共変量の関数としてモデリングして，フィールドデータを用いて，各パラメータを推定するといった研究がある。こうした研究のいくつかは，同種の負の効果が種間の負の効果よりも強いことを

報告している (Adler *et al.* 2006, Adler *et al.* 2010, Clark 2010)。

> **予測 2b**：ある特定の種のアバンダンスは，自らの頻度がとても低く，かつほかの種が「いつもどおりのアバンダンス」である場合に増える傾向がある (Siepielski and McPeek 2010)。

この予測はつまり，共存のための「侵入可能性の基準」のことである (Chesson 2000b)。この予測は，負の頻度依存選択が「一定選択の影響を打ち消すほど」十分な強さが必要であるという点において，予測 2a よりも限定的である。

方法 2b：ある種のアバンダンスが極端に低く，群集内の他種のアバンダンスが平衡状態にある場合の種の個体群成長率を評価する。成長率の評価は，直接的な実験を行っても，観察や実験データに基づいて作成されたモデルを用いてもよい。

結果 2b：これまでにも述べてきた通り，この予測を検証するのはとても難しい。Siepielski and McPeek(2010) の総説によると，種の共存について扱った 323 本の論文のうち，この予測の検証を含むものはたった 7 本だった。これらの研究では，侵入可能性の基準を支持した。しかし，そのほとんどが予測を間接的にしか検証していない。つまり，これらの研究では，なんらかのモデルを用いることで，群集内のほかの種が平衡状態にある時に，もしそれぞれの種が侵入したらどうなるのかを評価している（たとえば Adler *et al.* 2006, Angert *et al.* 2009）。Levine and HilleRisLambers (2009) はカリフォルニアで行った一年草を対象にした実験によって，この仮説にさらに踏み込んでいる。彼らはまず，負の頻度依存の適応度への影響を直接評価し（図 8.6b），次に野外データに基づいて作成されたモデルを用いて，負の頻度依存効果がない場合の各種の適応度を予測した。そして，このモデルから予測された負の頻度依存効果のない場合の適応度に無理やり各種の適応度を合わせた実験的な群集を作ることで，多様性がどうなるのかを調べた。この研究では，負の頻度依存効果を排除すると，自然の状態（つまり適応度を操作していない群集）と比較して種の多様性が低下することが示された。まとめると，局所的な負の頻度依存選択は，一定選択の効果を打ち消すほど十分に強いということを示す説得力のある例もあるが，研究事例が少なすぎるため一般性は評価できない。

> **予測 2c**：局所的に共出現する種の形質値は，種プールから無作為に選んで作られた仮想的な群集に比べて高いばらつき，もしくは規則的な分布を示す。この予測を支持する結果は予測 1b と対照的であり，形質の過分散 (overdispersion) (Weiher and Keddy 1995) と呼ばれる。

　仮説 2 に関わるこれまでの予測では，同種か同種でないかという基準に基づいて群集内の個体を区別することで，負の頻度選択の効果について論じてきた。しかし，定義上は，選択は種ごとの表現型（つまり形質）の違いによって生じるはずである。したがってある種がほかの種に及ぼす負の影響は，種という単位ではなく，種間の表現型の類似性に依存するかもしれない。このような場合，予測 2c は，形質ベースの負の頻度依存選択を指し示すのである（図 5.3c も参照）。

方法 2c：複数のプロットにおいて種組成を観察し，出現した種の適切な形質を計測する。計測した形質について，群集内の形質値の統計値（分散など）や，各プロットでの形質値の分布を示す指標を算出する。そして，実際に観察された群集の群集内の形質のパターンを，その地域全体の種プールから無作為抽出した仮想的な群集（帰無モデル）と比較する。なお，種プールはすべてのプロットをまとめた際に観察される種のセットを意味する。

　予測 2c を検証する方法は，基本的には予測 1b と同様である。なお，この予測を検証するにあたって，局所群集の形質値の範囲が地域の種プールのよりも小さくなる点を考慮した上で帰無モデルを作成することもできる。たとえば，種プールから形質値を無作為抽出する際に，局所的に観察された形質値の範囲に限定して抽出することができる。この帰無モデルと実際の群集との比較を行うことによって，より厳密に予測 2c を検証することができるだろう (Bernard-Verdier et al. 2012)。

結果 2c：過去 10 年間で，多くの研究が予測 2c を検証してきたが，その結果は多岐にわたっている。いくつかの研究では，形質の過分散の例が示された（たとえば図 8.7）。しかし，これらの例はわずかな研究におけるわずかな形質に限られており，予測 1b（形質値の過少分散）に比べるとこの予測を支持した研究は少ない (Vamosi et al. 2009, Kraft and Ackerly 2010, HilleRisLambers et al. 2012, Kraft, Adler, et al. 2015)。とはいえこの結果は，自然界の群集

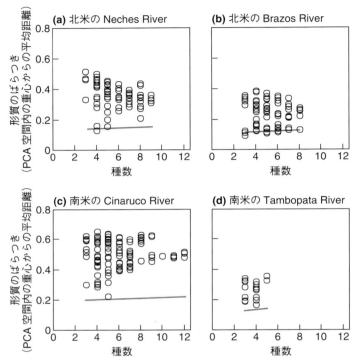

図 8.7 北 (a, b), 南 (c, d) アメリカの氾濫原の河川の魚群集における形質の過分散。出現した種について 23 個の形質を計測し, 主成分分析 (principal component analysis: PCA) を用いて解析した。さらに, 個々のデータ点における形質の分散は形質の PCA 空間における重心からの平均距離によって算出された。帰無モデルによって予測される期待値（灰色の実線）は各地域の種プール（地域内の全出現種）からの無作為抽出によって算出された。すべての調査地点で実際の観察データの形質のばらつきは帰無モデルに比較して大きい（各点が帰無モデルの予測より上にプロットされている）ため, 形質の過分散が示された。Montaña et al. (2013) より。

を対象にした場合, たとえ形質ベースの選択に関わるプロセスが強かったとしても, 過分散を統計的に検出することは, 過小分散を検出するよりもはるかに難しいことによるかもしれない (Kraft and Ackerly 2010, Vellend et al. 2010, Kraft, Adler, et al. 2015)。また, 形質の過分散を検証するために, 前段落で示したような形質の過小分散の効果を制御する手法を用いた研究はほとんどな

い (Bernard-Verdier et al. 2012)。さらに，多くの研究が予測 1b と同様に，種間の系統的な距離が形質の差異の代替的な指標であると仮定してこの予測を検証している。しかし，この仮定そのものに否定的な証拠が数多く示されている (Bennett et al. 2013, Best et al. 2013, Narwani et al. 2013, Godoy et al. 2014, Pigot and Etienne 2015)。

FAQ：負の頻度依存選択の背景にある低次プロセスについて

負の頻度依存選択の基本メカニズムは何か？
——種間のトレードオフについて——

競争排除則と Hutchinson (1961) の「プランクトンのパラドックス」が提唱されたことに端を発し，非常に多くの研究が種の共存を可能にしているであろう種間トレードオフを探索している (Ricklefs and Miller 1999, Tokeshi 1999, Krebs 2009, Siepielski and McPeek 2010, Martin 2014；表 5.1 参照)。これらの一連の研究で提唱された負の頻度依存選択の基本メカニズムには，異なる制限栄養素を獲得するための相対的な競争能力の違い (Tilman 1982)，異なるえさ資源の利用 (Schoener 1974)，3 種間の推移律の成立しない競争 (Kerr et al. 2002)，異なる病原体や天敵に対する感受性 (Connell 1970, Janzen 1970)，微環境の違いによる棲み分け (MacArthur 1958) などが含まれる。これらのメカニズムはいずれも，少なくとも一部のシステムにおいては実証的に支持されている。とはいえ，これらの種間での違いが種の共存を安定的に維持する上で十分な説明力をもっているのかは定かでないケースが多い (Clark 2010, Siepielski and McPeek 2010)。

8.3　仮説 3：時間的に異なる選択は群集構造と動態の重要な決定要因である

この仮説は仮説 1 (空間的に異なる選択) や仮説 2 (負の頻度依存選択) とも関連している。特に，予測 1c (環境改変に伴う種組成の変化はランダムではない) は，時間の経過とともに環境要因が変化することによって群集構造が変化するという予測であり，仮説 3 とのつながりが深い。したがって，多くの研究が，長期的な負の頻度依存効果が生じる原因の一つとして，選択の時間的なゆら

ぎに着目している（たとえば Adler *et al*. 2006, 2010, Angert *et al*. 2009）。とはいえ，負の頻度依存選択同様，時間的に異なる選択は潜在的には，空間的なパターンとの関連性や長期にわたる安定的な共存を説明できること以上の重要性をもっている。時間的に異なる選択は，群集の過渡期動態に対して影響を及ぼすのみならず，種間の適応度の違いを長期間で見ると小さくさせることで，共存に必要な負の頻度依存選択の影響を弱める効果をもつ (Huston 2014)。

> **予測 3a**：種組成の変化は，時間に伴う環境の変化と相関する。

予測 3a は予測 1c に似ているが，より連続的かつ長期的な変動を対象にした予測である点において異なる。予測 1c は，短期的に発生する環境変化の前後の群集構造の変化を対象にしているのに対して，予測 3a では，長期的な環境変動に対して，群集構造がその変動を追随するかどうかを対象にしている。

方法 3a：群集構造の時間的な変化と，選択要因となりうる環境変数を調べる。

結果 3a：空間に沿った種組成と環境の関係と同様に，時間に伴った種組成と環境変化の関係もまた一般的にみられるもののようである。数百年または数千年にわたる長期間の環境変化（気候変動）に対応して，植物，脊椎動物，貝類，淡水植物プランクトンなどのさまざまな分類群の群集構造が変化することは古生物学者にとって周知の事実である (Davis 1986, Roy *et al*. 1996, MacDonald *et al*. 2008, Pandol *et al*. 2011, Jackson and Blois 2015)。さらに，数年から数十年程度のより短い期間の群集の時系列変化を直接観察することによって，群集構造の時間変化は，気候変動 (Parmesan 2006) や撹乱などのさまざまな環境の変化と対応すること (Pickett and White 1985) が明らかにされている。

> **予測 3b**：(1) 時系列上のある時点の群集の形質値の範囲やばらつきは，時系列全体を通して観察されたデータセットから無作為抽出された形質値の範囲やばらつき（帰無モデル）よりも小さい。
> (2) 群集レベルでの形質の平均値は時間的な環境変化に対応して変化する。

方法 3b：時系列に沿って繰り返し群集構造を観察し，それぞれの時間点で出現

8.3 仮説 3：時間的に異なる選択は群集構造と動態の重要な決定要因である | 147

した種の形質を測定する．そこから，各時間点の形質の統計量（平均値，ばらつき，範囲など）を計算する．

　予測 3b (1) を検証するために，無作為抽出した仮想的な群集の形質の期待値と観測値を比較する．

　予測 3b (2) を検証するために，時系列上の各時間点で観察された，群集レベルの形質平均値と環境要因の相関を解析する．

結果 3b：形質ベースの帰無モデルを用いて予測 3b (1) を検証した例は見つからなかった．しかし，形質ではなく系統的データを用いた熱帯林樹木群集の遷移についての研究から予測 3b (1) に関わる示唆を見出すことができる．これらの研究では，実際の時系列変化と，同じ時間に存在するが異なる遷移段階の群集の両方を用いて，遷移段階の異なる個々の群集の系統的多様性を解析している[4]．そして，帰無モデルによって遷移段階全体のデータセットから無作為抽出された群集のパターンと比べることで，遷移段階における各樹木群集の系統的多様性は，過小分散よりも過分散が主要なパターンであることを示した (Letcher 2010, Norden *et al.* 2011)．

　予測 3b (2) を検証した研究例は予測 3b (1) よりも多い．撹乱からの経過年数の異なる群集を観察した研究では，群集レベルの形質値の平均値が，撹乱が生じてからの経過時間により異なることを示した．この結果は，形質値の平均値は撹乱サイクルに応じて時間的に変動することを強く示唆している (Verheyen *et al.* 2003, Grime 2006, Shipley *et al.* 2006)．そのほかの実証例としては，形質と環境の時間変動の対応を明らかにするために，北米西海岸の森林群集の古生態学的データに対して多変量解析を用いた研究が挙げられる．この研究では，温暖な期間に樹高が高くなったことが示されている (Lacourse 2009)．また，イギリス海峡において行われた研究では，光や養分レベルが時間とともに変化したとき，どのような形質値を有する植物プランクトン（硝酸塩吸収効率，光感受性，最大生長率など）が増加するのかといったプランクトン側の応答が予測可能であることを示した (Edwards *et al.* 2013)．さらに，植物プランクトンの中には時間的な環境の変化 (pH，水位，汚染度合いなど) に敏感に応答する種がいることから，珪藻の化石群集の形質値を調べることで，その生息地の

---

[4] （訳者注）このように，異なる場所に存在する異なる林齢の林を調査し，その結果を林齢順に並べることで植生遷移（群集の時間変化）の過程を推定する方法をクロノシーケンス法と呼ぶ．

過去の環境条件を推定することが可能である (Smol and Stoermer 2010)。同様の手法を大型無脊椎動物群集に適用することで，淡水の環境条件の時間変化をモニタリングした例もある (Menezes *et al.* 2010)。まとめると，形質値の時間変化についての研究は，空間変化に関する研究よりもかなり少ないが，それでも，時間的に変化する形質と環境要因の間に対応がみられることは，あらゆる時間と場所において報告されている。

予測 3c：時間的な環境の異質性が増すほど，種多様性は増加する。

　予測 3c は，時間的な環境の異質性は，主に時間的に異なる選択を介して群集に影響することを前提としている。しかし，予測 3c の検証に当たっては少なくとも以下の 2 つの理由によって，交絡変数に関わる問題を生じやすい（図 7.2 参照）。まず，環境の変動によって群集のサイズが変動すると，長期間にわたって群集を維持するために「有効な」群集のサイズが縮小する可能性がある (Vellend 2004, Orrock and Fletcher Jr. 2005)。その結果として，浮動とそれに伴う確率論的な絶滅の重要性が増すと考えられる (Adler and Drake 2008)。群集サイズを変えうる要因としてはたとえば撹乱があるだろう。さらに，空間的な異質性の場合と同様に，環境が時間に伴い変化している場合，時として極端な環境条件になることがある（極端な乾燥状態など）。このような極端な環境を好まない種は非常に強い一定選択にさらされることとなり，時には絶滅を引き起こす可能性がある (Adler and Drake 2008)。

　この予測は，中規模撹乱仮説 (Grime 1973, Connell 1978) にも部分的に似ている。中規模撹乱説では，低から中程度の撹乱の時に種多様性が増加することを予測している (Huston 2014)。これは，時間的に異なる選択によって，長期間にわたる種間の適応度の違いが少なくなるためとされている。自然界において，時間的な環境の異質性をもたらす最も一般的な要因は定期的な撹乱である (Pickett and White 1985, Huston 1994)。一方，中程度から高いレベルの撹乱を受ける環境下においても多様性の低下が予測される。しかし，こうした強い撹乱による多様性の低下は，時間的に異なる選択ではなく，前の段落で示した浮動と一定選択によってもたらされると考えられるため，本節の対象外とする。とはいえ，話を進める前に，撹乱の定義の曖昧さについて認識しておくことには意味があるだろう。撹乱という言葉は，潜在的に重要な生態的影響を伴

いうるあらゆる種類の急激な環境変化に対して使われている（たとえば Krebs 2009）。つまり定期的に起こる撹乱と段階的な環境変動の明確な区別はなく，恣意的なものである。

方法 3c：時間的な環境異質性の程度が異なっている複数の場所において，種多様性を評価する。時間的な環境異質性は自然界にもともとみられるものでも，実験系的に作ったものでもよい。

結果 3c：観察研究と実験研究の両方によって，時間的な異質性の指標である撹乱の強度や頻度と多様性の関係性が検証されている。その関係性は負の相関，正の相関，単峰型，相関なし，などさまざまである (Mackey and Currie 2001, Hughes et al. 2007)。とはいえメタ解析の結果は，少なくとも撹乱傾度の一部では，撹乱によってもたらされる時間的な環境異質性と多様性の正の相関がとても一般的であることを示している。

　ほかの研究では，光強度 (Flöder et al. 2002 など)，養分供給 (Beisner 2001)，水分供給 (Lundholm and Larson 2003)，あるいは気候 (Adler et al. 2006) などの時間的な変動に着目している。たとえば，Flöder et al. (2002) は，淡水の植物プランクトン群集について，一定の強度の光環境と，高強度と低強度の光環境が異なる頻度で切り替わる 2 つの状態で飼育した。その結果，時間的な変動がある環境下では一定の環境よりも高い多様性が観察された（図 8.8）。一方，これとは逆の結果として，Lundholm and Larson (2003) は，供給される水分の総量が同じであっても，土壌の水分環境の時間的変動が大きくなると植物の実生の多様性が低下することを示した。あるいは，野外データに基づいて作成されたモデルを用いた研究では，時間に伴う環境異質性の重要性が示されている。ここでは，時間に伴って環境が変わること，つまり時間によって選択の強さや方向が変化することで，安定した種の共存がもたらされ，それによって多様性が増加しうることが示されている (Adler et al. 2006, Angert et al. 2009 など)。ただし，ごく限られた種の組み合わせについての安定した共存を説明することと，異なる場所間の多様性の変動を予測することとは同じではない，ということに注意するべきだろう (Huston 2014, Laliberté et al. 2014)。まとめると，状況によって結果は大きく異なるが，しばしば時間的な環境の異質性の増加は，多様性の増加と関連しているようである。

第 8 章 実証的証拠：選択

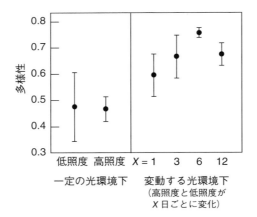

図 8.8 琵琶湖で採取された植物プランクトンの多様性（Shannon の多様性指数）。実験室内のさまざまな光環境下で 49 日間培養された。エラーバーは標準誤差（$n = 3$）を示す。Flöder et al. (2002) より。

FAQ：時間的に変化する選択の背景にある低次プロセスについて

「どの環境変数や形質が選択を引き起こしているのか」はどのように調べる？

これまでに示された通り，多くの研究では選択の要因となる時間的に異なる特定の環境変数と，群集の応答を規定する特定の形質に焦点を当てている。このような研究では，空間的に異なる選択に関わる環境要因とそれに対応する形質を特定するための研究と同様の手法が用いられる（8.1 節参照）。

時間的に異なる選択が長期的な負の頻度依存選択につながるのはどのような状況下か？

時間的に変化する環境条件は，種の共存に関する低次のモデルにおいて特に重要視されている。そして，このことは実証研究の動機ともなっている（表 5.1 参照）。たとえば，砂漠の一年生草本の群集では，いくつかのシステムの特性によって負の頻度依存選択が生じ，そしてそれゆえ安定した共存が維持されることが示されている。このシステムの特性には，雨量の変動に対する個体群動態のパターンが種によって異なる（つまり，時間的に異なる選択），土壌中の休眠種子によって乾燥期間中にも種を存続させる能力，生育適期に競合種の個体群成長を減少させる強い競争力などが含まれる（Angert et al. 2009）。

8.4 仮説4：正の頻度依存選択は群集構造と動態の重要な決定要因である

自然界における正の頻度依存選択（より一般的には正のフィードバック効果と呼ばれる）の研究は困難な側面がある。というのも，正の頻度依存選択は，群集が安定した平衡状態から別の平衡状態へ移行するごく限られた期間にしか観察できないためである（図6.6参照）。したがって，仮説4に関わる実証研究は，「代替安定状態 (alternative stable state)」，「位相変化 (phase shift)」，「臨界転移 (critical transitions)」，「転換点 (tipping points)」，「先住効果」，「歴史的偶然性 (historical contingency)」といった概念に基づいて行われることが多い (Lewontin 1969, Slatkin 1974, Scheffer et al. 2001, Bever 2003, Suding et al. 2004, Scheffer 2009, Fukami 2015)。

正の頻度依存選択の実証例では，負の頻度依存選択の場合と異なり，2種間での種間相互作用のような「単純」なシナリオを含むことはほとんどない。この仮説の一般的な実証例では，非生物的な環境変数や撹乱体制と同様に，同一または異なる栄養段階に属する，機能群グループ間で生じる「複雑」なフィードバックループを扱う (Scheffer 2009)。とはいえ，この仮説に関連する多くの実証例における要点は，（群集の機能的な組成を表す）一つの軸に沿った，群集状態の推移である。なお，この群集状態というのはせいぜい2つか3つである。たとえば，続いて説明されるサンゴ礁における藻類とサンゴの優占度の変化がそれに当たる (Hughes 1994, Mumby et al. 2007)。また，動的プロセスの結果に伴う群集構造の変化が，初期条件や履歴に依存するという状況を特徴づけるために履歴現象（ヒステリシス）という言葉がよく用いられる（図8.9c）。

予測4a：長期的な群集動態もしくは（準）平衡状態にある群集構造は，初期の群集組成に左右されやすい。

方法4a：初期の群集組成を実験的に操作し，その後の群集動態を観測し続ける。この予測についての実証研究では「先住効果」や「歴史的偶然性」という言葉がよく用いられる。また，これらの研究では，種が群集に加入する順番を操作し，初期の組成が異なる群集を用いた実験が行われる (Chase 2003, Fukami 2015)。なお，群集が平衡状態に達したかどうかを厳密に判断するのは難しい

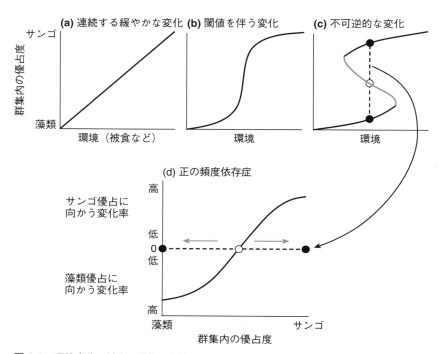

図 8.9　環境変化に対する群集の応答の3つのモデル (aからc) と履歴現象モデルの「中間的」な環境における正の頻度依存性 (d)。実例として，サンゴ礁における藻類とサンゴの優占度の変化を用いた (Mumby *et al.* 2007)。降水量の変化に伴うサバンナと森林の優占度の変化 (Hirota *et al.* 2011) や，栄養塩濃度勾配に沿った大型水生植物とプランクトンの優占率の変化 (Scheffer *et al.* 1993) といった研究例も同様の論理に従うと考えられる。(a) から (c) では，黒い実線は安定的な平衡状態を示し，灰色の実線はそれぞれの環境状態における不安定な平衡状態を示す。(c) と (d) の黒丸と白丸は安定的な平衡状態と不安定な平衡状態をそれぞれ示す。矢印は予測される変化の方向性を表す。

ため，この予測の検証では，準平衡 (quasi-equilibrium) という言葉が使われている。この予測に関してこれまで行われた実験の多くは，細菌，酵母，プランクトン，ショウジョウバエなどの世代時間の短い生物を対象としている。これは，世代時間の短い生物を使うことで，数百とは言わずとも数十世代にわたり群集構造の推移を観察することができるからである。このように，長い世代にわたって観察することで，群集構造が観察された際に，それが単に同一の群

8.4 仮説4：正の頻度依存選択は群集構造と動態の重要な決定要因である

集状態に収束するまでの過渡期を見ているに過ぎないのか，それとも加入順序の違いによって異なる準平衡に達したのかを区別することができる。

結果4a：いくつかの研究では，初期の群集構造に関わらず同じ群集組成に収束したため，予測4aを否定している。一方，この予測を支持する別の研究では，最終的な群集組成は種が群集に加入する順番に強く依存することが示されている (Chase 2003, Fukami 2015)。多くの実験研究では，一次生産者，一次消費者，捕食者，分解者などの複数の栄養段階を含む水生微生物を用いて，種プールからの移入の順序を操作している。ほかにも，「水平」群集に着目した研究もある。たとえば，比較的小さなミクロコズム（250ミリリットル）において淡水性の3種の藻類の加入の順番を操作した実験では，競争能力が低い2種の個体数が，競争能力が高い種の前に加入するか後に加入するかよって大きく異なることが示されている (Drake 1991)。つまり，競争能力が高い種よりも先に加入すれば，初期の個体数も多く，その後も高い個体数を維持できたのである。より大きなミクロコズム（40リットル）を用いた実験では，主要な4種の一次生産者が加入する順番がその後の群集動態に強く影響することが示されている。つまり，生産者の種によって消費者群集の構造が変わり，さらに消費者群集が生産者群集に影響するというフィードバックが検出されたのである (Drake 1991)。同様に，Tucker and Fukami (2014) は，花の蜜に生息する酵母と細菌の間には，ある条件下において強い先住効果が存在することを示した（図8.10）。

しかし，これらの実験結果を解釈する際に注意しなければいけないことがある。それは，初期の群集構造が最終的な群集組成に影響する結果自体は，正のフィードバックの証拠とはなり得ないということである。なぜなら，純粋な生態的浮動の結果も初期の種の頻度に依存して変化するからである。たとえば，初期状態において頻度が0.8の種は，浮動により80%の確率で優占する（第6章参照）。Chase (2003) やFukami (2015) の総説で述べられているように，多くの実験において代替的な群集動態というのは再現可能であり，しかも浮動の効果のみによって予測されるよりも規則的かつ迅速であることが示されている。しかし，小さな群集では大きな群集よりも強い先住効果がみられることを明らかにした研究においては，正のフィードバックよりも浮動が影響している可能性が指摘されている (Fukami 2004)。

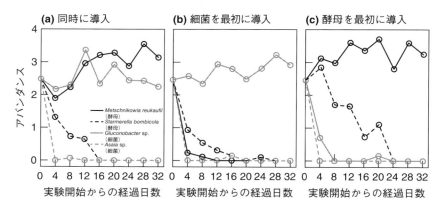

図 8.10 酵母 2 種，細菌 2 種を，花蜜中に異なる順序で加入させ，その後の群集動態を観察した実験の結果。*Metschnikowia reukaufii*（酵母，黒い実線）と *Gluconobacter* sp.（細菌，灰色の実線）は同時に加入させた場合，共存するようにみえる (a) が，どちらかを先に加入させた場合，後に加入させた方が排除されてしまう (b および c)。ほかの *Starmerella bombicola*（酵母，黒の点線）と *Asaia* sp.（細菌，灰色の点線）はいずれの処理の場合も，アバンダンスが維持されなかった。アバンダンスは花の蜜 1 ミリリットルあたりのコロニー形成単位を常用対数変換された値で示されている。エラーバーは極端に小さいため示されていない ($N = 4$)。Tucker and Fukami (2014) より。

> **予測 4b**：生物は環境を改変する。そして，その改変によって同種の相対適応度が上がる。

方法 4b：ある種を実験的に追加し，環境を改変するのに十分な時間が経過した後に，改変された場所と改変されていない場所において，その種と他種の相対適応度を調べる。

結果 4b：この予測は，植物とそれに関連する土壌生物相の間のフィードバックを調べた研究で特によく議論されている (Bever *et al.* 1997, Bever 2003, Reynolds *et al.* 2003)。このような研究ではまず，標準化された土壌にさまざまな植物種を植えて一定期間育てる。そして，生育している植物を除去した後に，新しい植物をその土壌で栽培し，バイオマスなどを指標に適応度を評価する。これらの実験で示された一般的な結果は負のフィードバックである。これは，植物の土壌改変が他種よりも同種の適応度に負の影響を与えることを意味

8.4 仮説 4：正の頻度依存選択は群集構造と動態の重要な決定要因である | 155

している。したがって予測 2a を支持する結果である。しかし，扱う種や研究によっては，正のフィードバックが検出されている (Bever 2003, Bever *et al.* 2010)。さらに，植物群集以外にも同様の実験が行われている。たとえば，藻類が優占する場所に死んだサンゴの破片を追加すると，藻類を食べるウニの密度が高まり，藻類の優占が抑制されることが知られている (Lee 2006)。この実験では直接計測されていないが，捕食者の増加を介して藻類の優占が抑制されることによって，サンゴの適応度は結果的に正の影響を受けるだろう。まとめると，さまざま種の組み合わせを用いた実験では，正のフィードバックを支持する結果が得られることもあるが，一定選択もしくは負の頻度依存選択ほど頻繁ではない。

> **予測 4c**：(1) 初期の環境条件に違いがなくても，場所間での群集組成の違い（ベータ多様性）は大きくなる。
> (2) ある種の存在は他の種の不在と関連する。したがって，排他的な分布パターンを示す種の組み合わせがある。
> (3) 似たような環境条件下でも，種組成は段階的に変化するのではなく，まったく異なる群集構造に速やかに変わる。

この 3 つは共通して，初期の環境条件が類似しており，群集の外から働く選択に空間的な違いがない状態であっても，場所によってその後の群集組成が大きく異なるというパターンを予測している。

予測 4c (1) は，先住効果についての研究から派生したものである。そしてこの予測の検証は，正のフィードバックを促進すると考えられる要因を事前に予測した上で行われる (Chase 2003)。

予測 4c (2) は，「群集集合則 (assembly rules)」についての研究から派生している。この予測に従った場合に現れる種どうしの排他的な分布は，先住効果の帰結として現れる最も単純なパターンであり，「チェッカーボード」パターンと呼ばれている (Diamond 1975, Weiher and Keddy 2001)。

予測 4c (3) は，多重安定状態についての研究から生じている。この予測の検証では群集が 2 つ以上のまったく異なる群集状態に収束するか（群集の分布が多峰型になるか）どうかを調べる。この予測では，中間的な状態の群集は存在しない，もしくはとても稀であることを示している。これは群集を中間的な

状態にとどめず，まったく異なるそれぞれの一般的な（おそらく安定）状態にする正のフィードバックの存在を示唆している。そして，群集がどの安定状態に落ち着くのかは，初期の群集構造に依存している (Scheffer and Carpenter 2003)。なお，多くの種を内包する群集間の浮動も，同一の環境下にある場所間の群集組成に違いをもたらすが，これは群集の分布が多峰型になることを予測するものではない (Hubbell 2001)。

方法 4c：複数の場所を含む生息地グループを設定し，一つ以上のグループで群集組成を調べる。複数のグループを調べるとき，同一のグループ内の調査場所はすべて類似した環境条件になるようにする。

予測 4c (1) を検証するために，同一グループ内の場所間でベータ多様性を計算し，グループ間でベータ多様性を比較する。

予測 4c (2) を検証するために，種どうしの排他的な関係性をもつ分布パターン（チェッカーボードパターン）がみられるのかを調べる。この時，観察された関係性の強さと頻度を無作為化した群集（帰無モデル）のパターンと比較することによって，観察されたパターンがランダムに生じたものどうかを評価する。

予測 4c (3) を検証するために，一つ以上の群集組成の指標を算出し，同一グループ内の群集について指標の分布に複数のピークがみられるのか（分布が多峰型になるか）を調査する。

結果 4c：予測 4c (1) は，Jonathan Chase の研究グループによる一連の実験と観察研究によって徹底的に検証されている。湖沼やミクロコズムを用いた研究では，潜在的な種プールが大きい，撹乱が少ない，魚による捕食圧が低い，環境ストレスが少ない，生産性が高いといった環境条件においてのベータ多様性が高くなることが示されている (Chase 2003, 2007, 2010; Chase et al. 2009)。これらの要因は，正のフィードバックを促進するものであり，それによって，多重安定状態がもたらされた可能性があると考えられている。

チェッカーボードパターン（予測 4c (2)）のような種の在/不在についての非ランダムパターンの検証については，論争の歴史がある。Diamond (1975) はニューギニア近辺の島における鳥類の分布についての詳細な分析を行い，特定の種の組み合わせについてのチェッカーボードパターンがみられることを報告した。この論文では，競争と先住効果により，これらの組み合わせの種が局所的に共存するのが妨げられていると結論づけている。しかしこの結論は，実際

8.4 仮説 4：正の頻度依存選択は群集構造と動態の重要な決定要因である

にチェッカーボードパターンが観察された頻度が，各種がランダムに島に分布する場合に期待される頻度と変わらない点において激しく批判された (Connor and Simberloff 1979, Strong *et al.* 1984)。多くの在/不在データを再解析することによって，チェッカーボードのようなパターンが，ランダムではなく，実際にはかなり一般的にみられることが示されている (Gotelli and McCabe 2002)。しかし，こうした解析を行った研究では，これらのパターンが，より一般的なプロセスである空間的に異なる選択によって生じた可能性を考慮していない。したがって，これらの解析結果は，正の頻度依存選択についての非常に弱い証拠にすぎない。

群集組成は環境軸に沿って段階的に変化するため，似たような環境条件下では似たような種組成を示すことが多い。したがって同じような環境条件にも関わらずまったく異なる群集が成立する，すなわち，群集構造の多峰型パターンについての明確な証拠はない (Whittaker 1975)。しかし，同じような環境下でも極めて対照的な群集が成立しうる証拠がさまざまな状況において報告されている。たとえば，中程度の降水量環境下における草本と木本の優占度の違い (Hirota *et al.* 2011; 図 8.11a)，中程度の捕食圧下における藻類とサンゴの優占度の違い (Mumby 2009)，浅い湖沼における大型水生植物と植物プランクトンの優占度の違い (Van Geest *et al.* 2003; 図 8.11b) などが例としてあげられる。また，比較的乾燥した環境では多重安定状態（サバンナと森林）が存在する

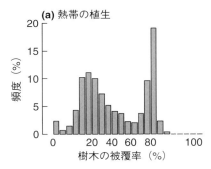
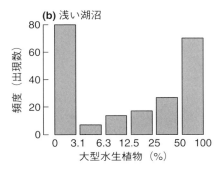

図 8.11 群集の多峰型分布。(a) アフリカ，オーストラリア，南アメリカの年降水量 1800 ミリリットル以下の場所の樹木の被覆率。x 軸は逆正弦変換されている。(b) オランダ，ライン川下流域の氾濫原の 215 の湖における水生植物の被覆率。(a) Hirota *et al.* (2011)，(b) Van Geest *et al.* (2003) より。

可能性が，Whittaker (1975) の陸域生物群系（バイオーム）マップにはっきりと示されている（図8.1参照）。さらに，初期の環境条件が似ているにも関わらず，明らかに対照的な群集が成立する多くの例が，Wilson and Agnew (1992) と Scheffer (2009) によって報告されている。このような研究では，後々現れる群集が土壌特性などの局所的な環境条件を改変する可能性があるので，「初期」環境条件が似ていることをはっきり示すことが重要である (Chase 2003)。とはいえ，ここに挙げた一連の研究では測定されていない環境要因が，群集組成の多峰型パターンの要因になっている可能性は排除できていない。

まとめると，予測4cを検証した研究結果は，状況は限られるものの，自然界における正のフィードバックの重要性を示唆している。

> **予測4d**：環境や撹乱などの外的要因による選択の時間的な変化に反応して，群集構造は急激に変化する。しかし，外的要因が変化前の状態に戻ったとして群集構造は元に戻らない。

予測4cと予測4dとは，どちらも群集の環境応答についての履歴現象モデル（図8.9c参照）から導かれるものである。予測4cが，履歴現象モデルから導かれる静的な群集パターンに焦点を当てていたのに対し，予測4dは，同じモデルから導かれる，群集の時間的な動態に焦点を当てている。

方法4d：観察や実験によって，撹乱や方向性のある環境条件の変化に伴う群集の変化を調べる。その後，撹乱から回復したときや環境条件が元の状態に戻った際の群集の変化を調べる。

結果4d：先に示した，陸上植物，サンゴ礁，浅い湖沼の事例において，この予測を支持する証拠が示されている。Dublin *et al.* (1990) は，東アフリカのSerengeti国立公園における長期観測によって，火災による森林生態系の変化が不可逆的であることを報告した。この研究では，火災の発生によって，樹木の被覆率が大幅に低下したのちに，森林の回復に十分な期間火災がなくても，火災以前の状態まで被覆率が回復しないことを明らかにしている。火災後の樹木のない状態は，主に草食動物による被食によって維持されると考えられる。しかし，草食動物による被食だけでは，樹木の被覆率を劇的に減らすような生態系変化，すなわち位相変化を引き起こすことはない。ほかにも，浅い湖沼にお

8.4 仮説4：正の頻度依存選択は群集構造と動態の重要な決定要因である

ける栄養塩濃度の変化が生態系の不可逆的な応答を引き起こすことが知られている。Scheffer et al. (1993) は，湖沼の栄養塩負荷を減らすための生態系管理を行った事例をいくつか紹介している。ここでは，魚などの生物が人為的に移入された場合を除いて，湖沼の栄養塩濃度が藻類の優占するようになった時点（位相変化が起きた時点）をはるかに下回るまで下がらないと，生態系は変化前の状態まで戻らないことが示されている（たとえば図8.12）。また，いくつかのサンゴ礁では，藻類の捕食者であるウニが大量死によって激減することで藻類が優占し，サンゴの被覆率が低下した。その後，ウニの個体数が回復し，藻類の優占度が低下しても，再びサンゴが優占する状態には戻らなかった (Mumby 2009)。温帯の草原における養分添加実験では，養分の添加によって多様性が減少し一種の草本が優占する状態になったが，この状態がその後20年間，養分の添加なしでも維持されたことが明らかにされている (Isbell et al. 2013)。このように，例をいくつかあげることはできるが，この予測を検証した研究は少ない。したがって，この予測の一般性を検証するのは難しい。

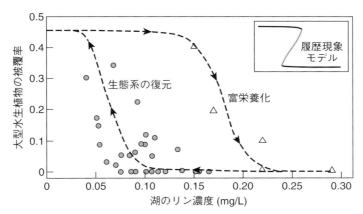

図8.12 オランダのVeluwe湖とWolderwijd湖における位相変化と複数安定状態の証拠。リンの負荷は1960年代に水草の消失をもたらした（白抜きの三角形）。しかし，その20年後に水草の被覆率を回復させるためには，リン濃度を水草が消失する以前よりもはるかに低くする必要があった（灰色の丸）。矢印は時間的変化の方向を示す。右上の図は図8.9cで定義された履歴現象モデルを示す。Meijer (2000) より。

FAQ：正の頻度依存選択の背景にある低次プロセスについて

具体的にどのような種間相互作用と環境要因が正の頻度依存選択の背景にあるフィードバックをもたらすか？

　ここまで述べた研究の多くが示すように，正の頻度依存選択を検証した研究では，多くの場合詳細なメカニズムに焦点をあてている。ここでは，詳細なメカニズムに関わる複雑な生態学的プロセスを簡略化して補足的に説明する。

　(1) 植生の場合。大規模な火災は森林をサバンナに，サバンナを草原に変える可能性がある。いずれの場合でも，火災後の「新たな」群集では草本の優占度が上がるため，草食動物による被食と，さらなる火災の発生が促進される。この結果，最初の群集構造，すなわち森林への回復が妨げられる (Dublin et al. 1990, Hirota et al. 2011, Staver et al. 2011)。

　(2) カリブ海の珊瑚礁の場合。1980年代に起こった病気によるウニの大量死が，人為的な影響によるサンゴの減少を加速させ，藻類の優占を促進した[5]。そして，サンゴの減少によって，草食性の魚類の棲処や，ウニが天敵から隠れる場所が減少した。これにより，藻類の天敵が少ない状態が続き，サンゴの回復は妨げられた (Hughes 1994, Mumby et al. 2007, Mumby 2009)。

　(3) 浅い湖の場合。養分の流入によって生産性が向上し，大型の水生植物が水面に繁茂する。この状態は漁業や湖沼管理の障害となるため，大型水生植物（とそこに付着する藻類）は人為的に取り除かれる。水面を覆う植物の除去によって，植物プランクトンを食べる動物プランクトンの隠れ家が減る。さらには水面を覆う植物がないと，風による撹乱の影響が軽減されないため，水底の沈殿物が浮遊する。これらの状況に加え，藻類の増加や，底生食者による堆積物の巻き上げによってさらに光環境が悪化することで，大型水生植物の更新機会が失われる (Scheffer et al. 1993, Scheffer 2009)。

　そのほかにも，正のフィードバックにより，植物群集があるタイプからほかのタイプに「転換」してしまう事例や (Wilson and Agnew 1992)，非在来種の侵入や人為的な影響が引き金となってさまざまな群集の変化が生じるといった事例が挙げられる (Simberloff and Von Holle 1999, Mack et al. 2001, Suding et al. 2004)。個々の事例は，それぞれに独自の組み合わせの低次レベルプロセスを背景としている。しかし，高次プロセスに関わる帰結はいずれも共通し

---

[5]（訳者注）ウニは藻類を食べるため。

て，正の頻度依存選択による群集の代替安定状態を示唆している。

8.5 選択についての実証研究のまとめ

地球上のすべての群集を調べて，特定のプロセスがどれだけの頻度で発生しているかを定量化することはおそらく不可能だろう。しかし，これまでに行われた膨大な数の研究は，この問いに対して，定性的ではあるが答えに近い印象を与えてくれた。私が抱いた印象については表8.1にまとめている。全体としては，空間的・時間的に異なる選択など，いくつかのタイプの選択はかなり普遍的にみられるが，正の頻度依存選択といった選択は，限られた特定の状況下でのみ重要であるようだ。また，負の頻度依存選択については，群集の安定性や多様性の維持と密接に関連しているため，多くの生態学者が関心を示している。負の頻度依存選択は広く重要であるように思われるが，検出は難しいようである。

本章では，群集生態学の非常に多くの領域を取り扱った。従来，選択という言葉は，適応進化に関わる場合を除いて生態学で用いられることはそう多くはないだろう。しかし本章を読むことで，選択という概念が非常に多岐にわたる群集生態学の文献を整理するために役立つことを理解してもらえたのではないだろうか。過去には，ほかの言葉や文脈を用いて，本章でいうところの選択についての実証例が示されているかもしれない。たとえば，共存理論，群集の序列化，資源分割，先住効果，ニッチ理論，撹乱，多重安定状態，環境異質性の帰結，形質ベースの群集生態学，系統学的群集生態学，競争，生物多様性と生態系機能，ベータ多様性，植物–土壌フィードバック，古生態学などがそれにあたるだろう。これらの個々のトピックは生態学において非常に重要である。しかし，これらのトピックどうしの関連性を体系的にまとめるためには，膨大な量力と時間が必要になるのではないだろうか。少なくとも私はそうであった。そこで，選択を含む高次レベルプロセスの概念的な枠組みが，これらのトピックを体系的まとめるために役立つだろう。

表 8.1 選択の重要性についての仮説・予測とそれに関連する実証的証拠，困難と欠点についてのまとめ

	仮説と予測	実証的な支持	今後の課題と注意点
仮説 1	一定選択と，空間的に異なる選択	頻繁に観測されており，その検出も容易。おそらく，自然界の至るところにあるプロセスである。	
予測 1a	種組成と環境要因は空間的に相関する	稀な例外を除いて，数千もの研究がこの予測を支持している。	潜在的に重要だが，計測されていない環境変数に注意する必要がある。
予測 1b (1)	局所群集の形質値の幅や，ばらつきは小さい	この予測を支持する研究は支持しない研究よりも多い。だが，すべての形質において予測が支持されているわけではない。	潜在的に重要だが，計測されていない環境変数に注意する必要がある。
予測 1b (2)	群集の形質値と環境要因は空間的に相関する	この予測を支持する研究は支持しない研究よりも多い。だが，すべての形質において予測が支持されているわけではない。	潜在的に重要だが，計測されていない環境変数に注意する必要がある。
予測 1c	環境の変化は種組成の変化をもたらす	稀な例外を除いて，数千もの研究がこの予測を支持している。	少数の環境変数しか含まない研究がほとんどで，短期間の応答しか測定されていない。
予測 1d	多様性と環境の空間的異質性は正の相関を示す	多くの研究がこの予測を支持している。しかし，無視できない数の研究において負の相関が示されている。	場所における平均的な環境条件と，生息地の断片化が環境の異質性と共変動することに注意する。
仮説 2	負の頻度依存選択	検出するのは難しいが，ほとんどの群集においてこのプロセスがある程度は働いている。	
予測 2a	負の影響の強さは，種内 > 種間	多くの研究でこの予測は支持されている。しかし，それと同じくらい支持しない研究も存在する。	短期的な応答しか測定されていないので，長期的な適応度については不明である。

8.5 選択についての実証研究のまとめ

表 8.1 つづき

	仮説と予測	実証的な支持	今後の課題と注意点
予測 2b	低頻度の種は増加する	明確な支持を示した研究はとても少ない。	厳密には，この予測を検証するのはとても難しい。
予測 2c	局所群集内では形質値が過分散する	多くの研究で予測が支持されているが，予測 1b (2) における形質の収束よりは頻繁では無い。	プロセスが強く働いていたとしても，統計的な検出力が弱い。
仮説 3	時間的に異なる選択	多くの例がある。一般的なプロセスだが，環境変動の程度によって，その重要性はさまざま。	
予測 3a	時間的な環境変化と種組成は相関する	予測 1a より研究例は少ないが，多くの研究で支持されている。	個体群動態率にもよるが，群集レベルで応答するには環境の変動が早すぎる場合もある（予測 1a も参照）。
予測 3b (1)	ある時間点で出現する群集の形質値の幅やばらつきは小さい	直接的な実証例はほとんどないが，予測 1b (1) と予測 3a に基づいて経験的に支持されているようである。	時系列が短い場合，時系列の一時点における群集の構造が，帰無モデルに用いる種プールととても似てしまうので注意が必要（予測 1b (1) も参照）。
予測 3b (2)	群集の形質値と環境要因は時間的に相関する	予測 3a の事後解釈として，多くの定性的な例が示されている。ただし，定量的な証拠は少ない。	潜在的に重要だが，計測されていない環境変数に注意する必要がある。
予測 3c	多様性と環境の時間的異質性は正の相関を示す	時間的異質性をもたらす撹乱を扱った多くの研究があるが，ほかの事例についての例は少ない。いくつかの研究では予測を支持しているが，支持しない研究もある。	時間的な環境の異質性は，浮動と一定選択を介しても多様性に影響しうる。
仮説 4	正の頻度依存選択	説得力のある多くの例がある。とはいえ，定義上，短い期間のうちに観察するのは難しい。	

表 8.1 つづき

仮説と予測		実証的な支持	今後の課題と注意点
予測 4a	群集動態は初期状態に依存する	多くの説得力ある研究例があるか，同様に指示しない例も多数ある。	浮動の場合も初期状態に依存した群集動態が観察される。また，個体群動態が遅く，実験期間が短ければ，負の頻度依存選択でも同様の結果が得られる。
予測 4b	環境改変による同種内の正のフィードバック	いくつかの説得力のある例があるが，種内の負のフィードバックを示すものの方が多い。	短期的な実験が多く，長期的な結果については不明である。
予測 4c (1)	正のフィードバックを促進すると予測される環境下における高いベータ多様性	多くの研究例があるわけではないが，いくつかの研究で支持されている。	正のフィードバックが直接計測されておらず，パターンに基づいてロセスを定義しているという問題がある。
予測 4c (2)	種の分布におけるチェッカーバードパターン	頻繁に支持されている。	空間的に異なる環境の影響でも同じ結果が得られる。
予測 4c (3)	群集組成の多峰型パターン	いくつかの説得力のある例があるが，それほど多くはない。	このパターンがどれほど頻繁に検出されたのかは不確かであり，したがっていくつかの研究によって示唆されているよりも一般的である可能性がある。
予測 4d	履歴現象	いくつかの説得力のある例があるが，それほど多くはない。	しばしば複雑な関係性を含むが，そのプロセスの推定は難しい。

第9章

実証的証拠：生態的浮動と分散

　本書の実証研究に関する章（第8章）を「選択」から始めたのには，それなりの理由がある。選択がもたらす影響は，ほとんどどこでも観察することができる。さらに，選択が働いていれば，たいていの場合，帰無仮説あるいは帰無モデルでの予測から，実際の観測結果が統計的にかけ離れていることを示すことで簡単に検出できる。しかし，選択が働いていることを示す統計的なシグナルが強く明確である場合であっても（たとえば，群集組成と環境変数の変化が対応している場合など），環境変数のみでは群集特性の空間的あるいは時間的変異の大部分を説明できないことが多い (Soininen 2014)。言い換えれば，選択が群集構造やその動態に強く影響していることを示したとしても，同時にほかのプロセスも群集に強く影響している可能性を排除できるわけではない。本章のテーマである浮動や分散などは，まさにそうした「影響している可能性を排除しにくいが，検出もしにくい」プロセスである。種分化については第10章で考察する。

9.1　仮説5：生態的浮動は群集構造や動態を決定づける重要な要因である

　浮動は出生，死亡，そして繁殖の過程でランダムに個体が選ばれた結果である。しかし，どうすればそれが本当にランダムに起こっているのか，それとも本当の原因を知らないからランダムにみえているだけなのかを見分けられるだろうか。科学者や哲学者は，何世紀もの間，この問題について悩んできた (Gigerenzer et al. 1989)。この議論の核となるのは，偶然性というものがそもそも自然に備わっている性質なのか，それとも単に，決定論的なプロセスがわかっていな

い現象をモデル化する際に持ち出さざるを得ない性質なのか，という点である (Clark et al. 2007, Clark 2009, Vellend 2010)。ここでは，浮動とは群集構造と動態を理論的に説明しうるプロセスであるという立場で話を進める。つまり，どの種が増えてどの種が減るのか（すなわちデモグラフィーの性質）は，「サイコロの振り目のようにコントロール不可能な確率要素」(Wright 1964) も含んでいると考えることとする（第5章参照）。

　浮動が働く事実を理論的に受け入れたとしても，実証的に浮動を検出するのが難しいことに変わりはない。選択が働いていること（適応度が種によって異なること）を示すのは，選択が働いていないこと（種間で適応度に差がないこと）を示すよりも簡単である。よくいうように，証拠がないことは，ないことの証拠にはならない。とはいえ，どんなに研究者が頑張って探しても，空間的に異なる選択のように，普遍的にみられるタイプの選択を検出できない場合というのは，浮動が重要な働きをしている可能性がある時であろう。本節では，生態的浮動の働きから導かれる予測について考察を行う。しかし，ここでは図2.2で取り上げたような相対アバンダンス分布が中立説による予測 (Hubbell 2001) と適合するかどうかについては触れない。というのも，選択を考えても同じ相対アバンダンス分布が再現されるため，この手法が中立性に関する極めて弱い検証方法であることがわかっているからである (McGill et al. 2007, Rosindell et al. 2011, Clark 2012)。

　実証的な証拠を掘り下げる前に，一つ重要なポイントをお伝えしよう。もしかすると，浮動が重要な役割を果たす条件というのは，自然界では珍しいのではないかと考えてしまうかもしれない。しかし，選択について研究することで，どういった状況に着目すべきかという手がかりが得られる。たとえば，第8章の予測1aと予測1cで述べたように，環境が少しずつ変化すると，適応度が勝る種が次から次へと変わっていく。その場合，環境傾度の真ん中付近では2種の適応度がまったく同じになる条件があるだろう（これを機能的に同等になる条件と呼ぶ）。同様に，形質に対し選択が働く場合，予測2cで示したように種のクラスターが形質空間に均等に割りつけられる。それでは，非常に類似した形質をもつ生物であっても，種ごとに個体数が異なるのはなぜだろうか (Hubbell 2009)。これらの2つのケースでは，環境傾度全体や同所的に分布する種全体に対しては，選択が重要な役割を果たしているだろう。しかし，あるタイミングやある地点，あるいは特定の種の組み合わせに着目した場合には，浮動が重要

9.1 仮説5：生態的浮動は群集構造や動態を決定づける重要な要因である | 167

になることもあるだろう。理論的解析から，群集のサイズが小さい場合に，浮動が最も重要になるという結果が得られており，この結果を踏まえて予測を行うことができる。

> **予測 5a**：群集サイズが小さいほど（つまり，局所群集の個体数が相対的に少ないほど）(1) 局所多様性が低く，(2) ベータ多様性が高く，(3) 組成と環境の関係が弱くなる。

　これらの予測は，選択を考慮したモデルであろうとなかろうと，群集サイズが異なってさえいれば直接的に導かれる（第6章参照）。つまり，群集サイズが小さいと浮動の影響が大きくなる。その結果，以下のことが予測される。
　予測 5a (1) 局所的な絶滅が促進されることで多様性が下がる。
　予測 5a (2) 場所ごとに異なる種が優占することでベータ多様性が上がる。
　予測 5a (3) 選択の観点からみて必ずしも有利でない場所でも特定の種が優占することで群集組成と環境の関係性が弱くなる。
　実際問題，群集サイズを直接的に推定できることはほとんどない。その代わりとして，生息地単位の大きさや面積は，群集サイズと強く相関すると考えられており，群集特性を決定する要因としてよく調べられている。とはいえ，多くのシステムでは生息地単位を恣意的に決めざるを得ない。そのため，面積や「生態系サイズ」の影響を調べる研究では，島や池，断片化された森林，あるいは実験容器などの離散的な生息地をもつシステムに着目することが多い。

方法 5a：サイズの異なる自然群集や実験群集において，群集の多様性と組成，そして環境要因を調べる。

結果 5a：予測 5a (1) で予測した通り種の豊かさはほぼ普遍的に群集サイズ（その群集が占める面積）が小さくなるほど減少する（図 9.1a, c）。しかし，よく議論されているように (MacArthur and Wilson 1967, Connor and McCoy 1979, Williamson 1988, Rosenzweig 1995)，浮動以外の要因でも種数–面積関係を説明できる可能性がある。特に，生息地の環境によって異なる種が選択される場合，小さい面積よりも大きい面積の方が多様な環境を含むため，同様の種数–面積関係が生じるだろう。分類群や調査場所によっては，こうした環境異質性の効果を取り除くと，「面積そのもの」が種の豊かさに与える効果は検出

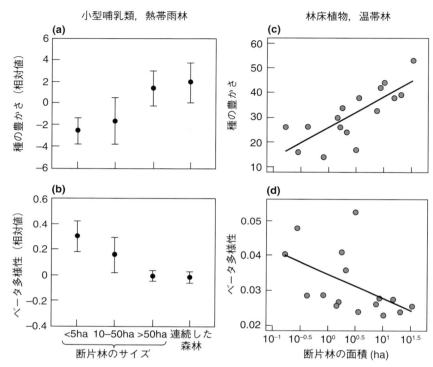

図 9.1 群集サイズが種の豊かさ（アルファ多様性）とベータ多様性に与える影響。(a) と (b) は 4 つのサイズの森林断片について，種の豊かさとベータ多様性の残差の平均値 ± 標準誤差を示したもの。残差は，森林構造を表す合成変数に対する回帰によって算出した。ベータ多様性は Whittaker (1960) のペアワイズ指数を用いて推定した。(c) と (d) は Vellend (2004) の原生林パッチのデータである。ベータ多様性として示されているものは，集団遺伝学で使われる F_{ST} [1] を群集に当てはめたものであり，ペアワイズで計算した値の平均値が示されている。(c) と (d) の線は，最小二乗法による回帰直線である。Pardini et al. (2005) と Vellend (2004) より。

できなくなると結論づけた解析もある。しかし，そのほかの解析では面積そのものの効果を指摘した研究もあり (Ricklefs and Lovette 1999)，おそらく浮動の影響によるものだと考えられている。

結果 5a (2) 群集サイズがベータ多様性に影響しているかどうかを検討してい

---

[1]（訳者注）遺伝的分化の指標。

9.1 仮説5：生態的浮動は群集構造や動態を決定づける重要な要因である

る体系的な総説は著者が調べた限りでは，これまで出版されていないが，ケーススタディの結果は予測 5a(2) を支持している．たとえば，熱帯林における小型哺乳類の研究で，Pardini *et al.* (2005) は，面積が50ヘクタール以上の広い森林断片では，連続的な森林地域と同程度のベータ多様性（そして種の豊かさ）を有するが，面積が10ヘクタールから50ヘクタールの中規模の断片や5ヘクタール以下の小さな断片では，ベータ多様性が向上することを見出している（一方，種の豊かさは減少していた）（図 9.1c, b）．Velend (2004) は，温帯の原生林と開墾後の場所（二次林）における離散的なパッチで下層植生を調べることで，パッチサイズが大きくなるほど種数が上がり，ベータ多様性が下がることを示した（図 9.1c, d）．同様に，Harrison (1999) は周囲とは植生が大きく異なる蛇紋岩土壌において，自然に小さく断片化された場所では，断片化していない広いエリアの中に作った同サイズのプロットよりも植物のベータ多様性が高くなることを示した．

サイズの小さな群集ほど組成と環境の関係性が弱くなるという予測 5a (3) を直接的に検証した例が，一つだけある．Alexander *et al.* (2012) は，500平方メートルの大きな草原パッチと 32 平方メートルの小さな草原パッチを実験的に作り，両者を比較することでこの予測を支持する結果を得た．つまり，16年間の遷移の後，植物群集の組成と環境の関係は大きいパッチほど大きくなっていた．このような研究はほかにもいくらでもありそうだが（データは確実にどこかにある），たった一例しか見つからなかったので，予備的な検証として私の研究室でとった2つのデータを再解析した．1つ目に，図 9.1d にある場所を，2.5ヘクタール以下の断片とそれ以上のサイズの断片の2つのグループに分けた．それぞれのグループで正準対応分析 (canonical correspondence analysis: CCA) を行うことで，組成と土壌 pH の関係を調査した（詳細は Velend 2004 を参照）．その結果，組成と pH の関係は，小さい断片よりも大きい断片においてわずかに強かった（pH で説明された組成の変異は，大きい断片と小さい断片においてそれぞれ23%，20%であった）．2つ目に，同じ解析をカナダのバンクーバー島のオークサバンナの43の森林断片で行った (Lilley and Velend 2009)．ここでは，断片サイズの分布にもともとのばらつきが見られ，4ヘクタールより小さい断片と大きい断片がそれぞれ26個と17個あった．予測変数として用いた合成軸には，場所間での気候（寒冷で湿度が高い高標高の場所か，暖かく乾燥した低標高の場所）や，道路の密度の違いが含まれる．結果はやは

り，これらの予測変数が小さいパッチよりも大きいパッチの組成変異をよく説明した（説明された組成の変異は大きいパッチと小さいパッチにおいてそれぞれ29％，21％であった）。ただし，この結果がほかのシステムにおいてどれほど一般的にあてはまるのかはわからない。

予測 5b：群集組成の違いは，調査地間の環境条件の違いとは関係ない。

この予測は，空間的に異なる選択が働いている証拠がない場合に当てはまる。選択が働いておらず，群集の違いを生み出す要因としての種分化を無視できるほど小さい空間・時間スケールの場合，浮動が場所間の群集の違いを生み出す唯一のプロセスになる。

方法 5b：フィールドにおいていくつかプロットを設け，そこでの種組成と，最も選択を引き起こしそうな環境変数を計測する。

結果 5b：予測 1a（第 8 章）で議論したように，種組成は環境要因と何らかの相関を示すことがほとんどである。しかし，Siepielski *et al.* (2010) によると，ルリイトトンボ属のトンボには，アメリカ北東部の 20 の池や湖において，種の相対個体数と環境変数（魚の密度やえさの密度）との間に相関が見られなかった。また，群集組成が多峰型になるという傾向もなかった（予測 4c(3)）。一方，先の 20 個を含む 40 個の池や湖のデータセットでは，弱いながら有意な組成と環境の関係が見つかっている (Siepielski and McPeek 2013)。しかし，全体的な結果としては，群集組成の空間変異は浮動によって説明されうる場合があることを示していた。そのほか，植物生態学者は場所ごとに植物の種組成が大きく異なっていたとしても，その種組成の変異と環境変数の間には明確なつながりが見られないことをしばしば見出している (Shmida and Wilson 1985, Hubbell and Foster 1986)。

上記は示唆的な結果ではあるものの，組成と環境の関係が弱かったり検出できなかったりした場合の原因として，「重要な環境変数を測っていなかった」とか，「群集組成を十分に調査できていなかった」という可能性をつねに考慮しなければならない。Soininen (2014) のメタ解析に含まれた 326 のデータのうち 13 件において，環境変数によって説明できた群集組成の変異はわずか 3％以下であった。しかし，これらの研究 (Beisner *et al.* 2006, Sattler *et al.* 2010, Hájek *et al.* 2011) を詳しく見てみると，環境の効果はないというよりも，その効果が著しく過小評価されている可能性が示唆された。Siepielski *et al.* (2010) のイトトンボの例では，独立した複数の実験的な証拠を得ることで（予測 5e 参照），浮動が調査地間の組成変異を作りだすプロセスとして働きうることを示した。

予測 5c：局所スケールで同所的に出現する種の形質値の分布と，地域の種プールからランダム抽出した場合の分布との間には有意な差はない。

この予測は，予測 1b と予測 2c に代わる第三の予測である。実際，まったく調査地間でランダムではない形質パターンを報告している研究はほとんどない。この理由として，形質と環境と適応度はいつでも因果で結ばれているということも十分ありうるが，いわゆる「お蔵入り問題 (file drawer problem)」[2] もあるだろう (Csada *et al.* 1996)。この予測は説明の完全を期するため（ほかの章との対応をきちんとするため），含めているが，深入りはしない。

予測 5d：競争関係にある 2 種のうちのどちらが勝者となるか（優占することになるか）は予測できない。

どのようなタイプであれ選択が働くということは，初期の種組成と環境条件がまったく同じ群集をいくつも反復して作ると，そのすべての群集は同じ安定平衡状態に向けて同じ時間動態のパターンを示すことを意味する（ただし，その平衡状態はリミットサイクル[3] かもしれないが）。第 8 章で示したように，2 種間での種間相互作用の実験研究では，小さな群集（群集サイズ J が 100 未満の群集）を扱うことが多いが，この場合どちらの種が優占するかというのは，浮動によってランダムに決まりうる。勝者を予測するための唯一の条件は，初期の頻度だろう。つまり，初期に頻度の高かった種ほど浮動によって優占する確率が高くなる（第 5 章，第 6 章を参照）。

方法 5d：2 種や 3 種程度の種数からなり，初期条件がまったく同じ群集を実験的に繰り返し作ることで，時間とともにどのように群集が推移するのかを追跡

---

2)（訳者注）有意でない研究結果は公表されずに研究者の引き出しの中に眠っているだけ。
3)（訳者注）安定状態といってもただ一つの固定点で安定する場合もあれば，メトロノームのように振動しながらも安定する場合もある。このように外から撹乱があっても振動しながら元の振動パターンに戻る，動的であるが安定な状態をリミットサイクルと呼ぶ。

結果5d：Thomas Parkと共同研究者らは，ヒラタコクヌストモドキ（*Tribolium confusum*）とコクヌストモドキ（*T. castaneum*）の古典的な一連の実験で，競争の勝者は温度や湿度条件によっていつも同じように決まることを示した（Park 1954, 1962）。しかし，中程度の温度や湿度条件では，その結末は，彼らの言葉を借りれば「不確定」になり，ある場合はヒラタコクヌストモドキが勝ち，また別の場合はコクヌストモドキが勝つということが起こった（図9.2a）。繰り返しが本当に同じ初期条件だったのかというのは確証を得るのは難しい。中には，実験に用いた個体群の繰り返し間には遺伝的な違いがあって，ランダムに勝者が決まっているようにみえるが実はその背景には決定論的な理由があるのではないかと主張している研究者もいる（Lerner and Dempster 1962）。しかし，遺伝的に変異の乏しいソース個体群を使ってもなお，同じランダムな結果が得られた。さらに，種の初期頻度を高めると，その種が優占する可能性が高まった（Mertz *et al.* 1976）。この事実から，浮動が主要な役割を果たしていると

(a) 異なる環境条件において
コクヌストモドキが勝利
した試行の割合（％）

温度	湿度	
	低い	高い
低い	0	29
中程度	13	86
高い	10	100

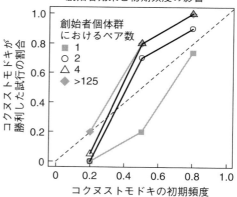

図9.2 コクヌストモドキ（*Tribolium castaneum*）とヒラタコクヌストモドキ（*T. confusum*）の間の不確定な競争。(a) 異なる条件においてコクヌストモドキが優占した実験試行の割合（$N = 28$から30組み合わせあたりの反復数; Park 1954）(b)「勝利する」確率は初期密度と相関しており，遺伝的な創始者効果（初期個体群におけるオス・メスのつがいすなわちペア数）があるにもかかわらず不確定であった。Mertz *et al.* (1976) より。

いえる（図 9.2）。ほかの実験では，短期間の反応（一世代のうちの適応度成分）に焦点を当てているものがある。それらは植物プランクトン (Tilman 1981) からサンゴ礁の魚 (Munday 2004)，サンショウウオ (Fauth *et al.* 1990) までさまざまな分類群で，特定の条件かつ特定の種のペアにおいて，先の Park らの例と同様の「競争の等価性」がみられることを示唆している。重要なことは，これらの研究はいずれも，同じペアでも環境条件によっては選択が働くことや，同じ条件の異なる種のペアでは選択が働くという可能性を除外するものではない。むしろそれを実証しているものもある。しかし彼らの研究は，ある種の相対的なアバンダンスは，環境条件によっては，浮動の働きを通じて変動することを強く示唆している。

予測 5e：同種の密度と他の種の密度は，適応度に等しく影響する。

この予測は，一定選択（少なくともいくつかの種にとっては他種の個体から受ける負の効果の方が同種の個体から受ける効果よりも強い）も負の頻度依存選択（同種の個体から受ける負の効果の方が他種の個体から受ける効果より強い）も働かないことを表している（予測 2a を参照）。

方法 5e：種の相対密度が異なる群集において同種と異種の密度が適応度に与える効果を検証する。

結果 5e：第 8 章では，密度操作を行った数多くの群集研究を概説した。そこでは，一定選択もしくは負の頻度依存選択が働くという事例を強調してきた。一方，適応度もしくは個体群の成長率は，すべての種を通した群集全体の密度に負の影響を受けるとしても，他種の相対密度（つまり頻度）には影響を受けにくいという研究がある。たとえば，前述のルリイトトンボ属のトンボの 2 種に着目した Siepielski *et al.* (2010) は，実験的に群集全体の密度と 2 種の幼虫ヤゴの頻度の両方を操作した。その結果，適応度成分は全体の個体密度に負の影響を受けたが，種ごとの相対個数には反応しなかった（図 9.3）。

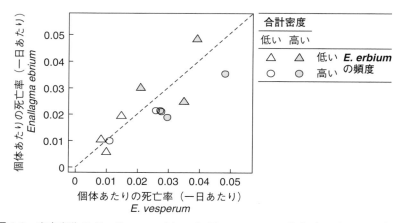

図 9.3 室内実験で *Enallagma erbium* と *E. vesperum* の幼虫（ヤゴ）の死亡率は，各種の相対頻度ではなく，全体の個体密度に強く影響を受けた。この図において，もし相対頻度の影響が強い場合は，丸が三角形よりも，y軸で高い値として現れ，x軸では低い値として現れる。破線は1:1のライン。Siepielski et al. (2010) より。

FAQ：浮動の背景にある低次のプロセスについて

どうして生態学的に等価にみえる種が存在するのか？

　種が十分に似通ってみえて，浮動が顕在化するくらい選択の働きが弱いと思われる時，生物学者は一体全体なぜそのように種が進化したのかと疑問に思うだろう。つまりシンプルに考えるなら，自然選択によって，競争相手を上回るか，競争相手と異なる種が生じるはずである (Rundle and Nosil 2005)。ルリイトトンボの場合，種分化は，資源利用などを通じたほかの種との生態学的な分岐ではなく，ほかの種と適合しないような種特異的なゲニタリア（生殖器）の形態進化を促す性選択によって生じてきたようである (Turgeon et al. 2005)。Hubbell (2001) の中立説は，熱帯林の樹木の驚くべき多様性にインスパイアされて生み出されたが，そのモデルの中には「分散制限があるとき，2種間の種間相互作用が弱まり，最も普遍的な環境条件に対して適応が収束する」，つまり生態的等価性 (Hubbell 2006) が生じやすくなるというものもある。第8章では，種はいかにして異なるかという点に着目した研究を紹介したが，本章で示したように浮動についての研究は，種はいかにして同じかを予測しうる点で，第8章の研究の裏の面を示しているといえる。

9.2 分散

　分散は，一見あまりにも単純なプロセスにみえる．分散自体は，「ある場所から別の場所への生物の動き」以外の何物でもないのだが，その動きのもたらす結末は極めて複雑だ．選択や浮動では，移入がないと仮定すれば分散があるかどうかに言及する必要もなく，一つの場所の群集動態モデルから意味のある予測を生み出すことができる．それに対し，分散は必ず複数の場所間で生じるものであり，分散を考慮した群集レベルのモデルを立てるためには，局所的な選択や浮動を決定するパラメータを同時に特定しておかなければならない．このパラメータの詳細に依存して分散が群集に与える影響は変わるので，複雑なシナリオがいくつも成り立ちうる (Leibold *et al.* 2004, Holyoak *et al.* 2005, Haegeman and Loreau 2014)．それゆえに本節は最初から「分散が重要である」という全般的な前提から始めるのではなく，より具体的な仮説に直接入っていきたい（9.2.1 項参照）．

　分散は，地域スケールにおいて「選択」の背景として働き，高次プロセスであり，また同時に低次プロセスでもあるという興味深い性質をもっている（第5章参照）．分散を高次プロセスとみなすならば，個体の分散の程度がどのように，またどのくらい局所あるいは地域スケールでの群集特性に影響するのかを問うことになる（たとえば Mouquet and Loreau 2003, Cadotte 2006a）．一方，分散能力は種によって異なりうるし，分散能力はほかの形質とも相関することから，分散はほかの形質とともに，さまざまなタイプの選択を生み出す低次プロセスであるともいえる (Lowe and McPeek 2014)．

　これらを考慮すると，分散によって生じうるすべての帰結を網羅的に扱うことは本書の範囲を超えている．よって，本節の構成は以下のようにする．最初に，一般的な仮説とその予測を一つ述べる．それは，分散が群集に与える影響は，局所的な選択や浮動にはほとんど影響されないというものである．この仮説は，分散した繁殖体や個体のうちのいくらかは到達した場所に定着できるという前提のみに基づく（9.2.1 項参照）．次に，仮説と予測の一例を挙げ，分散と選択がどのような相互関係にあるのかについて述べる（9.2.2 項）．最後に，分散が低次プロセスとして，どのように選択に影響するのか，について提起する（9.2.3 項）．

9.2.1 高次のプロセスとしての分散
仮説 6.1：分散によって種の場所占有率が高まり，個体の分布は場所間でより均一になる

　前述の通りこの仮説では，分散によりある場所に到達した個体のうちのいくらかはそこに定着できるという最低限の仮定を置いている。ここで述べる予測は，集団遺伝学モデル (Hartl and Clark 1997) やその生態学版の類似モデル (MacArthur and Wilson 1967, Shmida and Wilson 1985, Hubbell 2001；第 6 章参照) から導かれたもので，その中には選択を仮定しているモデルもあれば，していないモデルもある。また，どのモデルも低から中程度の分散率を想定したものである (Mouquet and Loreau 2003)。非常に高い分散率においてどのような結果になりうるのかを示したモデルは仮説 6.2 で示している。

予測 6.1a：局所種多様性は分散が高くなるほど増加する。

方法 6.1a：移入率（入ってくる方の分散）が異なる場所や，連結性が異なる生息地パッチ（メタ群集）の間で種の多様性を定量化する。移入率の異なる場所は，自然にみられる場所でもよいし，移入率が変化するように実験的に操作した場所でもよい。

　分散を正確に測定することは非常に難しい (Nathan 2001)。そのため，こういった予測は，分散の代わりに移入個体の源となる場所からの調査地の孤立度（あるいは連結度）などを測定することで検証される。分散を直接定量している実験研究も存在する (Simonis and Ellis 2013) が，観察研究の場合はほとんどが分散を直接は測定していない。また実験研究においても，実験ユニット（実験容器やプロット）間をチューブでつないだり回廊を作ったりすることで連結度を操作し，それにより分散が変わるようにしているものが多い。そうすることで，実際に実験ユニットの間で個体を移住させることをせず，分散を操作している。

結果 6.1a：この予測を支持している証拠は複数ある。孤立した海洋島では，孤立していない島や同じ面積の大陸と比べ，植生や動物相が貧弱であることがよく観察されている (Whittaker and Fernandez-Palacios 2007)。たとえば Kalmar and Currie (2006) による世界の 346 の海洋島の解析では，鳥の種多様性を説

明する上で，大陸との間の最近接距離は，島の面積や気候と並び，最も重要な要因の一つであった（図 9.4a）。こうした傾向は以前より見出されており，島嶼生物地理学理論 (MacArthur and Wilson 1967) は，こうした観察結果に着想を得ていた側面がある。また，数平方キロメートルほどの比較的大きなスケールでは，300 万年前のパナマ地峡の形成のような地理的なイベントや，人間が媒介した移動によって，かつて孤立していた場所間で生物の分散が増加し，それに伴い種多様性が上がることがしばしば報告されている (Vermeij 1991, Sax and Gaines 2003, Sax et al. 2007, Helmus et al. 2014, Pinto-Sánchez et al. 2014)。

小さいスケールの研究では，植物群集に対して播種を行うとか，水棲節足動物のミクロコズム間の連結度を高めるといった操作実験が行われている。これらの操作によって多くの場合，種数が増加することが示されている（Cadotte 2006a, Myers and Harms 2009; 図 9.4b, c)。一方で例外的に，効果がなかったとする研究もある (Warren 1996, Shurin 2000, Forbes and Chase 2002)。小さなコケのパッチを細い回廊でつなぎ，そこに生息する微小節足動物を調べることを繰り返し行った研究では，ある年では回廊があることで局所多様性が増加したが (Gilbert et al. 1998, Gonzalez and Chaneton 2002, 図 9.4c 左)，別の年ではそうした傾向が見られなかったことが報告されている (Hoyle and Gilbert 2004)。大きなスケールでの野外実験は珍しいが，その一つの例として Damschen et al. (2006) は，1 ヘクタールの開けた生息地パッチ間を 150 メートル×25 メートルの回廊でつなぐと，孤立した対照区のパッチと比べて植物の種数が増加することを示した（図 9.4c 右）。

予測 6.1b：調査地間の種組成の非類似度（ベータ多様性）は分散が高くなるほど減少する。

方法 6.1b：方法 6.1.a と同様の観察あるいは実験を行い，ベータ多様性を定量化する。この予測は 2 つの方法で検証されてきたがそれらは互いに関係している。1 つ目の方法は，2 つの調査地間の分散はそれらの地理的距離が離れるほど減衰すると仮定し，調査地間の全組み合わせでのベータ多様性と地理的距離を計算することで，両者の間に負の関係があることを検証する方法である。その際，地理的距離と交絡している可能性がある環境類似度は制御しておく（第 8

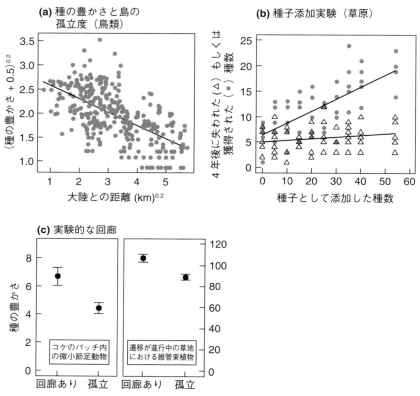

図9.4 種の豊かさが分散によって制限されている証拠。(a) 地球上のあらゆる海洋島において，孤立度は，面積と気候と並んで鳥の種の豊かさを決める重要因子のひとつである。(b) 草原のプロット（1平方メートル）にまだそこにいない種の種子を添加すると，4年後には正味の種数が増え，種数の増加は加えられた種数の関数として表現できる。(c) 岩場のコケのパッチ（20平方センチメートル）や遷移が進行中の草地のパッチ（1ヘクタール）の間を実験的に回廊でつなぐと，微小節足動物や維管束植物の種の豊かさはそれぞれ対照区と比べて増加した。(a)(b) の直線は最小二乗法による回帰直線である。(a) Kalmar and Currie (2006), (b) Tilman (1997), (c) Gonzalez and Chaneton (2002), Damschen *et al.* (2006) より。

章の予測1a参照）。この方法において考慮すべき点は，空間をどのように統計モデルで表すのかという点である。あるタイプの多変量モデルは，場所の x 座標と y 座標を使って，それら x と y の関数のうち群集組成変異の軸を最もよく

説明するものを見つける。これらの関数は，多項式によって表現されることもあるし（たとえば，組成 $= f(x, x^2, x^3, y, y^2, y^3)$），最近では，複数のスケールで現れうる複雑な空間構造を発見するため，異なる周期をもつ正弦曲線 (sine curve) の組み合わせで表現されることもある (Borcard et al. 1992, Borcard and Legendre 2002)。これらは多変量データのもつ空間構造を探索するための素晴らしい方法であるが，データ解析から得られた空間的な「シグナル」と理論的な予測との間には明確なつながりは見出せないことが多い (Gilbert and Bennett 2010, Jacobson and Peres-Neto 2010)。ただし両者の関連を主張する研究も多数ある (Gilbert and Lechowicz 2004, Cottenie 2005, Legendre et al. 2005, Beisner et al. 2006, Logue et al. 2011)。たとえば，もし群集組成が東西を走る 100 メートル周期の正弦曲線から予測できるとする。これは，100 メートル離れた 2 つのプロットは，50 メートル離れたプロットよりも，より種組成が似ていることを意味するが，浮動や分散制限はこうしたパターンを作り出すことはないと思われる。つまり分散が制限されると，距離に応じて組成類似度が単調に減少していくはずであり (Hubbell 2001)，これは直接的に検証できる (Tuomisto and Rukolainen 2006)。

予測を確かめる 2 つ目の方法は，連結度や分散が異なる局所群集のセット（つまりメタ群集全体）の反復を作り，反復間で結果を比較することである。

結果 6.1b：環境と空間のどちらが種組成を決定するのかをメタ解析により調べた例が一つだけある (Cottenie 2005)。この例では空間を特徴づけるために，xy 座標を三次の多項式で表現しており，分散の影響を直接的に検証しているわけではない。同様に，数百ものデータセットを用いて，距離とともにベータ多様性が増加することを示したメタ解析例もある (Nekola and White 1999, Soininen et al. 2007)。しかし，これらの研究では場所間での環境の違いが制御されているわけではないので，分散は説明要因の候補の一つでしかない。それでもなお，環境変数を距離ベースの統計アプローチで制御している事例研究は多い (Tuomisto and Rukolainen 2006)。その中には，類似度は距離とともに減少することを示した研究もある（たとえば Cody 1993, Tuomisto et al. 2003, Barber and Marquis 2010; 図 9.5a）。こうした非類似度と距離の正の関係は，分散能力が低い生物ほど強いという証拠もあり（たとえば，魚とプランクトンの対比などが良い例である; Shurin et al. 2009），空間的に分散が制

限されていることが原因でこうした群集パターンが生じている，という推定に説得力を与えている．

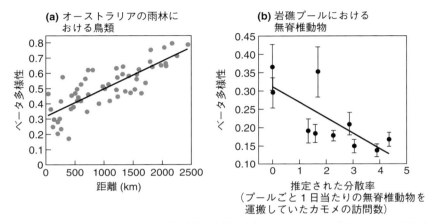

図9.5 距離や分散に伴うベータ多様性の変化．(a) オーストラリア東部の11の雨林プロット（各5ヘクタール）において，鳥群集のベータ多様性（在/不在データに基づくペアワイズ指標）は植生構造などの環境の違いとは相関していなかったが，地理的な距離とは強く相関していた．(b) Simonis and Ellis (2013) はカモメによる無脊椎動物の分散を10個の岩礁プールのメタ群集で推定した．ベータ多様性（Sorensen指数に基づく多変量のばらつき）は分散（推定値）に伴い減少した．(b) の黒丸と線は平均値±標準誤差を示す．直線は最小二乗法による回帰直線である．(a) Cody (1993) (b)Simonis and Ellis (2013) より．

メタ群集の反復間で比較した研究も，この予測を支持している．Cadotte (2006a) のメタ解析に取り上げられた研究のほとんどは，ベータ多様性を報告していないが，水圏ミクロコズム，岩礁プールや池を対象とした研究では，分散率や連結度の増加とともにベータ多様性が減少することを示している（Chase 2003, Kneitel and Miller 2003, Cadotte 2006b, Pedruski and Arnott 2011, Simonis and Ellis 2013; 図9.5b）．ただし，もちろんその結果は，普遍的なものではないと思われる（たとえば，Howeth and Leibold 2010）．

9.2.2 分散と選択の交互作用
仮説 6.2：分散が非常に高いとき，局所群集間での空間的に異なる選択の効果が弱まり，地域全体での一定選択の効果が強くなるため，結果として局所的な多様性が減少する

　この仮説は，分散が選択とどのように交互作用するかについての例を示している。この仮説を取り上げた理由は 2 つある。まず，この仮説が実証的な証拠が特に豊富なタイプの選択を仮定するモデルから生まれたものであること，そして，そのモデルから導かれる予測自体も実証されていることである。たとえば，「集団効果（mass effect; 表 5.1 参照）」を扱ったモデルの中で，Mouquet and Loreau (2003) のモデルは空間的に異なる選択を仮定しており，20 のパッチごとにそれぞれ異なる種が有利になるような状況を想定している。このモデルでは，分散が非常に低いレベルから中程度になると，局所多様性は増加することを予測している（予測 6.1a）。しかし，分散が閾値を超えて上昇すると，局所的な有利性の度合いが場所ごと（つまり種ごと）に異なる場合，局所多様性は低下することが予測された。その閾値とは，ある時点で 30% までの個体があるパッチから出て行き，ほかのパッチに均等に分布される場合である。つまり，分散が非常に大きい場合には，局所的に有利になった種がすべての場所へ一定に分散することで，その種の優位性がメタ群集全体に広がるのである（図 6.9 も参照）。

> **予測 6.2**：局所多様性と分散は単峰型の関係を示す。つまり，分散が中程度の時に多様性が高くなる。

方法 6.2：移入率（入ってくる方の分散）が異なる場所や，連結性が異なる生息地パッチ（メタ群集）の間で種の多様性を定量化する（予測 6.1a と同じ）。

結果 6.2：ミクロコズムや水圏で行われた研究には，この予測を支持しているものもある (Cadotte 2006b, Vanschoenwinkel *et al.* 2013)。動物を対象とした研究どうしを比較したとき，多様性と分散の関係は有意だが弱い単峰型を示した (Cadotte 2006a)。一方植物を対象とした研究どうしを比較した場合には，こうした関係は見られない (Cadotte 2006a)。ここで言及している研究のほとんどは，単峰型よりも分散が増えるにつれて多様性が単調増加するか，も

しくはほとんど反応していないことを見い出している。さらに，単峰型を報告している研究でさえ，ある条件においてのみそうであったと報告している。とはいえ，場所間が連結されているか否かという，2つのレベルの分散条件しかない研究では単峰型を検出することはできないだろう。さらに，分散と多様性の間に正の関係が検出された場合でも，分散が閾値を超えていないならば，「分散と多様性は単峰型の関係を示す」という予測と矛盾するわけではない (Cadotte 2006a)。しかし，分散と多様性の関係が正と負で逆転する閾値，つまり30%という理論的な「転換点 (tipping point)」は値として非常に高いのではないかと疑問に思う読者もいるだろう。実際に，自然界で「別のパッチ」だとはっきりと認識できる場所の間（たとえば池や森林断片，露出している岩）でこれほど頻繁に個体を交換しているものなのだろうか。ミクロコズムでは，分散を高い水準まで操作するのは簡単であるが，それが自然界でも重要なのかは疑問が残る。

9.2.3 低次プロセスとしての分散
仮説 6.3：分散や定着能力は，種によって異なる適応度成分であり，それゆえ (a) 空間的に異なる選択や (b) 負の頻度依存選択のターゲットとなる形質である

この形式の選択は以下のように生じる。(a) 生息地が長期間にわたって孤立しており，互いに大きく異なっているならば，分散形質は空間的に異なる選択のターゲットになる。(b) 分散や定着能力は，競争能力と負の相関を示すことがあり，このトレードオフは地域スケールで負の頻度依存選択を生み出しうる（図 6.10 参照）。後者のアイデアは，「定着と競争の仮説」の基礎となっている (Levins and Culver 1971, Yu and Wilson 2001, Cadotte *et al.* 2006)。

予測 6.3a：種組成と分散形質は，生息地の孤立度に伴い変化する。

方法 6.3a：生息地の孤立度とそれと潜在的に交絡しうる環境変数を測定し，種組成と分散形質を測定する。

結果 6.3a：前述の通り，孤立した島であるほどしばしば生物相が貧弱であるが，こうした島に定着できるのは大陸の種のプールからランダムに選ばれた種というわけではない。たとえば，ハワイやニュージーランドのような孤立した海洋島

に唯一在来する陸棲哺乳類は，コウモリのように飛べるものだけである。また太平洋の孤立した島の森林植物のほとんどは定着するために鳥に運んでもらう必要がある (Carlquist 1967, 1974)。同様に，Kadmon and Pulliam (1993) は，アメリカ南東部の保護区の島では，植物の種組成を岸からの距離で説明できることを示した。Kadmon (1995) はさらに，分散能力が低い種は遠く離れた島には分布しないことを示している（図 9.6a）。農地の中に存在する森林断片で行われた研究では，植物種の平均的な分散能力は，生息地の孤立度に伴って増加するようである (Dzwonko 1993, Jacquemyn et al. 2001, Flinn and Vellend 2005)。同様に，脊椎動物のいくつかのグループを対象としたメタ解析では，生息地占有に対する孤立度の効果は，分散能力に伴って減少する可能性が示されている（Prugh et al. 2008; 図 9.6b）。つまり，孤立度は選択の要因として働きうる。

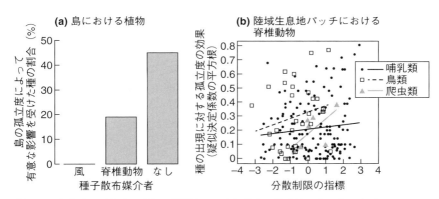

図 9.6 生息地の孤立度は選択に影響する。(a) 淡水の溜め池の中にある島（1 ヘクタール以下）において，長距離分散をする能力（風や脊椎動物に食べられ排出される）をもつ植物は，そうした能力をもつことが知られていない植物と比べて，島の孤立度により分布が制限されにくい。(b) メタ解析によると，生息地の孤立度に対する脊椎動物の応答はかなりばらつき（孤立によって説明される生息地占有率のばらつき），孤立度の影響は分散制限（生息地パッチ間の最大距離とその生物種で記録された最大分散距離の対数比）とともに増加する。直線は最小二乗法による回帰直線である。(a) は Kadmon (1995)，(b) は Prugh et al. (2008) より。

予測 6.3b：同所的に出現する種間では，分散や定着を増加させる形質は，競争能力のようなほかの適応度成分と負の相関関係にある．

方法 6.3b：同所的に出現する種の中で，分散・定着能力や競争能力と関連する形質を測定する．

結果 6.3b：生物の生活史進化は基本的な制約を受けるので，形質間には広く相関関係がみられる．これは形質間のトレードオフを示唆している (Roff 2002)．定着と競争の仮説に関連しては，植物を対象にした研究が多い．植物ではしばしば種子の数とサイズの間にトレードオフが見出される (Harper 1977, Turnbull *et al.* 1999, Leishman 2001；図9.7a)．つまり，小さな種子をたくさん作ると，撹乱を受けた場所に定着する能力が高くなる．一方，大きい種子をもつ植物の実生は，はじめから多くの資源をもっていることから，小さな種子から芽生えた実生よりも速く成長することで競争的に駆逐できる (Rees and Westoby 1997)．競争実験の実証データは，たしかに大きい種子の植物は小さな種子の植物よりも競争に有利であることを示している (Turnbull *et al.* 1999, Freckleton and

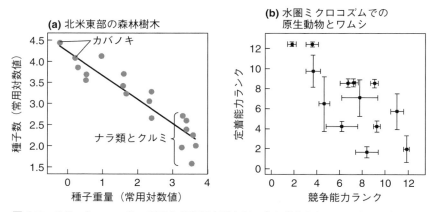

図 9.7 地域スケールの負の頻度依存選択を引き起こすと考えられているトレードオフ．(a) 北米東部の森林樹木における種子サイズと種子数のトレードオフ，(b) 水圏ミクロコズムにおける原生動物とワムシ類の定着能力 (5つの連結されたパッチへの分布拡大速度) と競争能力 (種の総当たりでの競争実験の結果) の間にみられる負の関係．(a) の直線は最小二乗法による回帰直線である．(a) は Greene and Johnson (1994)，(b) は Cadotte *et al.* 2006 より．

Watkinson 2001, Levine and Rees 2002)。同様に，たくさん種子を生産したり，遠くまで分散できる種子を生産したりする種は，撹乱を受けた場所に定着するのに有利になるという (Platt 1975, Yeaton and Bond 1991)。ただし，こうした種子サイズと適応度の関係が検出されていない研究もある (Leishman 2001, Jakobsson and Eriksson 2003)。動物を用いた同様の研究は比較的に珍しい。Cadotte *et al.* (2006) は 13 の原生動物とワムシからなる水圏ミクロコズムを用い，定着と競争能力を実験的に測定することで，両者の間に強い負の相関を見出した（図 9.7b）。まとめると，定着や競争能力に関係していると考えられる形質は，いつもというわけではないが，しばしば負の相関をもつ。

このようにトレードオフがあるという証拠はいくつかの研究で示されているが，一方で，トレードオフと安定的な種の共存とを結びつけている実証的証拠は非常に少ない (Amarasekare 2003, Levine and Murell 2003, Kneitel and Chase 2004)。もちろん，両者の関係を示唆する例もあるにはある (Platt 1975, Rodríguez *et al.* 2007, Yawata *et al.* 2014)。共存の背景にトレードオフの働きがあることについては，多くの研究で間接的な推定をしているが，これらのデータを用いて群集モデルの変数を決めると，共存を説明するのにトレードオフは十分ではないという結果が得られている (Levine and Rees 2002, Clark *et al.* 2004)。それでもなお，多くの場合において，分散が適応度に明確に影響することは，分散に関わる形質が，さまざまなタイプの選択を生じさせうることを示している (Lowe and McPeek 2014)。

FAQ：分散の効果の背景にある低レベルのプロセスについて

分散する距離の分布や方向性はどうなっているのか？

分散者がどの方向に，どのくらい遠くに，どの生息地へ移動するのかという分散の定量化は，多くの研究者が関心を持っており，実証研究の大きな課題の一つである (Nathan 2001, Clobert *et al.* 2012)。多くの場合，植物はとりわけ，分散を行う全個体あるいは散布体のうちのごく一部が平均分散距離よりも遠くへ移動する。この「長距離分散」はさまざまな現象に影響を与えるので（まだほかの種に占有されていない場所に定着することで多様性を増加させたりする），多くの実証・理論研究で焦点が当てられている (Vellend *et al.* 2003, Nathan 2006)。河川のように物理的な環境によって分散の方向性が制限されているシス

テムは多く，その結果分散がもたらす影響はある「トポロジー (topology)」[4]
を示しうる。こうした分散の「トポロジー」もまた極めて大きな関心を集めて
きた (Carrara *et al.* 2012)。

実際の群集はどうメタ群集の枠組みと対応するのか？
　メタ群集の4つの「枠組み」，つまり中立，種選別，集団効果，パッチ動態
(Leibold *et al.* 2004) は，過去10年以上にわたり群集レベルでの分散の影響
についての研究を促してきた。生物群集の理論の用語でいえば，中立は浮動と
分散に関連し，種選別は非常に強い空間的に異なる選択そのものである。集団
効果は選択と分散移入に関連しており，空間的に異なる選択がそれほど強くな
いため，移入によってシンク個体群が成立する状況を指す。パッチ動態は（選
択と浮動による）局所的な絶滅と分散による再移入に関連する。これら4つの
枠組みは，群集のプロセスやパターン，動態そのものと対応しているというよ
りは，空間を考慮した群集モデルを分類する方法を表している。そして，驚く
ことではないが，自然界にみられる多くのシステムは，4つの枠組みの組み合
わせで表現される (Logue *et al.* 2011)。第5章で述べた理由により，私はメ
タ群集の枠組みを用いるよりも，4つの高次プロセスに基づくことで群集モデル
をより平易でわかりやすく概念化できると考えており，その群集モデルと高
次プロセスとの間の概念的な対応はかなりシンプルである（表5.1参照）。

9.3　浮動と分散に関する実証研究のまとめ

　浮動や分散の効果を検証している生態学研究の数は，選択についての研究の
数よりも明らかに少ない。よって，一般的な結論を主張するとしても，そこには
大きな不確実性が伴われる。私の印象を大雑把にまとめたものであるが，個々
の仮説がどの程度支持されているかについて，表9.1に示している。
　浮動については，群集サイズが限定されれば，何らかのランダムな浮動が影響
することは避けられないはずである。しかし，選択がどこでもみられることに

---

[4]（訳者注）あるネットワークの中で要素が元が互いにどのように関連し，配置されているの
かを数学的に示す用語である。たとえば，河川は網目状に張り巡らされたネットワークであ
り，このネットワークの中で，生物にとっての生息地の単位がどの程度空間的に関連がある
のかを示すのに用いる。また，食物網は，生物の間の食う–食われる関係をネットワークで
表す繋がり方を示すのに用いられる概念である。

9.3 浮動と分散に関する実証研究のまとめ

比べると，浮動の影響は取るに足らないものであるように思える．最も説得力のある実証例を振り返ると，浮動はある特別な状況下で重要な役割を果たすと考えられる．たとえば，北米東部のイトトンボのように (Turgeon *et al.* 2005)，種分化が性選択によって生じており，種間で生態学的な分化がほとんど起こらなかったのならば，ともに出現する種は互いに浮動の影響を受けやすいだろう (Siepielski *et al.* 2010)．もし，最もパフォーマンスが高くなる環境条件に応じて種が分化しているならば，コクヌストモドキの例 (Park 1954, 1962, Mertz *et al.* 1976) のように，中程度の環境条件において選択の効果が弱い場合に，浮動の果たす役割は最も大きくなるだろう．アルファ多様性やベータ多様性のパターンが島やパッチのサイズと関連しているということから，群集動態において浮動が一定の役割を果たしていると解釈できるが，ただし群集サイズそのものの影響を実験的に調べた研究（つまりほかの要因の影響を除いた研究）は極端に少ない．まとめると，選択の働きに比べると浮動の影響はとても小さいと感じられるが，一定の条件下において浮動は重要であり種数–面積関係など広くみられる群集パターンにもある程度貢献しているのである．

分散が群集動態と構造に影響を与えることは，実証的に証明されている．しかし理論モデルは，分散と選択が交互作用する方法には無数のパターンあることを指摘しており (Mouquet and Loreau 2003, Leibold *et al.* 2004, Holyoak *et al.* 2005, Haegman and Loreau 2014)，仮説・予測・実証的証拠を簡潔に取り扱うことは非常に難しい．本章で紹介した仮説や予測に関していうと，局所的な多様性はしばしば分散によって制限されており，通常は移入が増えるほど局所多様性が増える．また，分散は生息地間の種組成を均質化するが，この結果の一般性を精査するためのデータはほとんどない．分散と選択の交互作用についてのモデル（たとえば Mouquet and Loreau 2003）は何度か検証されてきたが，その検証結果は研究ごとに非常に異なっていた．最後に，分散は選択の背景にあるという点で低次プロセスとしての性質ももつ．これまで重要と考えられる形質間のトレードオフ（種子サイズと種子数など）について広く観察が行われてきたため，他種共存における定着と競争の仮説 (Levins and Culver 1971) は依然支持されている．しかし，こうした形質間の相関が実際に群集レベルでどのような影響をもつのかはよくわかっていない．

第 9 章　実証的証拠：生態的浮動と分散

表 9.1　浮動と分散の重要性についての仮説・予測とそれに関連する実証的証拠，困難と欠点についてのまとめ

	仮説と予測	実証研究による支持	困難と欠点
仮説 5	生態的浮動	多くの説得力のある例がある。ただし，代替的な説明もしばしば可能である。	
予測 5a (1)	小さい群集サイズ＝低いアルファ多様性	小さい群集ではほとんどの場合種数が少ない。	操作実験でさえも群集サイズがほかの要因と交絡している（環境異質性やエッジ効果[5]など）。
予測 5a (2)	小さい群集サイズ＝高いベータ多様性	小さい群集はしばしば高いベータ多様性を示す。	群集サイズがほかの要因と交絡している。
予測 5a (3)	小さい群集サイズ＝群集組成と環境の関係性が弱い	ほとんど検証例なし。予備的な解析では支持する結果もある。	群集サイズがほかの要因と交絡している。
予測 5b	群集組成と環境の間の関係性はない	ほとんど検証例なし（ゼロではない）。	重要な環境要因が測定されていない。
予測 5c	局所的な形質分布が地域のプールからみてランダムである	私の知る限り検証例は存在しない。	（もし支持する結果があるならば）重要な形質が測定されていない。
予測 5d	競争の結末が予測不可能	いくつか説得力のある事例がある。多くは特定の条件で適応度が等しくなっていることを示唆。	実験室における均質な環境と小さな群集サイズで行った実験結果は野外に適用できない。
予測 5e	種内と種間の密度依存性が等しい	ほとんど検証例ないが（ゼロではない）説得力のある結果あり。	ほとんどの場合，限られた適応度成分のみが測定されている。ほかの適応度成分では異なる結果になる可能性。

---

[5]（訳者注）生物の生息地には、中心部もあればその縁（エッジ）もある。エッジにはエッジ特有の環境があり、それは中心部とは異なる。そのため、実験やシミュレーションの研究において実験区画を設定する場合、実験区画の中心とエッジでは処理の効果が変わることがあり、一般にそうした生態的影響をまとめてエッジ効果と呼ぶ。

9.3 浮動と分散に関する実証研究のまとめ

表 9.1 つづき

	仮説と予測	実証研究による支持	困難と欠点
仮説 6.1	分散によって場所をまたいで種が広がる	広く支持する証拠が得られている。	
予測 6.1a	分散が増えるとアルファ多様性が増加する	いくつかの証拠で強く支持されているが，例外もある。	分散が直接測定されることはほとんどない。代替指標がほかの要因と交絡している。
予測 6.1b	分散が増えるとベータ多様性が減少する	数多くの説得力ある証拠。ただし膨大な検証例があるわけではない。	分散の文脈で「空間」の効果が誤って解釈される。
仮説 6.2	分散が非常に高くなると地域全体での一定選択が強くなる	適切な検証例はほとんどない。	
予測 6.2	単峰型の多様性と分散の関係性	いくつかの証拠で強く支持されているが，単調増加の関係性を示す例の方が多い。	分散効果の正負が逆転する理論的な閾値が自然界でみられる分散よりも高い。
仮説 6.3	分散は選択のターゲットになる形質である	種間での分散能力の違いが適応度の違いを生み出しうる。	
予測 6.3a	分散と形質組成は生息地の孤立度とともに変わる	いくつかの証拠で強く支持されているが，関係性はみられないとする研究もある。	多くの研究が種レベルでの結果のみを報告している。群集レベルでの影響を直接報告した例がない。
予測 6.3b	競争–定着トレードオフ。地域スケールでの負の頻度依存選択を引き起こしうる	形質間のトレードオフを示唆する例はあるが，選択の結末は明らかでない。	競争–定着トレードオフ理論は直感的にわかりやすいが，堅実な実証的証拠が少ない。

第 10 章
実証的証拠：種分化

10.1 種分化，種プール，スケール

　局所スケールで行われた生物群集の実証研究のほとんどは，地域の種プール（供給源）を「当たり前の前提」として捉えている。したがって，選択や浮動，分散が局所群集の群集パターンや動態に与える影響を研究する際に，その地域種プールの組成や多様性はあえて考慮しなくてもよいとされている。時折，局所的に迅速な種分化（たとえば倍数進化など）が生じうるとはいえ，これは合理的な前提に思える。しかし，熱帯と温帯を比較するというように，地域全体のレベルで解析を行う場合，この仮定を置くことはできない。この場合，地域の種プールこそが実質的に知りたい群集そのものとなり，観察されたパターンの背後にあるプロセスの候補として，種分化を考慮しなければならない。このような大きなスケールでは，移入だけでなく種分化を通じて，種は群集に加入する (Ricklefs 1987, McKinney and Drake 1998, Magurran and May 1999, Losos and Parent 2009)。第 5 章で述べた点（図 4.2 も参照）の言い換えになるが，たとえ多くの研究において，絶滅が独立したプロセスとして測定されているとしても，生物群集の理論では，絶滅を独立のプロセスとしてではなく，選択や浮動の結果の一つとして扱うこととする。

　第 3 章や第 5 章で議論したように，局所的なスケールであっても，種分化は群集レベルのパターンを説明する上で鍵となる要素である。これは特に種多様性のパターンを説明する場合にあてはまるだろう。というのも，生産性が高い場所など特定の環境条件において多様性は，その場所での選択や浮動よりも，その環境条件で生き延びることができるように進化した種の数によって制限される可能性があるためである。群集組成と環境の間に関係があるということは，空間的に異なる選択が働いていることを示すが（第 8 章），一方で種多様性と環

境の間に関係があったとしても，それだけではどのようなプロセスが働いているのかは分からないだろう。この関係はおそらく，選択の形式や強度が環境条件によって異なる場合にも生じるだろうし，もしくはその地域の種プールにおいて非生物的な環境ごとにそれに適応している種の数が異なる場合にも生じるだろう (Ricklefs 1987, Taylor et al. 1990, Zobel 1997)。言い換えれば，局所的なパターンの説明は，地域スケールのパターンの中に見出される可能性があり，その地域スケールのパターン説明をするためには選択や浮動，分散に加えて種分化も考慮しなくてはならないのである。

これまでの議論を踏まえ，本章では主に，かなり大きなスケールにおける群集動態やパターン，あるいは大きなスケールと小さいスケールのプロセスをつなげるような実証研究を取り扱う。というのも，本書で示している4つのプロセスの枠組みを用いることで，大きなスケールの群集生態学（マクロ生態学）と小さいスケールの群集生態学（ミクロ生態学）を概念的にうまくつなぐことができると考えている (Box 10.1)。本章で示している仮説や予測は，種組成よりも，種多様性を説明することに焦点を当てている。たとえば，非常に類似した環境であっても陸地ごとに異なる種が生まれ，それによって大きなスケールにおける組成の変異（ベータ多様性）を増加させるのであれば，種分化は種組成に影響する。しかし，これは18世紀の自然史家によって明らかにされており，「ブッフォンの法則 (Buffon's law)」としてすでに知られているため (Lomolino et al. 2010)，ここではさらに追求することはしない。

Box 10.1
ミクロ生態学とマクロ生態学をつなぐ4つの高次プロセス

過去20年間において，群集レベルの研究に空間スケールを統合する波が急激に高まってきた (Ricklefs and Schluter 1993a, Leibold et al. 2004, Wiens and Donogue 2004, Logue et al. 2011)。にも関わらず，小さなスケールの研究（地域の森林の植生プロットや池などで実施される）と大きなスケールの研究（大陸をまたぐようなもの）は，傾向として，それぞれかたくなに独自の枠組みを採用し続けているようにみえる。つまり，小さなスケールの研究では，競争や環境ストレス，撹乱，分散などに言及し，一方で大きなスケールの研究では種分化や絶滅，分散や気候による制約などについて議論する。分散は，明らかにスケールをまたぐ重

要なリンクであり (Leibold *et al.* 2004)，本書の枠組みを用いることで，より有効で包括的にスケールをつなぐことができるようになると考えている．特に，これまでの章で述べた通り，競争や撹乱といった「局所的なプロセス」を持ち出すということは，根本的には，さまざまなタイプの選択，そして時に浮動を持ち出すことである．一方，地域スケールでは，局所スケールで引き合いに出されるような特定の要因ではなく，「多様性を制限する生態学的要因」などの問題に言及する．しかし，両者は本質的に同じことを語っている．すなわち，選択であり，そして，おそらく加えて浮動であろう．最後に，分散と種分化は，新しい種の供給源として，分散は小さいスケールで，種分化は大きいスケールにおいてそれぞれ最も重要であるかもしれない（図 B.10.1）．しかし実際には，両者はどんなスケールでも潜在的に重要でありうるし，その相対的重要性はスケールとともに，連続的に変化するだろう (Rosenzweig 1995, Gillespie 2004, Rosindell and Phillimore 2011, Wagner *et al.* 2014)．種多様性に関しては，2 つの主要な議論がある．1 つ目は「局所多様性を決定するのは局所的な要因なのか地域的な因子なのかという議論」(Ricklefs 1987) で，2 つ目は，「地域多様性を制限しているのは進化的な要因なのか生態的な要因なのかという議論」(Wiens 2011, Rabosky 2013) である．これらは一見すると大きく異なるものを扱っているようにもみえる．しかし本書で示した枠組みを用いることで，これら 2 つの議論を非常に類似した用語で理解することができる．つまり，両方のケースにおいて鍵となる問いは，多様性が加入（局所スケールでは分散であり，地域スケールでは種分化である（図 B.10.1））の速度によって制限されているか，それとも，選択と浮動による制約によって制限されているのか，に尽きる．

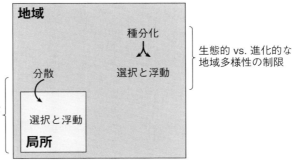

図 B.10.1 本書で示している 4 つのプロセスの枠組みの適用．局所多様性と地域多様性の主要な制御要因についての議論は，概念的には非常に似ている．

10.2 実証研究の実際，種分化 = 種分化 + 持続

地域スケールのような大きいスケールにおける群集パターンを考えるうえでは，選択と浮動が，地域の多様性を制限する重要なプロセスである可能性が示されている (Ricklefs and Schluter 1993a, Gaston and Blackburn 2000, Rabosky 2013)。しかし，これらは比較的おおざっぱに取り扱われているのが現状である。マクロ生態学の概念的な出発点は，以下の式のようなものであり（第4章も参照），選択や浮動の様式やそれらの背景にある低次プロセスに言及することではない。

$$S_t = S_0 + (種分化 - 絶滅 + 移入) \times 時間$$

この方程式では，S_t は時刻 t における種の数，S_0 はある過去の時点における種の数である。種分化（「起源 (origination)」と記述されることもある），絶滅，移入はすべて速度（率）であり，選択と浮動はこれらの率を変化させうる要因として議論に入ってくる。この方程式では，時間は必ずしも明示的に扱われるものではないが，実証研究の中には特に時間に注目しているものもあるので，ここでは方程式に含めることにした。

種分化は，新しい種の供給源である点で，分散と同様に群集に影響する。しかし，種分化を定量化するために用いられるデータの性質は，分散とは大きく異なる。原則的には，分散そのもの（つまり，場所間の個体の動き）は定着（分散者が新しい場所に定着成功すること）とは独立に推定することができる（実際問題として，推定は間接的な方法で行われることが多いにしても）。一方，種分化率を推定する最も一般的な方法は化石データや分子系統樹であるが，これらの方法では絶滅してしまった種，つまり短期間しか存続しなかった種や初期の種が観察されることはほとんどない (Stanley 1979, Rosindell *et al.* 2010, Rosenblum *et al.* 2012)。よって，種分化は，現在検出することができる限られた種からしか加入率を推定できない。この点では，種分化は分散よりも定着の方に似た性質をもつといえる。一方，系統学的データを用いることで，かなり平易な方法で，種あたりの多様化率（種分化率から絶滅率を差し引いた値）を推定できる。しかし，種分化や絶滅について解析するためには検証困難な前提を置く必要があり，化石データを用いたとしてもこの問題からは完全には逃れられない (Alroy 2008, Gillman *et al.* 2011, Rull 2013)。そのため，読者は

以下の 2 点を念頭に置いておく必要がある。まず，文献などに示されている種分化率は，過小評価されている可能性が高いこと。そして，本章で言及する文献の結論の中には，前提を変えると解析結論が変わってしまうような不確かさが残っているものもあり（たとえば，Gillman *et al.* 2011, Rabosky 2012），結果の頑健性については議論の余地があること。私は，こうした方法論の問題の専門家ではないので，次節以降では，これを詳しく扱うことはしない。より深く学びたい読者は，引用文献や関連文献を参照されたい。

10.3 種分化が群集パターンに与える影響

群集生態学において種分化を直接的に研究することは難しい。そのためここからは，次の構成をとる。はじめに，種分化率もしくは「種分化が生じるための時間」が，さまざまなスケールでの種の豊かさの空間パターンを決める重要な因子であるという仮説を取り上げる（10.4 節参照）。この仮説は種分化が群集に与える影響を直接的に示すものである。続いて 10.5 節では，種プール仮説（第 3 章と第 6 章も参照）について議論する。地域種プールの多様性は局所スケールの多様性パターンに影響を与えるので，ここでは地域種プールを決定する要因の一つとして，間接的にではあるが種分化を扱う。

10.4 仮説 7.1：種多様性の空間変異は種分化率の違いによって形成される

分散について述べた時と同様に，一般原則として「種分化は重要である」といった仮説を主張することはしない。なぜなら，ほかの条件がすべて等しいとき，種分化は大きなスケールでの多様性を決定するうえで重要な要因でなければならないからである。しかし，もし分散や選択，（移入や絶滅を通じて）浮動が計り知れないほど重要であるならば，種分化率は，種多様性パターンの重要な予測因子にならないこともある。たとえば，地理的な隔離が生じると，地域種プールを生成する上での種分化の役割は大きくなるだろう。そして同時に分散が制限されることで多様性は減るが，その効果は種分化の効果よりも卓越するだろう (Desjardins-Proulx and Gravel 2012)。

本節では仮説 7.1 から導かれる 4 つの予測（a から d）を示す。まず，多く

の研究は，種分化率が（種多様性そのものよりも）種多様性の予測因子（緯度など）に伴って変化するかどうかを問うことで，間接的にこの仮説を検証しようとしてきた（予測 7.1a, 予測 7.1b）。これは種多様性と種分化率を測定するスケールを合致させることが難しいためである（つまり，種分化を特定の場所と結びつけることは滅多にできない）。種分化率が種多様性の空間的パターンと連動して変わるのならば，両者の間に何らかの因果関係がありそうである。ほかの研究では，一般的なパターンに対する例外や，地理的には異なるが生態学的には非常に似ている生息地の間の種多様性の違いを説明するための要因として種分化率を検証したり（予測 7.1c），もしくは，種分化率よりも特定の環境条件下で種分化が多様性を向上させたであろう期間に特に着目したりする（予測 7.1d）。

予測 7.1a：種分化率は島や生息地の面積に伴い増加する。

方法 7.1a：対象とする生物群について，種分化が生じている島を複数選び，種多様性と面積と種分化率を調べる。

結果 7.1a：種数–面積関係を調べる際，種多様性は，種分化率の違いが影響しないような状況や場所で測定されることが多い（たとえば隣接する森林断片の植物や，かつて氷河に覆われていた淡水の湖に浮かぶ島々の哺乳類; Lomolino 1982, Vellend 2004）。このような状況や場所では，種の加入源として分散が重要になるだろう。対照的に，海洋島では，現地での種分化が多様性の重要な源泉になりうる。たとえば，Losos an Schulter (2000) はカリブ海の島々に棲むアノールトカゲについて，種数–面積関係がみられること，そしてこの関係は主には大きな島での種分化率の増加によって引き起こされていることを示した。分子系統解析によると，3000 平方キロメートル以下の島では，種分化により生じた先住種はいなかった。一方，より大きな面積をもつ 4 つの島では，種多様性が高く，そのほとんどが現地での種分化によって生じた種であった。さらに，全種中に占める種分化で生じた種の割合は島の面積に伴って増加していた（図 10.1a, b）。同様の結果はガラパゴス諸島のマイマイ（*Bulimulus*）でも知られている (Parent and Crespi 2006, Losos and Parent 2009)。また，Wagner *et al.* (2014) によると，アフリカの湖のシクリッドは，その場での種分化によって生み出された種の割合は，湖の面積には影響を受けなかったが，種分化で生ま

10.4 仮説 7.1：種多様性の空間変異は種分化率の違いによって形成される | 197

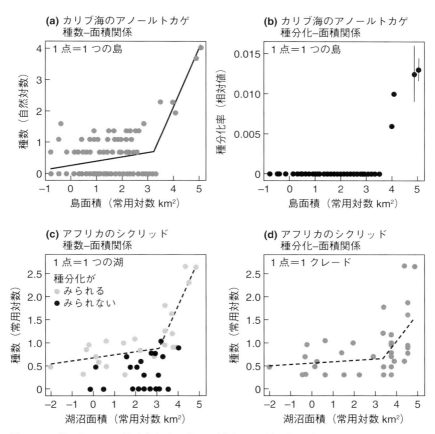

図 10.1 種の豊かさ・種分化と島や湖の面積との関係。(a, b) Losos and Schulter (2000) からの *Anolis* 属のトカゲについてのデータ。(b) エラーバーは，祖先種の出現についてさまざまな系統地理再構築法によって推定された値の範囲を示す。(c, d) アフリカの湖のシクリッドについての Wagner *et al.* (2014) のデータ。クレード自体の齢とそこに含まれる種の豊かさの間には有意な相関関係はなかった。そのため (d) にみられる関係は多様化率によって主に決定されている。すべての直線は折れ線回帰分析による。(c) については回帰直線は種分化率が見られた湖についてのみ示されている（種分化が見られなかった湖では有意な関係は検出されていない）。

れた種の数は,面積とともに急激に上昇していた。その結果,種が分散によってのみ到達する場合と比べて,急峻な種数–面積関係が形成された(図 10.1c, d)。

> **予測 7.1b**:種分化速度は,高緯度地域よりも熱帯において高い。

方法 7.1b:緯度による多様性の勾配が知られている生物群において,異なる緯度での種分化率を推定する。

結果 7.1b:多くの生物群において,熱帯から極地に向けて種多様性が減少するというパターンは,何世紀にもわたり生物学者を魅了してきた。熱帯ほど多様化率が高いことは,系統学的な研究によって広く支持されている (Mittelbach *et al.* 2007)。しかし,この多様化率に種分化と絶滅がそれぞれどのくらい貢献しているのかは必ずしも定量されているわけではない。緯度が上がるにつれて種分化率が減少することを示した研究例として,プランクトン性の有孔虫の化石データ (Allen *et al.* 2006; 図 10.2a) や海産二枚貝データ (Jablonski *et al.* 2006, Krug *et al.* 2009; 図 10.2b) を分析したもの,そして地球規模での両生類の系統 (Pyron and Wiens 2013) や哺乳類の系統 (Rolland *et al.* 2014) を解析したものがある。しかし,新世界の哺乳類と鳥類を対象とした研究では,温

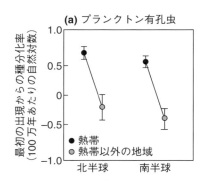
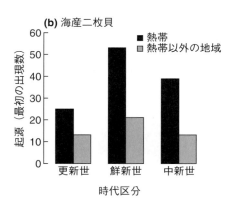

図 10.2 熱帯とそれ以外の地域における種分化率もしくは(属の)発生率。これらの値は (a) 過去 3000 万年でのプランクトン有孔虫の化石と,(b) 異なる地質区分における海洋二枚貝化石について,それぞれある分類群の化石が最初に記録された時代の情報から推定された。(a) のエラーバーは 95%信頼区間を示す。(a) Allen *et al.* (2006) と (b) Jablonski *et al.* (2006) より。

10.4 仮説 7.1：種多様性の空間変異は種分化率の違いによって形成される | 199

帯域よりも熱帯域において種分化率が低いことが示されており，多様性の緯度勾配は高緯度地域における絶滅率の急速な増加によって説明されている (Weir and Schluter 2007, Pyron 2014)。ただし，熱帯では分子進化[1]が速いため，姉妹種が分岐してからの時間が実際よりも長く見積もられている可能性があるとして，温帯域よりも熱帯域において種分化率が低い結果に疑問を投げかける研究者もいる (Gillman *et al.* 2011)。

> **予測 7.1c**： 種多様性には一見，変則的なパターンも知られている。たとえば，緯度勾配の例外や，あるいは空間的に離れていている生息地間において，環境が似ているのにも関わらず種数が大きく異なる場合である。こうした変則的なパターンは，種分化率の変異と関連づけられる。

方法 7.1c：変則的な多様性がみられる場合，それらの地域で種分化率を測定する。

結果 7.1c：ある大きなクレード（系統群）[2]について，緯度に伴い種多様性が減少することがはっきりと示されている場合でも，その中に含まれるサブクレードには，多様性が熱帯以外の場所でピークになるように，例外的なパターンを示すものもある。たとえば，熱帯の外で多様性のピークをもつ海産二枚貝のサブクレードでは，高緯度地域ほど種分化率が高くなることが示されている (Krug *et al.* 2007)。また，同じような環境であるにも関わらず離れた地域間では種多様性が大きく異なるという事例は，多数知られている (Schluter and Ricklefs 1993)。しかし，こうしたケースにおいて系統学的な解析が行われることはほとんどない。Ricklefs *et al.* (2006) は，マングローブの植物についての解析を行い，東半球（ユーラシア・アフリカ・オセアニアなど）では多様性・種分化率ともに高く，逆に西半球（アメリカ大陸）では多様性・種分化率ともに低いことを報告している。

> **予測 7.1d**： 種多様性の空間変異は，その生物グループがそれぞれの地域や場所に最初に定着してから経過した時間の長さと相関する。

---

[1]（訳者注）世代とともに DNA（塩基配列）の配列構成が変化すること。集団遺伝学の重要な原理の一つ。
[2]（訳者注）共通の祖先から進化した生物群のこと。

方法 7.1d：種多様性の空間変異を調べ，その生物がそれぞれの地域や場所に最初に定着してから経過した時間を推定する。定着してからの時間を推定するには，現存種の共通祖先の生息地タイプを復元し，これらの「形質状態 (character states)」を系統解析に用いることになる (Wiens *et al.* 2007)。

結果 7.1d：この予測の検証は，John Wiens らのグループによって精力的に進められている（Wiens 2011 の総説を参照）。これまで，北米のさまざまな地域のヌマガメ科のカメ (Stephens and Wiens 2003)，熱帯と温帯の樹上性カエル (Wiens *et al.* 2011)，熱帯のさまざまな標高（Wiens *et al.* 2007; 図 10.3a）や気候条件（Kozak and Wiens 2012; 図 10.3b）におけるプレソドン科のサンショウウオにおいて予測を支持する結果が得られている。これらの結果は，種分化が生じる時間の長さが現在の種多様性パターンの重要な決定要因になりうることの確たる証拠といえる (Hawkins *et al.* 2007)。ただし，これらの研究では過度に単純な統計手法を用いており，多様性を制限する上で地域での選択や浮動の重要性を十分に評価できていない可能性があることが指摘されている (Rabosky 2012)。

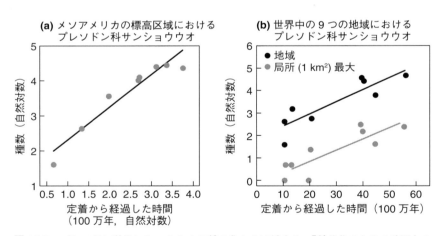

図 10.3 プレソドン科サンショウウオの種の豊かさに対する，「種分化のための時間」の効果。(a) メソアメリカの 500 メートルにわたる標高区域，(b) 世界中の異なる地域について。直線は最小二乗法による回帰直線。(a) Wiens *et al.* (2007) と，(b) Kozak and Wiens (2012) より。

10.5　仮説 7.2：局所多様性は，局所的な選択や浮動ではなく，結局のところ種分化のような地域多様性を決定づけるプロセスによって決定される

　生産性や気候，ストレスなど，種多様性が変化するような環境勾配を想像してみよう。種数が多い環境もあれば，少ない環境もあるのはなぜだろう。こうした種多様性の問題により真剣に取り組むよう Hutchinson (1959) が生態学者を触発してから，今日までの数十年の間に多くの研究が行われてきた。しかし，その大部分は，「ある場所に多くの種が存在するのは，そこに存在できるからであって，そこで多くの種が生まれたからではない」という仮定に基づいている (Allmon et al. 1998)。この仮定に基づくと，中程度の生産性で局所多様性が最大化する場合は，中程度の生産性の場所では一定選択が最も弱く，そして負の頻度依存選択は最も強く働いているということになる。その場合，地域の種プールに含まれる種のうちどれくらいの種がどの生産性の環境に適応しているのかとは無関係に，このパターンが生まれるだろう。これに対して，どこに行ってもいつの時代でも中程度の生産性の場所が優占していたため，そうした環境に適応した種が増えるのに十分な空間の広大さと時間の長さがあったのかもしれない。後者は，「種プール仮説」と呼ばれ (Taylor et al. 1990, Zobel 1997)，種分化に対する言及は間接的であるものの，群集生態学における概念モデルと実証研究の両者に種分化を組み込むための主要な仮説の一つである。

　種プール仮説は，先に述べた「種分化のための時間」仮説[3]と密接に関連しており，「多様化のための時間と空間」仮説とでも言い表すことができる。この仮説は概念的には非常にわかりやすいが，検証することは困難である。その理由として，「種プール」を定義することの難しさがある (Carstensen et al. 2013, Cornell and Harrison 2014)。たとえば，種プールを代表する最も適切な空間スケールを決めるにはどうしたらよいのだろうか。つまり，その種がある場所に到達できたかどうかという空間的な観点だけでよいのか，それともその種が到達した後局所的な非生物環境に耐え，そこに定着できるかという種ごとの環境耐性をも組み込むべきだろうか。これらの問題に対する統一見解はない。これらの問題は多くの研究で焦点が当てられているので (Zobel 1997, Srivastava

---

[3]（訳者注）予測 7.1d のこと。

1999, Carstensen *et al.* 2013, Cornell and Harrison 2014)．ここでは深く掘り下げない。

> **予測 7.2a**：局所的な種多様性は，地域の多様性が増えるほど線形に増加する。

方法 7.2a：多数の地域や生息地タイプについて，局所的な種の豊かさと地域全体での種の豊かさを推定する。可能であれば，地域多様性と交絡する要因のうち，局所多様性を決定する可能性のある要因も推定しておく。

結果 7.2a：この予測については膨大な文献がある。その大部分では，局所−地域多様性関係が単に正の関係なのかということでなく，「飽和」するのかどうかに焦点が当てられている（図 3.4b 参照）。局所多様性は地域多様性を上回ることは定義上ありえないので，2 つの量は統計的に独立でない（たとえば，局所的に種がまったくいなければ，地域の種もゼロである）。研究者はたいてい，原点付近での関係はつねに正のはずだからという理由で無視し（Cornell and Harrison 2014），地域多様性の増加に伴い，局所多様性がある定数で頭打ちになるかどうかに着目してきた。もし，地域多様性が大きな値を取っても局所多様性が増加し続け，特にその関係が線形であるならば，局所多様性は地域多様性によって決定づけられると結論できる（Cornell 1985）。ただし，この単純な論理と使われる統計モデルは度々批判されてきた背景もある（Srivastava 1999, Shurin and Srivastava 2005, Szava-Kovatz *et al.* 2013, Cornell and Harrison 2014）。

この予測をいち早く検証した研究は 2 つある。一方の研究では，西インド諸島の鳥類（Terborgh and Faaborg 1980；図 10.4a）について飽和するパターンを見出している。しかしもう一方の研究では，さまざまなナラ・カシ類に虫こぶを形成するハチ類（Cornell 1985；図 10.4b）について飽和する傾向は見出されていない。これ以降に数十の研究が行われており，その総説やメタ解析から得られた結論は，飽和ではなく線形の関係が最も頻繁に観察されるパターンだということである（Caley and Schluter 1997, Lawton 1999, Shurin and Srivastava 2005）。一方最近の研究では，2 つのスケールにおける種の豊かさの統計的非独立性をより明示的に扱うことで，飽和しているパターンも飽和していないパターンも同程度に観察されており，これまでの多くの検証は決定打に欠けていると結論している（Szava-Kovats *et al.* 2013）。どちらにしろ，局

10.5 仮説 7.2：局所多様性は，局所的な選択や浮動ではなく，結局のところ種分化のような地域多様性を決定づけるプロセスによって決定される

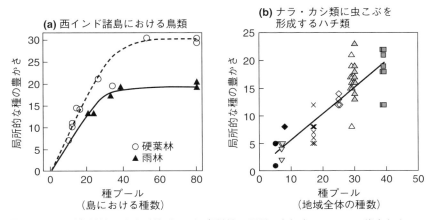

図 10.4 局所多様性と地域（種プール）多様性の関係。(a) 大アンティル諸島と小アンティル諸島における繁殖している陸生鳥類。個々の島において 2 タイプの生息地（y 軸，硬葉林と雨林）で観察された結果。(b) ナラ・カシ類に虫こぶを形成するタマバチ科のハチ類。特定のナラ・カシ類にみられる種数（y 軸）とナラ・カシ類全体でみられる種数（x 軸）。(b) では，記号ごとに異なるナラ・カシの種類を示し，重複しているデータ点については横にずらして表示している。(a) の直線は元文献において推定されたもの（推定方法は不明）で，(b) は最小二乗法による回帰直線である。(a) Terborgh and Faaborg (1980), (b) Cornell (1985) より。

所多様性はしばしば（少なくとも半分の検証事例で）地域多様性と線形に関連し，この予測をかなり強く支持しているといえる。

地域多様性を用いて局所多様性を予測する解析をするだけでなく，地域多様性と潜在的に交絡する環境変数や，種分化の時間や空間と関係する環境変数を解析している研究がある。Jetz and Fine (2012) は，世界の生物区（いろいろな大陸での生物相）における脊椎動物のデータを解析することで，現在の種の豊かさを説明する上では，現在の生物区の面積よりも，過去 5500 万年にわたる面積の変化を考慮した時の方が予測能力が高いことを示した。植物の研究 (Pärtel and Zobel 1999, Harrison *et al.* 2006, Grace *et al.* 2011, Laliberté *et al.* 2014) や鳥類の研究 (White and Hurlbert 2010) では，複数の環境予測変数を含めて解析を行うことで，局所多様性に対する地域多様性の独立な影響を示しているものもある。これらの結果は全般的に，局所スケールの種の豊かさは種分化などの地域の種プールを形成するプロセスによって強く影響されること

を示している。

> **予測 7.2b**：局所多様性と環境の関係の方向性は，地域環境の成り立ちの歴史に基づいて予測でき，その地域でより長期間にわたって優占してきた環境条件のもとで局所多様性が最大化する。

方法 7.2b：地域ごとに環境の歴史が異なる条件をもつ複数の場所において，種多様性と環境条件を定量化する。

結果 7.2b：この予測を検証するためには，膨大なデータ量が必要になる。そのため，関連研究はわずかしかない。科学的な証拠は乏しいが，パタゴニアでは局所的な鳥類の多様性と葉群階層多様度 (foliage height diversity，葉の高さのばらつき) の間に負の関係がみられるが (Ralph 1985)，北米（図 8.5 参照）とオーストラリアでは正の関係が報告されている (Recher 1969)。この説明として，パタゴニアの植生タイプ（ナンキョクブナ林）においては，葉群階層多様度が高い環境が珍しいため，高い葉群階層に適した種が種プールに蓄積するのに十分な時間や空間がなかったということができるかもしれない (Ralph 1985, Schluter and Ricklefs 1993)。

　この予測をより体系的に検証した研究として，Pärtel (2002) の研究がある。土壌 pH と局所的な植物の種多様性の関係を地球全体で取りまとめ，関係の方向性をこの研究が実施された植物区系 (floristic region) の「進化中心 (evolutionary center)」の土壌 pH の高さ/低さと関連づけた。進化中心は，地域の種の豊かさが最も高い地域と定義した。予測通り，局所種多様性と pH の正の関係は，pH が高い進化中心の地域では卓越しており，一方で pH が低い進化中心の地域では逆に負の関係が多かった（表 10.1）。さらに Pärtel *et al.* (2007) は局所的な植物の種多様性と生産性についての同様の解析を行い，生産性が高い生育条件が数百万年にわたって見られてきた熱帯地域では多様性と生産性の正の関係が卓越しており，逆に生産性が高い生育条件が珍しい高緯度地域では負の関係（もしくは，少なくとも中程度から高い生産性条件においては減少する関係）が卓越している事を示した。同様に，Belmaker and Jetz (2012) は，世界中の鳥類，哺乳類，両生類の解析を行い，局所的な環境条件がより広い地域（30,000 平方キロメートル以下）の環境を代表する場合，局所スケール（400 平方キロメートル以下）では種の豊かさが高くなることを示している。まとめ

10.5 仮説7.2：局所多様性は，局所的な選択や浮動ではなく，結局のところ種分化のような地域多様性を決定づけるプロセスによって決定される

表10.1 局所的な植物の種多様性と土壌pHの間に正あるいは負の相関を見出した研究の数。調査を行った植物区系の進化中心のpH（低いか高いか）についてそれぞれ示す。

		多様性とpHの関係の方向性	
		正の相関	負の相関
進化中心	高pH	39	9
	低pH	13	21

Pärtel (2002) より。

ると，研究例は限られているが，その結果は，局所的な多様性と環境の相関関係の背景には種分化などのプロセスが多少なりとも存在し，環境条件ごとに適応した種数が異なるといった可能性があることを示している。

FAQ：種分化の効果の背景にある低次プロセスについて

種分化の基本的なメカニズムとはどのようなものか？

　種分化の原因は膨大な文献で取り組まれてきたテーマであり，数冊の書籍にまとめられている (Schluter 2000, Coyne and Orr 2004, Nosil 2012)。その中でも，環境条件や鍵となる生物の形質が種分化に及ぼす効果について探求している研究が多い (McKinney and Drake 1998, Magurran *et al.* 1999, Coyne and Orr 2004)。予測7.1bに直接的に関連する例として，温度が高く，よってエネルギーの利用可能性が高いほど分子進化が早くなり，それにより種分化速度が増大し，種数が増えるという仮説がある (Rohde 1992, Allen *et al.* 2002, 2006, Wright *et al.* 2003, Davies *et al.* 2004, Mittelbach *et al.* 2007)。この仮説を支持している研究もあるが (Davies *et al.* 2004, Gillman and Wright 2014)，逆の因果関係として解釈することもできる。つまり，遺伝的ボトルネック[4]や通常よりも強い選択に伴って種分化が生じ，その結果，迅速な分子進化が促進されたという説明もできる (Dowle *et al.* 2013)。

---

[4] (訳者注) 集団の個体数が一時的に減少すると，遺伝的浮動が働いて遺伝的変異が失われ，それ以降に，たとえ集団の大きさが回復しても遺伝的変異が低いままの時がある。これをボトルネック効果と呼ぶ（巌佐庸ほか編『生態学事典』共立出版，2003）。

進化的多様化（種分化から絶滅を引いた値）は，多様性に依存して自己制御的に働きうるのか？

　この問いは，局所種数は分散率の増加関数である予測 6.1a を大きなスケールに当てはめたものであり，局所多様性が，分散による加入の速度によって制限されているのか，それとも，選択や浮動によって制限されおおむね定常的に維持されているのかを問うている（Box10.1 を参照）。いくかの研究結果は，地域多様性が高いと多様化が遅くなるフィードバックが働くことを示唆しており，たとえば，時間の経過とともに多様化速度が減速することや，クレードの年齢と種の豊富さは無関係であることが知られる (Rosenzweig 1995, Rabosky 2013)。ほかの実証研究（予測 7.1d など）では，多様性が増えるほどそれを抑制するフィードバックがあったとしても，それはクレードの種の豊かさに大きな影響を与えるほど重要なものではないと考えられる事例が確認されている (Wiens 2011)。

10.6　生物群集における種分化に関する実証研究のまとめ

　これまでの仮説や予測と同様に，実証的な証拠によって支持されたもの，支持されなかったものもあった（表 10.2）。局所多様性と地域多様性の関係は例外としても，これまでの予測と比べて種分化に関する予測を検証した研究はほとんどない。それでもなお，実証研究の結果は，種分化の速度や時間は地域スケールや特定の生息地（高標高地域など）における種多様性を制限しうることを明確に示している。選択や浮動（いわゆる「生態的制限 (ecological limits)」）が多様性に対する種分化の影響をどの程度かき消しているのかという問題をめぐっては，すさまじい議論が起こっている (Wiens 2011, Rabosky 2013)。次の時代には，この論争を解決できるようさらに多くのデータが得られ，方法論的に発展していくことを期待したい。

　局所多様性のパターンもまた，さまざまな環境に適応した種プールのサイズにしばしば影響を受けている。その証拠は，単一の地域において，局所的な生息地に特異的な種プールによって種の豊かさの空間変異を予測できること（予測 7.2a）を示した研究や，より説得力のあるものとしては，多様性と環境の関係について事前に予測が立てられる複数地域での比較研究（予測 7.2b）から得られている。もちろん，これらの研究は数が非常に限られているため一般化す

ることは難しい。とはいえ結論として，群集生態学では種分化は決して無視できるものではないといえる。

表 10.2 種分化と種プールの効果の重要性についての仮説・予測とそれに関連する実証的証拠，困難と欠点についてのまとめ

	仮説と予測	実証研究による支持	困難と欠点
仮説 7.1	種分化率が種多様性を決める	種分化率と種分化のための時間は大きいスケールの多様性を制限していることが示されている例がある。ほかの場合は選択と浮動が重要。	種分化は特に推定しにくい。そのため代替モデルを用いて結果や結論が何度も再検証されている。
予測 7.1a	種分化と面積の関係	数は少ないが明瞭な証拠がある。	限られた条件でしか当てはまらない。多くの離散的な生息地ではその場所での種分化によって生じた種を含んでいることはなさそうである。
予測 7.1b	種分化と緯度の関係	高い種分化が熱帯における高い種多様性の原動力になったようだ。いくつか反例もある。	種分化率を推定するモデルの前提については不確実性が含まれている。
予測 7.1c	種分化率は，不規則な多様性パターンと相関する。	説得力のある証拠がある。	種分化率を推定するモデルの前提については不確実性が含まれている。
予測 7.1d	種分化に必要な時間効果	説得力のある証拠がある。	ほかのモデルの枠組みを用いた際の結果の頑健性は疑問視されている。
仮説 7.2	種プールのサイズが局所多様性を決める	局所多様性が選択や浮動よりも，地域種プールによって制限されている説得力の高い証拠がある。	
予測 7.2a	局所と地域の種多様性は線形の関係	たしかな検証を行った研究のうち少なくとも半数は予測と一致している。	方法論はしばしば批判される。ほとんどの研究で潜在的に重要な交絡要因を考慮していない。
予測 7.2b	環境の歴史が多様性と環境の関係の方向性を予測する	ほとんど検証例なし。しかし，既存の検証例の説得力は高い。	たくさんのデータを要する。関係性の方向を予測するための基礎が確立しにくい。

第 IV 部

結論と将来の展望

第11章
プロセスからパターンへ，そしてパターンからプロセスへ

11.1 高次プロセスの相対的重要性

　これまでの章では，生態群集の理論についてまず4つの高次プロセスから予想される群集動態やパターンについて説明し，続いてこれらのプロセスが自然界で実際に作用しているのかについての実証的証拠を挙げて評価してきた。第8章から10章にかけての実証的証拠から導かれる最も重要な結論は，すべての高次プロセスが群集構造と動態を決定する重要な要因でありうる，ということだ。このシンプルで当たり前に思える結論から，いくつか重要なことがわかってくる。第一に，特定の群集について事前に何の知識もなければ，選択（どのようなタイプであれ），浮動，分散，種分化のすべての要因が群集構造と動態に重要な影響を与えている可能性を除外できない。第二に，群集生態学者が「理論を検証する」とか「仮説を検証する」といった場合，その適用範囲は往々にしてあるシステムという限られた領域内にとどまっている。ある理論や仮説を普遍的に棄却できるということは，まずほとんどありえない。ある仮説を支持したり棄却したりする結果が得られたとしても，それは調査されたシステムにのみ適用されるのであって，ほかの群集を研究することなく，得られた結論が広くほかの系にも当てはまるのかどうかは分かり得ない。生態学で，反証不可能性の基準 (Popper 1959) がほとんど使えないのはそのためである (Pickett *et al.* 2007)。最後に，ほかの生物科学にもいえることではあるが，群集生態学はしばしば，異なるプロセスの相対的重要性について関心をもつ (Beatty 1997)。たとえば，研究対象が草原の植物なのか，池のトンボなのか，容器に入れられた甲虫なのか，森に棲む鳥類なのかによって，群集動態の変化の道筋と結末を

決める上で選択と浮動のどちらがより重要な役割を果たすかどうかは異なる。

複数の階層において相対的重要性を問うこともできる。第 8 章から第 10 章で述べた研究の多くは，個別のシステムにおいてその問いを設定していた。たとえば，一年生の植物群集の中には少なくとも短期的には，強い負の頻度依存選択によって群集が支配されている事例がある (Levine and HilleRisLambers 2009)。一方で，淡水のイトトンボ（ヤゴ）では，選択の影響は非常に弱く，浮動が重要であるように思える (Siepielski et al. 2010)。重要なことは，どちらの場合も，選択や浮動がまったく働いていないと結論づけることはできないことだ。こうしたさまざまなシステムにおける実証研究の結果をまとめて考察したり，各プロセスが局所的に重要であるのかをどれくらい頻繁に評価したりすることで，相対的重要性に迫ることができるだろう。ただし，現時点ではこれらの評価は定性的あるいは主観的にしか行うことができない（第 8 章から第 10 章の要約表（表 8.1，表 9.1，表 10.2）を参照）。こうした制限を念頭に置いた上での，実証研究により得られてきた証拠の包括的な解釈は以下の通りである。

- 空間的・時間的に異なる選択は，ほとんどの生物群集において大きな影響を及ぼし，種多様性の維持やベータ多様性のパターン形成に関わっている。
- 局所的な負の頻度依存選択（空間的に異なる選択の創発特性[1]ではなく）は，多くの場所で多くの種のペアにおいて作用しているようだ。このプロセスを直接的に研究することは技術的に難しく，研究自体も少ないことから，これ以上具体的な言及をすることは難しい。
- 空間的・時間的に異なる選択，および負の頻度依存選択は広く重要であるよう見受けられるが，一方で，多くのシステムにおいて環境変化が正のフィードバックも生じさせている。こうしたフィードバックは，正の頻度依存選択を介した非常に迅速な群集の反応を引き起こすことで，その引き金となる環境要因が元の状態に戻ったとしても，群集は元の状態に戻りにくくなる。
- さまざまなタイプの選択が強く働いていることを考えると，生態的浮動が

---

[1]（訳者注）全体を構成する部分（パーツ）をバラバラにして，そのパーツの個々の働きを理解しても，全体を構成できないことがある。全体には部分に還元できない巨視的な特性を創発特性と呼ぶ。生態学では，「生態系は個体や個体群などの個々の活動とそれらの相互作用の総和以上のものではない」という立場と，「個体や個体群などの相互作用により生態系でのみられるような恒常的な特性をもち，それが構成要素を制御する」という立場が古くから対立している。

主要なプロセスになる場所や時間はそう多くはないだろう．しかし，浮動が重要になってくる状況や種のセットは，特に小さい空間スケールにおいて，たしかにありそうだ．たとえば，熱帯雨林やサンゴ礁のような超多様な生物群集においては，選択が弱いため浮動が重要になるという可能性は，理論的にありうる．

- すべての種ではないにしろ，多くの種において空間的に分散が制限される場合，本来であれば持続的に生息できるはずの場所であっても，ある場所を占有することはなくなる．このように，局所的な種多様性は入ってくる分散（移入）によってしばしば制限され，ベータ多様性は分散の影響を受ける．特定の種が存在することで他種にかかる選択が変化する場合，分散は群集組成に数多くの影響をもたらす（その詳細は事例ごとに特異的であり，分散がほかのプロセスをどのように変えるのかと関連づけた上で理解できるものだ）．

- 種分化は，地域種プールを生成する主要なプロセスであり，いくつかの事例では，種分化速度が地域多様性を制限している．そのほかの場合では，地域の種プールは選択や浮動を通じて飽和している可能性があり，種分化と多様性の間に関係は検出されない．しかし，現在まで，これらのシナリオがそれぞれどれくらいの頻度でみられるのかを調べた研究はほとんどない．

- さまざまな環境傾度（ストレスや生産性など）に沿った局所スケールの種多様性変異は，環境条件ごとに異なる多様性をもつ種プールが進化したことの結果であり，局所的な選択や浮動による短期的な帰結によるものではないだろう．さまざまなシステムやスケールにおける地域種プールの影響と局所的な選択や浮動の影響の相対的重要性はシステムや空間スケールに応じて変化しうるが，この相対的重要性は現時点では評価できない．

11.2 群集生態学におけるプロセス先行型アプローチとパターン先行型アプローチ

本書で採用しているアプローチは，明らかにプロセス先行型である．プロセス先行型アプローチの問いは，もしあるプロセスが群集構造と動態を決める上で重要であるなら，自然群集や実験群集においてどのような群集動態やパターンが観察されるのか？　というものである．しかし，第2章から第4章におい

て議論したように，これが群集生態学における唯一のアプローチというわけでも，最も一般的なアプローチというわけでもない．何世紀にもわたって，自然史家は生物群集にみられる興味深いパターンに着目してきた (Lomolino et al. 2010)．そのパターンの定量化からパターン先行型アプローチはスタートする．パターン先行型アプローチの問いは，あるパターンがどれくらい強い傾向であり，普通にみられるのか，そしてどのようなプロセスがそのパターンを生み出したのか？ というものである．歴史的に特に多くの注目を集めたのが，種数–面積関係，相対アバンダンス分布，多様性–生産性関係，組成類似度の距離減衰，多様性の緯度勾配である (Ricklefs and Miller 1999, Krebs 2009, Lomolino et al. 2010, Mittelbach 2012)．

この2つのアプローチについて2点だけ述べておきたい．

1. 群集生態学において，プロセス先行型のアプローチとパターン先行型のアプローチは，客観的にどちらの方が「より良い」とはいえない．「プロセスがパターンをどのように生成するのかを理解する」という共通の目標に向かう上では，どちらも極めて重要である．
2. 生態群集の理論の4つのプロセスの枠組みは，どちらのアプローチにも適用でき，有用である．

本書で示された枠組みは，パターン先行型アプローチとどのように関連するだろうか．本質的には，高次プロセスは低次の要因（プロセス）と自然界でみられるパターンを結びつける鍵となる．そのため，いずれのアプローチを起点にするにしろ，これらプロセスとパターンのつながりについて考えねばならない（図11.1）．ここまでの章で，どんな群集生態学の教科書にも載っているような消化しきれないほど無数にある理論的なアイデアやモデルについて，それぞれをたった4つの高次プロセスに関連づけることで，理解しやすく概念的に明確なものにできたことを願っている（図11.1; 図4.3も参照）．重要なことは，私が紹介したアイデアやモデルは，本書のほとんどを占めている種間相互作用や確率論的変動，分散の帰結を探るというプロセス先行型のモデルだけでなく自然界に広くみられるパターンについての，後づけ的な説明候補についてもあてはまる．パターンを説明する候補というのも非常に多くある．ある計算によれば，種多様性のパターンの説明の仕方には少なくとも120通りあり (Palmer 1994)，多様性の緯度勾配にのみ関するものでも32通りある (Brown 2014)．

11.2 群集生態学におけるプロセス先行型アプローチとパターン先行型アプローチ | 215

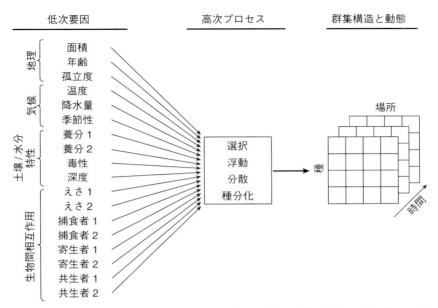

図 11.1 高次プロセスに基づく生物群集の理論は，群集生態学に対する低次プロセスから始めるプロセス先行型アプローチとパターン先行型アプローチの中核をなす。この図は，図 4.3 を改変したものであり，地理的な情報を低次の要因に加え，4つの高次プロセスを（選択という様式だけでなく）リストに入れ，群集パターンについて時間的な要素も組み込んだものである。

　生態学的パターンに関する後づけ的な説明のほとんどは，数理的というよりも言語で表現され，その論理的なつながりもしばしば曖昧である。緯度勾配を例に挙げれば，よく取り沙汰される原因として，歴史的な攪乱（氷河など），生産性，環境ストレス，環境異質性，種間相互作用がある (Lomolino et al. 2010)。個々の説明を見ると，環境異質性だけが明確で分かりやすい説明に近い。つまり，環境異質性が高ければ空間的に異なる選択により高い種多様性を維持できるはずだ，というものである。それ以外の要因は種多様性そのものとどう関連しているのか明確でない。よく使われる生態学の教科書 (Krebs 2009) から引用すると，「気候はエネルギー利用可能性を決定する。陸生植物や動物にとっての重要な要因は日射，温度，水である。気候は安定しているほど生産性が高くなるので好ましく，これらの要因が合わさってより多くの種を維持する」。これ

は「説明」になっていない。持続的に暖かく湿った環境であれば多くの植物や動物が生き残りやすいかもしれないといっているだけで，こうした環境で多くの種が生じた理由については何もいっていない。これらの低次要因がいかにして「多様性を生み出す高次プロセス（種分化や分散など）」や，「多様性を維持したり減らしたりする高次プロセス（選択や浮動）」に影響しうるのかをはっきりと述べることが，群集生態学の概念的一貫性をもたせる上で有益である。このプロセスとパターンを明示的に結びつけていくアプローチは，低次プロセスから自然界のパターンへの道のりの全体像を学生が把握するのに大きく役立つはずだ。たしかに，こうした試みは多くの著者（Ricklefs and Schluter 1993bなど）が行ってきたが，それらは継続的ではなかった。生物群集の理論はプロセス先行型アプローチとパターン先行型アプローチの両者を結びつける上で極めて価値があるだろう（図 11.1）。

　まとめると，生物群集の理論は群集生態学に対する特定のアプローチを推奨するものではない。むしろどのような出発点であっても，4つの高次プロセスからなる概念的枠組みに基づき，低次プロセスとパターンを結ぶ仮説を明確にすることで，生物群集についてより良い理解が得られるようになるだろう。

11.3　マクロ生態学の興味深い事例

　局所的なプロセスと地域的なプロセスを統合する上での概念的な発展を踏まえて (Ricklefs 1987, Ricklefs and Schluter 1993a, Leibold *et al.* 2004, Holyoak *et al.* 2005)，本書は，大きな空間スケール（大陸など）や時間スケール（数百万年）において観察される群集パターンが，群集生態学が伝統的に積み重ねてきた小さいスケールの研究と同じ枠組みで理解できるのかについて明示的に考えてきた。大きい空間スケールの生態学は，「マクロ生態学」と呼ばれ，体サイズや地理的分布範囲などの種間比較，あるいは種多様性などの群集レベルでのパターン比較研究 (Brown 1995, Gaston and Blackburn 2000, McGill 2003a) がテーマとなる。ある意味では，マクロ生態学（特に群集レベルのパターン研究）は前述のパターン先行型アプローチにちょうどよく当てはまるので，生物群集の理論との関連はわかりやすい。多様性の緯度勾配の研究はその最たる例だ。

　しかし，マクロ生態学の理論的なアプローチの中には，生物群集の理論と関連

づけることができないほど，独特なものもある．こうした独特なアプローチは水平群集に関連するため，特に興味深い．その実例の一つが，種アバンダンス分布を予測するために用いられる「生態学の最大エントロピー理論 (maximum entropy theory of ecology)」(Harte 2011, Harte and Newman 2014) である．この理論の核は以下の通りである．ある面積 A において S 種，J 個体が全体の代謝速度 M で生息しているとき，種のアバンダンス分布を予測するためにはこれら以外に情報は一切いらない．「ほかに情報はいらない」という部分が最大エントロピーという命名の由来である．情報理論によると，ある対象物のセットにおける情報量は，エントロピーと呼ばれる量が最大になると，最小になる．エントロピーは有名な Shannon の多様性指数 ($\sum p_i * \log p_i$, ただし p_i は種 i の相対アバンダンス) と同じように計算される (McGill and Nekola 2010)．そのため，相対アバンダンス分布はエントロピーを最大化する p_i の集合として予測され，それを制限するのが A, S, J と M である．不思議に思えるだろうが，これ以上シンプルで直感的な説明の仕方を知らない．

最大エントロピー理論の予測が実際のデータと符合することはたしかに興味深く (Harte 2011)，なぜ符合するのかを探索する価値がある．たしかにこのアプローチは，複雑な低次プロセスや現象のセットをより単純なものに集約するという点において，生物群集の理論と目標を共有している．しかし，エントロピー理論のモデルは「どんな特定の生態学的メカニズムを取り沙汰しなくても」うまくいくのであるから (Harte et al. 2008)，予測はできたとしても，(私の理論も含め) ほかの生態学理論に関してなぜ予測が成功するのかを解釈することは難しいだろう．メカニズムを仮定しなくても最大エントロピー理論の予測が合うという結果は，メカニズムはさておき，純粋に予測を目指しているものと考えられるし，それ自体は科学の真っ当で重要な目標である (Peters 1991)．しかし，多くの自然システムにおいては p_i を推定するのと同じくらい，A, S, J, M を正確に測定することにも多量の努力が必要であり，これらの理論が予測としてどれほど使えるものなのかは定かでない．そして，この理論は一切のメカニズムを想定しないため，これらの結果が生態学の根本的問いについて理解を深めるのか不明である．マクロ生態学で取り上げられるほかの「メカニズム」(McGill and Nekola 2010 において概説されている) の中で，生物群集の理論の扱う範囲の外にあるものとしては，中心極限理論やフラクタル幾何学がある．

11.4 生物群集の理論は（ほとんど）なんでもカバーする

　これらのマクロ生態学のアイデアについて言及したのは，これらがほかのアイデアやモデルよりもあまり役立たないことを示唆したかったからでない（たしかに，いくつかのケースでは明らかに役に立つことを疑っているが）。むしろ，水平群集を考えるうえで生物群集の理論の枠組みに含めることができない理論の存在を認めておきたかったからだ。群集生態学における理論やアイデア，モデルや仮説の大多数は，私が低次や高次と呼ぶものの組み合わせを取り上げており，最初に強調されるのがプロセスであるかパターンであるかに関わらず，ここに提示した生物群集の理論にうまく収まるだろう。だが，いくつか例外はあるということだ。

第**12**章

群集生態学の未来

　生物群集の理論の主要な貢献の一つは，パターンとプロセスのつながりをより明確かつ正確に理解することを促したことだと繰り返し述べてきた。選択，浮動，分散，種分化はどの生態群集にも広く当てはめることができる帰結を導く。そしていくつか例外はあるものの，群集動態やパターンについての説明は，これらの高次プロセスのうちの一つ以上に関連づけることで理解できる。

　この理論は自明だと思う人もいるかもしれない。21 世紀において，少なくとも科学者の間では自然選択による進化も同様に自明であった。にも関わらず自然選択の考えは，進化生物学において極めて有用であったのである（第 5 章を参照）。生物群集の理論も自然選択の理論も，理論の現代的な価値は，一般性が高く，シンプルで，概念的に一貫した枠組みを提供できていることである。この枠組みによって，細部を見ればまったく異なってみえる個体群の間や群集の間に共通点を見出せるようになる。第 4 章の議論を繰り返すならば，適応度が捕食者からカムフラージュできる体色によって決まっている場合でも (Kettlewell 1961)，利用可能な種子のサイズに応じたサイズのくちばしをもつかどうかによって決まっている場合でも (Grant and Grant 2002)，どちらも自然選択を介して適応進化が起きている。同様に，頻度が低い種が有利になる時，その理由は使われていない資源がある場合であっても (Tilman 1982)，天敵が少ない場合であっても (Connell 1970, Janzen 1970)，負の頻度依存選択を介して種の共存が維持されているのである (Chesson 2000b, HilleRisLambers et al. 2012)。

　生物群集の理論によって，群集のパターンやプロセスについての理解は促されるが，それが特定の新しい研究の方向性へとつながるのかは自明ではない。本書のように新規の枠組みを提示した教科書や論文においては，著者が次世代

の大学院生に対し，次に取り組むべき研究課題を指し示していることが多い（ただし，提案された課題のほとんどはすでに著者自身によって遂行されようとしているものだが）。私は，生態学においては多様なアプローチが共存しているべきだと考えているので，こうした慣例にのっとり次世代に次の課題を指し示すことを躊躇している。そのため，将来に向けた研究の指針についてのリストを以下に示すが，これらはあくまで個人的な見解であることを念頭において読んでいただきたい。本書を書くにあたり，数百の論文や書籍に頼ってきた。それらを学び，そして高次プロセスについて焦点を当てることで，いろいろなアイデアが浮かんできた。これらのアイデアの大部分はすでに本書の中で触れてきた。そのためここでは，将来性があると思われる萌芽的な研究の方向性を指し示すにとどめたい。

12.1　今後取り組むべきメタ解析

　さまざまなトピックについての文献を概観する中で，体系的な総説やメタ解析を行っている論文が大いに役立つと感じた。ほとんどすべての生態学的な問いに対する答えは，場所ごとに異なるし，スケールによっても異なるだろう。だから，一般的理解を促すためにはある関係性がみられる頻度，関係の強さ，あるいは状況依存性について体系的に評価していく必要がある。たとえば，局所的な種の豊かさと地域的な種の豊かさの関係について報告している数十の論文を読む代わりに，2, 3報の総説論文やメタ解析論文から読み始めたところ，研究ごとにどれくらい結果がばらついているのかがすぐにわかった (Shurin and Srivastava 2005, Szava-Kovats *et al.* 2013, Cornell and Harrison 2014)。その上で，いくつかの事例研究を選んで当たってみることができ（たとえば Terborgh and Faaborg 1980, Cornell 1985 など），生データの感覚をも得ることができた。

　トピックによっては，体系的な総説の出版やメタ解析がまったく行われていないことがわかり驚かされた（私が論文を見逃しているということもあろうが）。過去10年から15年の間に群集生態学のほぼすべてのトピックについて一次研究の数が急激に増加したが，以下に挙げるトピックは，この間に体系的な総説の出版やメタ解析が行われていないものである。

- 種間の密度依存的相互作用と頻度依存的相互作用の相対的重要性（予測 2a）。

私が知る総説やメタ解析 (Connell 1983, Schoener 1983a, Goldberg and Barton 1992, Gurevitch *et al.* 1992) は少なくとも 20 年以上前のもので，それ以降，非常に多くの実証研究や方法論的な進展（第 8 章を参照）が見られている。

- パッチの面積がベータ多様性に与える影響（予測 5a (2)）
- 群集サイズが組成と環境の関係の強さに与える影響（予測 5a (3)）
- 種の豊かさと生息地パッチ（島）孤立度の関係（予測 6.1a）

12.2　一体化した多地点配置実験（もしくは観察研究）

　メタ解析は完全にはほど遠い。野外生態学者は誰でも知っていることだが，どんな実証研究でも研究デザインについて数多くのことを決めなければならない。たとえば，植物群集の調査を行う際には，以下のことを決める必要がある。研究プロットの数，プロットのサイズや形と空間配置，1 年のうちいつの時期に観察を行うか，各プロットを何回調査するか，生物のアバンダンスを定量化するスケール，どの生物種（すべての植物，維管束植物だけ，樹木だけなど）を含めるか，分類が難しい生物をどの程度でまとめるか，どの環境要因を測るか，どうやって測るか。これらの個々の判断は軽微なものかもしれないが，それらが積み重なっていくと，一見類似しているが定量的に比較することが難しい 2 つの研究が出来上がることになる。これが問題となって，パターンやプロセスについて異なる地域間でも一般性があること（またはないこと）を検証することが難しくなっている。メタ解析では，潜在的に交絡しうる研究ごとのばらつきを考慮することで，この問題を処理するが，それでも多くの場合，異なる研究どうしがどのくらい比較可能であるのかはっきりしていない。

　この問題の解決策の一つは，複数の場所で標準化された手法の実験を同時に実行することである。このアプローチは，「一体化した多地点配置実験 (coordinated distributed experiments)」と呼ばれる (Fraser *et al.* 2012, Lessard *et al.* 2012)。これは観察研究にも同様に適用できる。こうしたプロジェクトのための予算をもっている研究者はほとんどいないが，最近の研究の中には，個人研究者でも追加予算なしで参入可能なほどシンプルなデザインの実験を多くの研究者に遂行してもらうことで，これを成し遂げるという創造的なアプローチを採っているものもある。

特に印象的な例は Nutrient Network (NutNet) と呼ばれるプロジェクトである。これは地球上の 75 以上もの草原サイトからなるネットワークで，はじめは，操作実験を通じ養分や植食者が群集や生態系機能に与える影響を検証するために設計されたものである (Borer, Harpole, *et al.* 2014, Borer, Seabloom, *et al.* 2014)。操作されていない群集の動態を毎年観察することで，ほかのさまざまな問いについても取り組まれており，たとえば，種多様性と生産性の関係 (Adler *et al.* 2011) や外来種の侵入の原因 (MacDougall *et al.* 2014) などが挙げられる。群集生態学における局所スケールの問いのほとんどは，一体化した分散型実験や観察を用いることで，うまくアプローチできる。さらに，低次プロセスだけでなく高次プロセスの働きを検証することは（第 8 章から第 10 章で概説），個別の生息地タイプを超えて一般化するためにも有用であろう。

12.3 （有効な）群集サイズの帰結についての実験的検証

離散的な生息地パッチを認識しやすいシステム（たとえば森林の断片，池，潮溜まり）では，パッチは面積や体積が大きく異なるので，したがって群集サイズ J も異なる。人間の土地利用活動は生息地パッチ面積が減少するよくある原因である。群集サイズが改変されたことの帰結を理解することは，広く生態学において重要である。しかし，ある生息地断片のサイズは群集サイズ以外のほかの要因とも相関している。エッジ効果や環境異質性などはその顕著な例である (Harrison and Bruna 1999, Laurance *et al.* 2002, Fahrig 2003)。言い換えれば，小さい生息地パッチは（J が減るので）浮動の影響を受けやすいだけでなく，選択のタイプや強度が異なるのである（第 9 章参照）。同様の議論は，時間的な環境変動に対しても当てはまる。環境が時間的に変化することで，有効な群集サイズを減らすだけでなく時間的に異なる選択が生み出される（第 8 章を参照）。

群集サイズの効果のみを分離するために，生息地面積と相関する要因を統計的に操作することができる（たとえば，Ricklefs and Lovette 1999）。しかしこの場合，すべての重要な要因が測定されているのかがつねに問題となるだろう。原則的には，実験的な操作によって目的以外の要因を分離するべきであるが，実験的に作った小さなパッチですら，強いエッジ効果や環境の影響を受けている (Debinski and Holt 2000)。この問題は，実験設定を工夫することで

解決することができるだろう。

例として湖の動物プランクトン群集を対象とした実験を考えてみる。メッシュを用いて，全体で 1 メートル × 1 メートル × 25 センチメートルの一定体積の水を閉じ込めて，内部を一辺 25 センチメートルの部屋 16 室に区切る。各部屋が完全に閉じられていれば，個々の部屋を小さな群集とみなすことができる。各部屋の壁に穴をあけることで，中程度の群集（50 × 50 × 25 センチメートルの体積）や，大きな群集（1 メートル × 1 メートル × 25 センチメートル）を作ることができる。陸水学者に確認してほしいのは，メッシュに開けた穴が，メッシュそのものによって導入されたエッジ効果を変えることなく，部屋の間をプランクトンが移動するのかどうかということだ。このデザインは，分散を操作した実験によく似ているが，群集サイズの影響を分離することに着眼点を置いている。今後，優れた実験生態学者が，新しく創造的なデザインの実験を思いついてくれるだろう。

12.4 野外において移入を低下させる実験

群集サイズの効果を調べるために生息地パッチのサイズを操作するように，分散の群集への影響を調べるためにパッチの孤立度を操作する場合がある。しかし面積の場合と同様に，孤立度もまたほかのパッチの特性と交絡するだろう（第 9 章参照）。実験では分散を直接的・間接的に操作できるが，それには制限もある。たとえば，人工的な実験室システムであれば，生息地パッチの間の分散レベルを幅広く操作できる（小さなボトルをチューブでつないだりする）。しかし，野外においてできることは，移入を増やすことくらいである。植物では，播種を行うことで多様性がしばしば移入によって制限されていることが示されているが，移入を減らしたらどうなるだろうか。Brown and Gibson (1983) は，群集の周りに分散を阻止するフェンスを立てることで局所群集の特性が分散にどの程度依存しているのかを調べる思考実験を示している（Holt 1993 も参照）。

野外において移入の増減を操作することで，分散の重要性だけでなく，群集の特性（種多様性など）と移入の関係を定量的に検証することができる。こうした実験は，技術的な難しさもあってか，おそらくほとんどないだろう（ただし，やはり私が見落としている可能性はある）。ある草原での植物群集に対し

て，入ってくる種子の大部分を防ぐためにメッシュの囲い込みを作るのは比較的簡単なはずだ。種ごとの種子影（シードシャドウ (seed shadow)）[1]をはじめに調べることで，1年あたりの種子の自然加入量や，操作実験による加入の減少（ゼロに至るまでを含む）や増加をシミュレーションできるだろう。囲い込みは間違いなくそれ自体の影響があるが，最低限，処理区の間で標準化することができるし，種子生産が行われない成長期の間には取り除いておくこともできる。繰り返すが，「移入を減らすことの帰結はどのようなものなのか」という問いに答えるため，ほかの皆がもっと良い実験デザインを思いつくことを期待する。

12.5 多種共存と種多様性の研究を統合する

　一見，多種共存と種多様性というトピックは非常に密接に関係していて，ほぼ同じもののようにもみえる (Huston 1994, Tokeshi 1999)。たしかに，共出現 (co-occurrence) が共存 (coexistence) の同義語であるならば，両トピックは同じものであろう。つまり，ある場所がほかの場所よりも種数が多い場合，種数が多い場所ではより多くの種がともに出現し，共存しているのだろう。しかし，現代的な専門用語の使い方では，多種共存とは，群集において各種の密度が低くなった時に回復できる傾向があることを意味する (Chesson 2000a)。このより厳格な定義では，共存の概念は種多様性の概念から明らかに切り離されている。つまり，ある場所がほかの場所よりも種数が多いのは，強い負の頻度依存選択といった共存機構が働いているから（共存できているから）ではなく，移入が多く個体群のシンクとして多くの種が存在できるから，もしくは，種プールが局所的な非生物環境条件に耐えうる種をより多く含んでいるからかもしれない（第9章と第10章参照）。

　多くの群集生態学の研究者が両者を区別することの意義を評価してくれると思うけれども，それでも依然として互いに話がかみ合わない議論になってしまう可能性もある。たとえば第5章でも述べたように，Fox (2013) は，中規模撹乱説について，数学的な背景からすれば適切ではないと考えた。撹乱は競争排除を遅らせるだけであって，安定的な共存に必要な負の頻度依存選択をもた

---

[1]（訳者注）一つの結実個体が生産した種子の空間分布，つまりどのくらいの距離を移動する種子がどのくらいあるか。

らすわけではないためである。これ自体は正当な言い分である。これに対し，Huston (2014) は「種多様性の空間的・時間的な変動を予測することと，長期的かつ安定的な種の共存を予測することは異なる」と正当な反論をした。実証研究では次第にこの区別を認めるようになってきている (Laliberte et al. 2014)。しかし，多種共存の研究と種多様性の研究をまとめる「現在的統合」は依然遅れており，この統合が進むことで，Fox (2013) と Huston (2014) のような異なる見解を融和させることにもつながるだろう。おそらく本書も，両者の統合へと一歩進めうるだろう。たとえば，種が豊富な群集中にみられる共存は，多様な形質やトレードオフを同時に含んでおり，非常に「高次元」であるようにみえる (Clark et al. 2010, Kraft, Godoy et al. 2015)。こうした場合には，特定の低次のメカニズムに着目するよりも，高次プロセスとしての選択に焦点を当てた方が，概念的統合を促す上で有用だろう。

12.6 複雑適応系としての群集と生態系：群集特性と生態系機能をつなぐ

　本書の大部分は，集団中の対立遺伝子の動態（集団遺伝学のモデルで記述されるもの）と群集における種の動態（群集生態学のモデルにおいて記述されるもの）の間の類似性に基づいている。どちらも，生物的変異は離散的なカテゴリーに基づいて記述される。つまり，対立遺伝子であればそれは A や a であったり，種であれば，サトウカエデやアメリカブナ (*Fagus grandifolia*) であったりするものだ。量的遺伝学は，くちばしの深さなどの連続値をとる遺伝的な表現型に焦点を当てており，種内の進化的変化をモデル化する上での代替的アプローチである（第 5 章も参照）。種間で比較可能な方法で表現型を測定できる場合は，この量的遺伝学に着想したモデルを用いることで，群集レベルの形質分布の動態を記述することができるだろう (Norberg et al. 2001, Shipley 2010)。このアプローチのシンプルな例に関しては第 5 章と第 8 章（予測 1b と予測 2c）で議論した。

　群集の変化を量的遺伝学の問題と捉えるという考えは，群集や生態系を「複雑適応系 (complex adaptive system)」としてより広い視点で眺めることから生まれたものである (Levin 1998)。複雑適応系では，「高次のパターンは低次

で働く局所的な相互作用や選択プロセスから創発する」(Levin 1998)。この見地からすれば，生物生産速度（最も一般的に測られる「生態系機能」）は，異なる種の個体間の相互作用と選択によって決まっていると考えることができる (Norberg et al. 2001, Norberg 2004)。加えて，遺伝分散 (genetic variance) があることで個体群が環境変化を「追跡」できるように (Fisher 1958)，種多様性があることで，環境が変わっても生産性が最大化するようになっていると考えることができるだろう (Norberg et al. 2001)。

　第8章では，局所群集において種多様性の増加に伴い生産性が増加することを示した研究について，負の頻度依存選択の証拠として紹介した（予測2a）。これらの実験は地球の生物多様性喪失が生態系の機能を損なっていることを論ずるために用いられ (Cardinale et al. 2012)，これからもそうであり続けるだろう。ただしこの結論について，局所スケールでは大規模な生息地の転換（たとえば，雨林のトウモロコシ畑への転換）がなければ，種多様性が時間とともに方向性のある変化をすることはなかったのではないか，そしてもし変化するとしても増加することも減少することもあるのではないか，といった疑問が投げかけられている (Vellend et al. 2013, Dornelas et al. 2014, Elahi et al. 2015, McGill et al. 2015)。しかし一方で，時間とともに種組成が大きく変化する局所群集が多いのは明らかである (Dornelas et al. 2014, McGill et al. 2015)。こうした変化が「適応的」である限りは，環境が変化した際に群集の変化が生態系機能を維持するのにどのくらい貢献したのかを予想できるだろう。

　こうした予測は実験によって検証可能である。ある群集（たとえば草原のプロットにおける植物）に環境変化（つまり外部からの選択）を加えることで，群集を新しい準平衡状態 (quasi-equilibrium state) へ至ることを可能にしておく。環境を変えた場合と変えなかった場合（対照区）において，それぞれ結果的にみられた群集状態を，第二の実験の処理区の状態にする。つまり，第二の実験では，まず初期のアバンダンスを第一の実験で得られた準平衡状態のそれと同じになるように調整する。次に，環境を変えるという環境の処理区と対照区をそれぞれ作る。そして処理区と対象区で生産性をそれぞれ測定する。群集を複雑適応系だとみなす立場から予測を行うと，生産性は群集組成と環境が「一致」した場合に最大化されるだろう。この実験ではいくらでも問いを付け加えることはできる。たとえば，選択の強さ（環境変化の大きさと速度），初期群集における形質分散や種多様性，選択の次元（つまり，単一の変数を変化させる

場合と複数の変数を同時に変化させた場合の比較）といった要因が結果にどう影響するのかだ。

12.7　相対的重要性の定量的評価

　第 11 章は，異なる高次プロセスの相対的重要性をさまざまな自然群集において検証することから始めた。しかしその結果は，どれも定性的なものであり，不確実性に満ちている点で，満足のいかないものだった。局所群集を対象として，いくつかの方法で異なるプロセスや要因間の相対的重要性を調べることができるが，それぞれの方法には限界がある。たとえば，局所多様性の決定する上で分散（種子添加）と特定の選択の因子（養分添加）というように，関心のあるいくつかの要因を実験的に操作することで，それぞれの重要性を検証できる。しかし，その統計的効果の大きさは，どれくらい個々の要因を「押しとどめる（操作された状態にする）」のかに依存するし，個々の要因の効果を共通の単位に変換する明白な方法はない。つまり上記の例では，分散の効果として「Δ 種の豊かさ/種子重量（グラム）」あるいは「Δ 種の豊かさ/添加種数」と，選択の効果として「Δ 種の豊かさ/栄養塩量（グラム）」を比較することになる[2]。同様の問題は，種多様性や組成を予測する因子の相対的重要性を調べるために重回帰分析のような解析を行っている観察研究にも当てはまる。さらにこの類の研究では，生息地間の空間的な近さなど，解釈がはっきりしない変数が用いられている問題もある（第 8 章と第 9 章参照）。

　異なるプロセスの相対的重要性を調べるための共通通貨を開発した研究者もいる。たとえば，多種共存の研究では最初にさまざまな要因（たとえば同種と異種の密度）に対する種の反応に関するデータにモデルを当てはめ，次に低密度状況での個体群増加率を単位として，一定選択（「適応度の違い」）や負の頻度依存選択（「ニッチの違い」）の影響を推定する (Chesson 2000b, Adler *et al.* 2010)。こうした試みは重要ではあるが，多種共存という非常に狭いテーマに焦点が絞られており，それは群集生態学の興味の対象となる帰結やパターンのうちの一つでしかない。

　システムの間で特定のプロセスの相対的重要性を比較することは，原理的には簡単に思える。たとえば，一体化した分散型実験（12.2 節参照）を適用する

---

[2]（訳者注）Δ は変化量のこと。

ことで,「局所的な種の豊かさは地域の種プールからの移入によってどの程度制限されているのか」を色々な生息地で定量することができる.この時,ほかの高次プロセス(たとえば,前の段落で述べた一定選択や負の頻度依存選択)についても同じ生息地で相対的重要性を調べておく.すると,生息地間での比較結果を用いて生息地内の相対的重要性を調べることができるだろう.つまり,ある生息地ではほかの生息地と比べて負の頻度依存選択の影響が相対的に弱かったならば,その生息地では移入の影響が相対的に強いということになるだろう.このアプローチは,生息地間での相対的重要性を比較することで,生息地内での相対的重要性を調べているといえるだろう.

　まとめると,群集生態学者は生息地内や生息地間での群集の特性を決定するさまざまなプロセスの相対的重要性に関心を寄せてきたが,それを調べるための方法にはすべて限界があった.この問題の解決は容易ではなく,測定しやすく入手しやすいデータで,お手軽にメカニズムやプロセスを推定する方法はないものの,新しいアプローチは歓迎されるだろう (Fox 2012).

12.8 高次プロセスに基づく核となる群集モデルの開発

　群集生態学にはすでに数理モデルが豊富にあるが,あるモデルを次のモデルに関連づけることは必ずしも単純ではない.集団遺伝学モデルは,鍵となる4つのパラメータ,個体群サイズ N,選択係数 s,遺伝子流動 m,突然変異 μ に大抵いつも依拠することで (Hartl and Clark 1997),モデルどうしを比較的簡単に比較できるのが魅力である.群集を対象とした生態学モデルも同様に,群集サイズ J,選択係数 s,分散 m,種分化 v の4つのパラメータに焦点を当ててきた.生態学的中立理論は,まさにこの4つから選択のみを除いたものである (Hubbell 2001).第6章では4つのプロセスをすべて含むシミュレーションモデルを提示したが,これらのモデルの解析的なバージョンも多くの場合構築可能だ.選択と中立説を効果的に融合させる一般性の高い解析的群集モデルの構築に着手し始めた研究者もいる (Haegeman and Loreau 2011, Noble and Fagan 2014).こうした取り組みによって,水平群集生態学における一連の解析的モデルの中から,高次プロセスに基づき取り扱える範囲のモデルを抽出することは,理論指向の学生にとって大きな助けとなるだろう.

　集団遺伝学と生態学のモデル慣習における一つの重要な違いは,集団遺伝学

における N は定数であると仮定されるのに対し，生態学における J は複数種間の密度依存的プロセスの結果として取り扱われることである (Vellend 2010)。しかし，定数 N の仮定は数学的な便宜性のために生み出されたものであり，自然個体群を表すためのものではない (Lewontin 2004)。したがって，高次プロセスに基づく生態学モデルを開発することで集団遺伝学の理論にも利益をもたらすことができるかもしれない（たとえば Ellner and Harston 1994）。

12.9 群集生態学の統合の統合？

第2章において，生物群集の理論の扱う領域として，主に種の「水平な」セットを考えることを示した（図 2.1e 参照）。適応度に同様の制約がある種（資源要求性や，相互作用する天敵や共生者のタイプといった制約）は，種内の遺伝的変異と理論的に類似している。それゆえ，たとえば集団遺伝学の核となるプロセスを模すことで，細部は異なっていたとしても（突然変異 vs. 種分化など），水平群集についての核となる高次プロセスを定義することが可能だ。次のステップとして，水平群集や食物網，共生ネットワークを一つの枠組みに組み合わせた，より広範な統合が可能であるかどうかという問いに突き当たる。あいにく，この問いの答えは持ち合わせていないが，いくつかの意見を提示することで本書の結びとするのが適切だろう。

生物群集の理論は，相互作用や種のもつすべての側面を広義の群集として取り込むことに適していると考える事もできるだろう（図 2.1 参照）。つまり，あらゆる種間相互作用は結局はある類の正や負の密度依存「選択」あるいは頻度依存「選択」に至るし，すべての種は個体群動態においては確率変動性（群集における「浮動」の原因）の影響を受けるし，すべての種は「分散」するし，そしてどんなタイプのものであれ「新しい種」が現れる。細菌や節足動物から樹木や大型哺乳類までに至るすべての生物は，（普遍的に適用可能なアバンダンスの計数である）種のバイオマスのベクトルによって，群集パターンを定義できる。これで，統合の統合が出来上がりである。しかし，多くの生態学者はこれに満足しないだろう。たとえば，植物のアバンダンスの単位（重量や個々の幹の数）は，生態学的な「役割」によって構造化されていないにしても，一つのアバンダンスベクトルに配置することができるため，十分に生態学的に比較可能なものである。しかし，多くの生態学者は，植物の場合と同様にオオカミと蝶，

あるいは樹木と大腸菌を一律に比較するのはよくないと考えるだろう。ほかにどのような方法があるのかを示す研究者が出てくるのが楽しみではあるが，今は様子を見ることとする。

　また，さまざまな種間相互作用を同時に考えるためのモデルは不足しているわけではなく，既存のモデルをまとめることで包括的な理論が構築できると考えることもできる。しかし私には，何百もの種間相互作用モデルをもってしても，それらをくっつけた以上のものはできないと思う。ただし図 2.1 で述べた群集生態学の分野内の場合は例外だろう。コンピュータの能力がますます増大していくことを考えると，原理的にどんなモデルでも組み立てることはできるようになるだろう。しかしそれでも，すべてを包括する一般的な理論が導かれ，我々が生物群集についてより単純かつ明確に理解するに至る道のりを想像することは難しい。

　群集生態学の分野の間では，何がパターンで何がプロセスかといった基礎的な事項についても違いがあることもある。食物網それ自体は，食う食われる関係に特化した種間相互作用の記述であるが，モジュール性や全体長，連結度などの食物網「パターン」は，捕食という低次プロセスに含まれている。同じことは共生ネットワークにも当てはまる。一方で水平群集生態学では，（少なくとも第 2 章で考察した）パターンは，どの種がいつ，どこに，どれくらいの多さでいるのかという項目のみで特徴づけられており，種間相互作用はこうしたパターンを生み出す要因の一つとして位置づけられている。このように，核となる問いや仮説は研究分野によってまったく異なる形で表現されるため，同じ概念的枠組みの中で調和させることは難しい。

　最後に，これらすべての考察を通して，統合の統合というものが，もしそれがあるとしても，ある枠組みや理論を別のものに当てはめたり，個々の研究の系列をさらに発展させたりするという類のものではないのではないかという気がしてきた。むしろ，この問題全体を私が予想だにしていないこれまでまったくなかった視点から切り込む人が出てくるだろう。その時が来たら，おそらく本書は修正すべき「問題」の一部となるだろう。それまでの間に，私は研究者として発見したこと，つまり互いにゆるく関連した驚異的な数のモデルや考えや概念を理解するための理論的枠組みを提示しようと試みた。群集生態学を学ぶ次世代の学生が，もっと楽に学べるようになることを願う。

参考文献

Aarssen, L. W. 1997. High productivity in grassland ecosystems: Effected by species diversity or productive species? *Oikos* **80**:183–184.

Adler, P. B., and J. M. Drake. 2008. Environmental variation, stochastic extinction, and competitive coexistence. *American Naturalist* **172**:E186–E195.

Adler, P. B., S. P. Ellner, and J. M. Levine. 2010. Coexistence of perennial plants: An embarrassment of niches. *Ecology Letters* **13**:1019–1029.

Adler, P. B., J. HilleRisLambers, P. C. Kyriakidis, Q. Guan, and J. M. Levine. 2006. Climate variability has a stabilizing effect on the coexistence of prairie grasses. *Proceedings of the National Academy of Sciences USA* **103**:12793–12798.

Adler, P. B., J. HilleRisLambers, and J. M. Levine. 2007. A niche for neutrality. *Ecology Letters* **10**:95–104.

Adler, P. B., E. W. Seabloom, E. T. Borer, H. Hillebrand, Y. Hautier, A. Hector, W. S. Harpole, *et al.* 2011. Productivity is a poor predictor of plant species richness. *Science* **333**:1750–1753.

Alexander, H. M., B. L. Foster, F. Ballantyne, C. D. Collins, J. Antonovics, and R. D. Holt. 2012. Metapopulations and metacommunities: Combining spatial and temporal perspectives in plant ecology. *Journal of Ecology* **100**:88–103.

Allee, W. E., O. Park, A. E. Emerson, T. Park, and K. P. Schmidt. 1949. *Principles of Animal Ecology*. W.B. Saunders, Philadelphia, PA.

Allen, A. P., J. H. Brown, and J. F. Gillooly. 2002. Global biodiversity, biochemical kinetics, and the energetic-equivalence rule. *Science* **297**:1545–1548.

Allen, A. P., J. F. Gillooly, V. M. Savage, and J. H. Brown. 2006. Kinetic effects of temperature on rates of genetic divergence and speciation. *Proceedings of the National Academy of Sciences USA* **103**:9130–9135.

Allen, T.F.H., and T. W. Hoekstra. 1992. *Toward a Unified Ecology*. Columbia University Press, New York.

Allmon, W. D., P. J. Morris, and M. L. McKinney. 1998. An intermediate disturbance hypothesis for maximal speciation. Pages 349–376 *in* M. L. McKinney and J. A. Drake, editors. *Biodiversity Dynamics: Turnover of Populations, Taxa, and Communities*. Columbia University Press, New York.

Alroy, J. 2008. Dynamics of origination and extinction in the marine fossil record. *Proceedings of the National Academy of Sciences USA* **105**:11536–11542.

Amarasekare, P. 2000. The geometry of coexistence. *Biological Journal of the Linnean*

Society **71**:1–31.

Amarasekare, P. 2003. Competitive coexistence in spatially structured environments: A synthesis. *Ecology Letters* **6**:1109–1122.

Anderson, M. J., T. O. Crist, J. M. Chase, M. Vellend, B. D. Inouye, A. L. Freestone, N. J. Sanders, *et al.* 2011. Navigating the multiple meanings of β diversity: A roadmap for the practicing ecologist. *Ecology Letters* **14**:19–28.

Angert, A. L., T. E. Huxman, P. Chesson, and D. L. Venable. 2009. Functional tradeoffs determine species coexistence via the storage effect. *Proceedings of the National Academy of Sciences USA* **106**:11641–11645.

Antonovics, J. 1976. The input from population genetics: "The new ecological genetics." *Systematic Botany* **1**:233–245.

Antonovics, J. 2003. Toward community genomics? *Ecology* **84**:598–601.

Armstrong, R. A., and R. McGehee. 1980. Competitive exclusion. *American Naturalist* **115**:151–170.

Barber, N. A., and R. J. Marquis. 2010. Leaf quality, predators, and stochastic processes in the assembly of a diverse herbivore community. *Ecology* **92**:699–708.

Bascompte, J., and P. Jordano. 2013. *Mutualistic Networks*. Princeton University Press, Princeton, NJ.

Beatty, J. 1984. Chance and natural selection. *Philosophy of Science* **51**:183–211.

Beatty, J. 1995. The evolutionary contingency thesis. Pages 45–81 *in* G. Wolters and J. G. Lennox, editors. *Concepts, Theories, and Rationality in the Biological Sciences*. University of Pittsburgh Press, Pittsburgh, PA.

Beatty, J. 1997. Why do biologists argue like they do? *Philosophy of Science* **64**:S432–S443.

Beisner, B. E. 2001. Plankton community structure in fluctuating environments and the role of productivity. *Oikos* **95**:496–510.

Beisner, B. E., P. R. Peres-Neto, E. S. Lindström, A. Barnett, and M. L. Longhi. 2006. The role of environmental and spatial processes in structuring lake communities from bacteria to fish. *Ecology* **87**:2985–2991.

Bell, G. 2008. *Selection: The Mechanism of Evolution*. Oxford University Press, Oxford.

Bell, G., M. Lechowicz, A. Appenzeller, M. Chandler, E. DeBlois, L. Jackson, B. Mackenzie, *et al.* 1993. The spatial structure of the physical environment. *Oecologia* **96**:114–121.

Belmaker, J., and W. Jetz. 2012. Regional pools and environmental controls of vertebrate richness. *American Naturalist* **179**:512–523.

Belovsky, G. E., D. B. Botkin, T. A. Crowl, K. W. Cummins, J. F. Franklin, M. L. Hunter, A. Joern, *et al.* 2004. Ten suggestions to strengthen the science of ecology. *BioScience* **54**:345–351.

Bender, E. A., T. J. Case, and M. E. Gilpin. 1984. Perturbation experiments in community ecology: Theory and practice. *Ecology* **65**:1–13.

Bennett, J. A., E. G. Lamb, J. C. Hall, W. M. Cardinal-McTeague, and J. F. Cahill. 2013. Increased competition does not lead to increased phylogenetic overdispersion in a native grassland. *Ecology Letters* **16**:1168–1176.

Bernard-Verdier, M., M.-L. Navas, M. Vellend, C. Violle, A. Fayolle, and E. Garnier. 2012. Community assembly along a soil depth gradient: contrasting patterns of plant trait convergence and divergence in a Mediterranean rangeland. *Journal of Ecology* **100**:1422–1433.

Best, R. J., N. C. Caulk, and J. J. Stachowicz. 2013. Trait vs. phylogenetic diversity as predictors of competition and community composition in herbivorous marine amphipods. *Ecology Letters* **16**:72–80.

Bever, J. D. 2003. Soil community feedback and the coexistence of competitors: Conceptual frameworks and empirical tests. *New Phytologist* **157**:465–473.

Bever, J. D., I. A. Dickie, E. Facelli, J. M. Facelli, J. Klironomos, M. Moora, M. C. Rillig, *et al.* 2010. Rooting theories of plant community ecology in microbial interactions. *Trends in Ecology & Evolution* **25**:468–478.

Bever, J. D., K. M. Westover, and J. Antonovics. 1997. Incorporating the soil community into plant population dynamics: the utility of the feedback approach. *Journal of Ecology* **85**:561–573.

Borcard, D., and P. Legendre. 2002. All-scale spatial analysis of ecological data by means of principal coordinates of neighbour matrices. *Ecological Modelling* **153**:51–68.

Borcard, D., P. Legendre, and P. Drapeau. 1992. Partialling out the spatial component of ecological variation. *Ecology* **73**:1045–1055.

Borer, E. T., W. S. Harpole, P. B. Adler, E. M. Lind, J. L. Orrock, E. W. Seabloom, and M. D. Smith. 2014. Finding generality in ecology: A model for globally distributed experiments. *Methods in Ecology and Evolution* **5**:65–73.

Borer, E. T., E. W. Seabloom, D. S. Gruner, W. S. Harpole, H. Hillebrand, E. M. Lind, P. B. Adler, *et al.* 2014. Herbivores and nutrients control grassland plant diversity via light limitation. *Nature* **508**:517–520.

Braun-Blanquet, J. 1932. *Plant sociology: The Study of Plant Communities*. McGraw-Hill, London.

Bray, J. R., and J. T. Curtis. 1957. An ordination of the upland forest communities of southern Wisconsin. *Ecological Monographs* **27**:325–349.

Brown, J. H. 1995. *Macroecology*. University of Chicago Press, Chicago.

Brown, J. H. 2014. Why are there so many species in the tropics? *Journal of Biogeography* **41**:8–22.

Brown, J. H., and A. C. Gibson. 1983. *Biogeography*. C. V. Mosby, St. Louis, MO.

Brown, J. H., J. F. Gillooly, A. P. Allen, V. M. Savage, and G. B. West. 2004. Toward a metabolic theory of ecology. *Ecology* **85**:1771–1789.

Butlin, R., J. Bridle, and D. Schluter. 2009. *Speciation and Patterns of Diversity*. Cambridge University Press, Cambridge.

Cadotte, M. W. 2006a. Dispersal and species diversity: A meta-analysis. *American Naturalist* **167**:913–924.

Cadotte, M. W. 2006b. Metacommunity influences on community richness at multiple spatial scales: A microcosm experiment. *Ecology* **87**:1008–1016.

Cadotte, M. W., D. V. Mai, S. Jantz, M. D. Collins, M. Keele, and J. A. Drake. 2006. On testing the competition-colonization trade-off in a multispecies assemblage. *American Naturalist* **168**:704–709.

Caley, M. J., and D. Schluter. 1997. The relationship between local and regional diversity. *Ecology* **78**:70–80.

Cardinale, B. J., J. E. Duffy, A. Gonzalez, D. U. Hooper, C. Perrings, P. Venail, A. Narwani, et al. 2012. Biodiversity loss and its impact on humanity. *Nature* **486**:59–67.

Cardinale, B. J., J. P. Wright, M. W. Cadotte, I. T. Carroll, A. Hector, D. S. Srivastava, M. Loreau, et al. 2007. Impacts of plant diversity on biomass production increase through time because of species complementarity. *Proceedings of the National Academy of Sciences USA* **104**:18123–18128.

Carlquist, S. 1967. The biota of long-distance dispersal. V. Plant dispersal to Pacific islands. *Bulletin of the Torrey Botanical Club* **94**:129–162.

Carlquist, S. J. 1974. *Island Biology*. Columbia University Press, New York.

Carrara, F., F. Altermatt, I. Rodriguez-Iturbe, and A. Rinaldo. 2012. Dendritic connectivity controls biodiversity patterns in experimental metacommunities. *Proceedings of the National Academy of Sciences USA* **109**:5761–5766.

Carstensen, D. W., J.-P. Lessard, B. G. Holt, M. Krabbe Borregaard, and C. Rahbek. 2013. Introducing the biogeographic species pool. *Ecography* **36**:1310–1318.

Chase, J. M. 2003. Community assembly: When should history matter? *Oecologia* **136**:489–498.

Chase, J. M. 2007. Drought mediates the importance of stochastic community assembly. *Proceedings of the National Academy of Sciences USA* **104**:17430–17434.

Chase, J. M. 2010. Stochastic community assembly causes higher biodiversity in more productive environments. *Science* **328**:1388–1391.

Chase, J. M., E. G. Biro, W. A. Ryberg, and K. G. Smith. 2009. Predators temper the relative importance of stochastic processes in the assembly of prey metacommunities. *Ecology Letters* **12**:1210–1218.

Chase, J. M., and M. A. Leibold. 2002. Spatial scale dictates the productivity-biodiversity relationship. *Nature* **416**:427–430.

Chase, J. M., and M. A. Leibold. 2003. *Ecological niches: Linking Classical and Contemporary Approaches*. University of Chicago Press, Chicago.

Chave, J., H. C. Muller-Landau, and S. A. Levin. 2002. Comparing classical community models: Theoretical consequences for patterns of diversity. *American Naturalist* **159**:1–23.

Chesson, P. 2000a. General theory of competitive coexistence in spatially-varying environments. *Theoretical Population Biology* **58**:211–237.

Chesson, P. 2000b. Mechanisms of maintenance of species diversity. *Annual Review of Ecology and Systematics* **31**:343–366.

Chitty, D. 1957. Self-regulation of numbers through changes in viability. *Cold Spring Harbor Symposia on Quantitative Biology* **22**:277–280.

Clark, J. S. 2009. Beyond neutral science. *Trends in Ecology & Evolution* **24**:8–15.

Clark, J. S. 2010. Individuals and the variation needed for high species diversity in forest trees. *Science* **327**:1129–1132.

Clark, J. S. 2012. The coherence problem with the Unified Neutral Theory of Biodiversity. *Trends in Ecology & Evolution* **27**:198-202.

Clark, J. S., D. Bell, C. Chu, B. Courbaud, M. Dietze, M. Hersh, J. HilleRisLambers, et al. 2010. High-dimensional coexistence based on individual variation: A synthesis of evidence. *Ecological Monographs* **80**:569–608.

Clark, J. S., M. Dietze, S. Chakraborty, P. K. Agarwal, I. Ibanez, S. LaDeau, and M. Wolosin. 2007. Resolving the biodiversity paradox. *Ecology Letters* **10**:647–659.

Clark, J. S., C. Fastie, G. Hurtt, S. T. Jackson, C. Johnson, G. A. King, M. Lewis, et al. 1998. Reid's paradox of rapid plant migration: Dispersal theory and interpretation of paleoecological records. *BioScience* **48**:13–24.

Clark, J. S., S. LaDeau, and I. Ibanez. 2004. Fecundity of trees and the colonization-competition hypothesis. *Ecological Monographs* **74**:415–442.

Clements, F. E. 1916. *Plant Succession: An Analysis of the Development of Vegetation.* Carnegie Institute of Washington, Washington, DC.

Clobert, J., M. Baguette, T. G. Benton, J. M. Bullock, and S. Ducatez. 2012. *Dispersal Ecology and Evolution.* Oxford University Press, Oxford.

Cody, M. L. 1993. Bird diversity components within and between habitats in Australia. Pages 147–158 in R. E. Ricklefs and D. Schluter, editors. *Species Diversity in Ecological Communities: Historical and Geographic Perspectives.* University of Chicago Press, Chicago.

Cody, M. L., and J. M. Diamond. 1975. *Ecology and Evolution of Communities.* Belknap Press of Harvard University Press, Cambridge, MA.

Comita, L. S., H. C. Muller-Landau, S. Aguilar, and S. P. Hubbell. 2010. Asymmetric density dependence shapes species abundances in a tropical tree community. *Science* **329**:330–332.

Connell, J. H. 1961. The influence of interspecific competition and other factors on the distribution of the barnacle *Chthamalus stellatus*. *Ecology* **42**:710–723.

Connell, J. H. 1970. On the role of natural enemies in preventing competitive exclusion in some marine animals and in rain forest trees. Pages 298–312 *in* P. J. Den Boer and G. R. Gradwell, editors. *Dynamics of Populations.* Centre for Agricultural Publishing and Documentation, Wageningen, The Netherlands.

Connell, J. H. 1978. Diversity in tropical rain forests and coral reefs. *Science* **199**:1302–1310.

Connell, J. H. 1983. On the prevalence and relative importance of interspecific competition: evidence from field experiments. *American Naturalist* **122**:661–696.

Connor, E. F., and E. D. McCoy. 1979. The statistics and biology of the species-area relationship. *American Naturalist* **113**:791–833.

Connor, E. F., and D. Simberloff. 1979. The assembly of species communities: chance or competition? *Ecology* **60**:1132–1140.

Cooper, G. J. 2003. *The Science of the Struggle for Existence: On the foundations of ecology*. Cambridge University Press, Cambridge.

Cornell, H. V. 1985. Local and regional richness of cynipine gall wasps on California oaks. *Ecology* **66**:1247–1260.

Cornell, H. V., and S. P. Harrison. 2014. What are species pools and when are they important? *Annual Review of Ecology, Evolution, and Systematics* **45**:45–67.

Cornell, H. V., and J. H. Lawton. 1992. Species interactions, local and regional processes, and limits to the richness of ecological communities: A theoretical perspective. *Journal of Animal Ecology* **61**:1–12.

Cornwell, W. K., and D. D. Ackerly. 2009. Community assembly and shifts in plant trait distributions across an environmental gradient in coastal California. *Ecological Monographs* **79**:109–126.

Cornwell, W. K., D. W. Schwilk, and D. D. Ackerly. 2006. A trait-based test for habitat filtering: Convex hull volume. *Ecology* **87**:1465–1471.

Costello, E. K., K. Stagaman, L. Dethlefsen, B. J. Bohannan, and D. A. Relman. 2012. The application of ecological theory toward an understanding of the human microbiome. *Science* **336**:1255–1262.

Cottenie, K. 2005. Integrating environmental and spatial processes in ecological community dynamics. *Ecology Letters* **8**:1175–1182.

Coyne, J. A.,and H. A. Orr. 2004. *Speciation*. Sinauer Associates, Sunderland, MA.

Crawley, M. 1997. *Plant Ecology*, 2nd ed. Blackwell, Oxford.

Csada, R. D., P. C. James, and R.H.M. Espie. 1996. The "file drawer problem" of non-significant results: Does it apply to biological research? *Oikos* **76**:591–593.

Currie, D. J. 1991. Energy and large-scale patterns of animal-and plant-species richness. *American Naturalist* **137**:27–49.

Curtis, J. T. 1959. *The Vegetation of Wisconsin: An Ordination of Plant Communities*. University of Wisconsin Press, Madison.

D'Avanzo, C. 2008. Symposium 1. Why is ecology hard to learn? *Bulletin of the Ecological Society of America* **89**:462–466.

Damschen, E. I., N. M. Haddad, J. L. Orrock, J. J. Tewksbury, and D. J. Levey. 2006. Corridors increase plant species richness at large scales. *Science* **313**:1284–1286.

Darwin, C. 1859. *On the Origin of Species*. John Murray, London.

Davies, T. J., V. Savolainen, M. W. Chase, J. Moat, and T. G. Barraclough. 2004. Environmental energy and evolutionary rates in flowering plants. *Proceedings of the Royal Society of London. Series B: Biological Sciences* **271**:2195–2200.

Davis, M. B. 1986. Climatic instability, time lags, and community disequilibrium. Pages 269–284 *in* J. M. Diamond and T. J. Case, editors. *Community Ecology*. Harper & Row, New York.

De Cáceres, M., P. Legendre, R. Valencia, M. Cao, L.-W. Chang, G. Chuyong, R. Condit, *et al.* 2012. The variation of tree beta diversity across a global network of forest plots. *Global Ecology and Biogeography* **21**:1191–1202.

De Frenne, P., F. Rodríguez-Sánchez, D. A. Coomes, L. Baeten, G. Verstraeten, M. Vellend, M. Bernhardt-Römermann, *et al.* 2013. Microclimate moderates plant responses to macroclimate warming. *Proceedings of the National Academy of Sciences USA* **110**:18561–18565.

Debinski, D. M., and R. D. Holt. 2000. A survey and overview of habitat fragmentation experiments. *Conservation Biology* **14**:342–355.

Desjardins-Proulx, P., and D. Gravel. 2012. A complex speciation–richness relationship in a simple neutral model. *Ecology and Evolution* **2**:1781–1790.

Devictor, V., C. van Swaay, T. Brereton, D. Chamberlain, J. Heliölä, S. Herrando, R. Julliard, *et al.* 2012. Differences in the climatic debts of birds and butterflies at a continental scale. *Nature Climate Change* **2**:121–124.

Diamond, J. M. 1975. Assembly of species communities. Pages 342–444 *in* M. L. Cody and J. M. Diamond, editors. *Ecology and Evolution of Communities*. Harvard University Press, Cambridge, MA.

Diamond, J. M. 1986. Overview: laboratory experiments, field experiments, and natural experiments. Pages 3–22 *in* J. M. Diamond and T. J. Case, editors. *Community Ecology*. Harper & Row, New York.

Diamond, J. M., and T. J. Case. 1986. *Community Ecology*. Harper and Row, New York.

Dornelas, M., S. R. Connolly, and T. P. Hughes. 2006. Coral reef diversity refutes the neutral theory of biodiversity. *Nature* **440**:80–82.

Dornelas, M., N. J. Gotelli, B. McGill, H. Shimadzu, F. Moyes, C. Sievers, and A. E. Magurran. 2014. Assemblage time series reveal biodiversity change but not systematic loss. *Science* **344**:296–299.

Dowle, E. J., M. Morgan-Richards, and S. A. Trewick. 2013. Molecular evolution and the latitudinal biodiversity gradient. *Heredity* **110**:501–510.

Drake, J. A. 1991. Community-assembly mechanics and the structure of an experimental species ensemble. *American Naturalist* **137**:1–26.

Drummond, E. B., and M. Vellend. 2012. Genotypic diversity effects on the performance of *Taraxacum officinale* populations increase with time and environmental favorability. *PLoS One* **7**:e30314.

Dublin, H. T., A. R. E. Sinclair, and J. McGlade. 1990. Elephants and fire as causes of multiple stable states in the Serengeti-Mara woodlands. *Journal of Animal Ecology* **59**:1147–1164.

Dunham, A. E., and S. J. Beaupre. 1998. Ecological experiments: Scale, phenomenology, mechanism and the illusion of generality. Pages 27–49 *in* W. J. Resetarits, Jr. and J. Bernardo, editors. *Experimental Ecology: Issues and Perspectives*. Oxford University Press, New York.

Dzwonko, Z. 1993. Relations between the floristic composition of isolated young woods and their proximity to ancient woodland. *Journal of Vegetation Science* 4:693–698.

Edwards, K. F., E. Litchman, and C. A. Klausmeier. 2013. Functional traits explain phytoplankton community structure and seasonal dynamics in a marine ecosystem. *Ecology Letters* **16**:56–63.

Egerton, F. N. 2012. *Roots of Ecology: Antiquity to Haeckel*. University of California Press, Berkeley.

Elahi, R., M. I. O'Connor, J. E. Byrnes, J. Dunic, B. K. Eriksson, M. J. Hensel, and P. J. Kearns. 2015. Recent trends in local-scale marine biodiversity reflect community structure and human impacts. *Current Biology* **25**:1938–1943.

Ellner, S., and N. G. Hairston Jr. 1994. Role of overlapping generations in maintaining genetic variation in a fluctuating environment. *American Naturalist* **143**:403–417.

Elton, C. S. 1927. *Animal Ecology*. University of Chicago Press, Chicago.

Ernest, S. M., J. H. Brown, K. M. Thibault, E. P. White, and J. R. Goheen. 2008. Zero sum, the niche, and metacommunities: Long-term dynamics of community assembly. *American Naturalist* **172**:E257–E269.

Ewens, W. J. 2004. *Mathematical Population Genetics*. I. Theoretical introduction. Springer, New York.

Fahrig, L. 2003. Effects of habitat fragmentation on biodiversity. *Annual Review of Ecology, Evolution, and Systematics* **34**:487–515.

Falconer, D. S. and T. F. C. Mackay. 1996. *Introduction to Quantitative Genetics*. Benjamin Cummings, London.

Fauth, J. E., J. Bernardo, M. Camara, W. J. Resetarits, Jr., J. V. Buskirk, and S. A. McCollum. 1996. Simplifying the jargon of community ecology: A conceptual approach. *American Naturalist* **147**:282–286.

Fauth, J. E., W. J. Resetarits Jr, and H. M. Wilbur. 1990. Interactions between larval salamanders: A case of competitive equality. *Oikos* **58**:91–99.

Fisher, R. A. 1958. *The genetical theory of natural selection*. Dover, New York.

Flinn, K. M., and M. Vellend. 2005. Recovery of forest plant communities in post-agricultural landscapes. *Frontiers in Ecology and the Environment* **3**:243–250.

Flöder, S., J. Urabe, and Z. Kawabata. 2002. The influence of fluctuating light intensities on species composition and diversity of natural phytoplankton communities. *Oecologia* **133**:395–401.

Forbes, A. E., and J. M. Chase. 2002. The role of habitat connectivity and landscape geometry in experimental zooplankton metacommunities. *Oikos* **96**:433–440.

Fox, J. W. 2012. Has any "shortcut" method in ecology ever worked? *Dynamic Ecology*. dynamicecology.wordpress.com/2012/10/23/has-any-shortcut-method-in-ecology-ever-worked.

Fox, J. W. 2013. The intermediate disturbance hypothesis should be abandoned. *Trends in Ecology & Evolution* **28**:86–92.

Fox, J. W., W. A. Nelson, and E. McCauley. 2010. Coexistence mechanisms and the paradox of the plankton: quantifying selection from noisy data. *Ecology* 91:1774–1786.

Fox, J. W., and D. Srivastava. 2006. Predicting local-regional richness relationships using island biogeography models. *Oikos* **113**:376–382.

Fraser, L. H., H. A. Henry, C. N. Carlyle, S. R. White, C. Beierkuhnlein, J. F. Cahill Jr, B. B. Casper, *et al.* 2012. Coordinated distributed experiments: an emerging tool for testing global hypotheses in ecology and environmental science. *Frontiers in Ecology and the Environment* **11**:147–155.

Freckleton, R., and A. Watkinson. 2001. Predicting competition coefficients for plant mixtures: Reciprocity, transitivity and correlations with life-history traits. *Ecology Letters* 4:348–357.

Fukami, T. 2004. Assembly history interacts with ecosystem size to influence species diversity. *Ecology* **85**:3234–3242.

Fukami, T. 2010. Community assembly dynamics in space. Pages 45–54 *in* H. A. Verhoef and P. J. Morin, editors. *Community Ecology: Processes, Models, and Applications.* Oxford University Press, Oxford.

Fukami, T. 2015. Historical contingency in community assembly: integrating niches, species pools, and priority effects. *Annual Review of Ecology, Evolution, and Systematics* **46**:1–23.

Fukami, T., and M. Nakajima. 2011. Community assembly: Alternative stable states or alternative transient states? *Ecology Letters* **14**:973–984.

Fussmann, G., M. Loreau, and P. Abrams. 2007. Eco-evolutionary dynamics of communities and ecosystems. *Functional Ecology* **21**:465–477.

Gaston, K., and T. Blackburn. 2000. *Pattern and Process in Macroecology*. Blackwell, Oxford.

Gause, G. F. 1934. *The Struggle for Existence*. Williams and Wilkins, Baltimore.

Gewin, V. 2006. Beyond neutrality—ecology finds its niche. *PLoS Biology* 4:e278.

Gigerenzer, G., Z. Swijtink, T. Porter, L. Daston, J. Beatty, and L. Krüger. 1989. *Empire of Chance: How Probability Changed Science and Everyday Life*. Cambridge University Press, Cambridge.

Gilbert, B., and J. R. Bennett. 2010. Partitioning variation in ecological communities: Do the numbers add up? *Journal of Applied Ecology* **47**:1071–1082.

Gilbert, B., and M. J. Lechowicz. 2004. Neutrality, niches, and dispersal in a temperate forest understory. *Proceedings of the National Academy of Sciences USA* **101**:7651–7656.

Gilbert, F., A. Gonzalez, and I. Evans-Freke. 1998. Corridors maintain species richness in the fragmented landscapes of a microecosystem. *Proceedings of the Royal Society of London. Series B: Biological Sciences* **265**:577–582.

Gillespie, R. 2004. Community assembly through adaptive radiation in Hawaiian spiders. *Science* **303**:356–359.

Gillman, L. N., P. McBride, D. J. Keeling, H. A. Ross, and S. D. Wright. 2011. Are rates of molecular evolution in mammals substantially accelerated in warmer environments? Reply. *Proceedings of the Royal Society B: Biological Sciences* **278**:1294–1297.

Gillman, L. N., and S. D. Wright. 2014. Species richness and evolutionary speed: The influence of temperature, water and area. *Journal of Biogeography* **41**:39–51.

Gilpin, M. E. 1975. Limit cycles in competition communities. *American Naturalist* **109**:51–60.

Gleason, H. A. 1926. The individualistic concept of the plant association. *Bulletin of the Torrey Botanical Club* **53**:7–26.

Godoy, O., N. J. B. Kraft, and J. M. Levine. 2014. Phylogenetic relatedness and the determinants of competitive outcomes. *Ecology Letters* **17**:836–844.

Goldberg, D. E., and A. M. Barton. 1992. Patterns and consequences of interspecific competition in natural communities: A review of field experiments with plants. *American Naturalist* **139**:771–801.

Gonzalez, A., and E. J. Chaneton. 2002. Heterotroph species extinction, abundance and biomass dynamics in an experimentally fragmented microecosystem. *Journal of Animal Ecology* **71**:594–602.

Gotelli, N. J., and R. K. Colwell. 2001. Quantifying biodiversity: Procedures and pitfalls in the measurement and comparison of species richness. *Ecology Letters* **4**:379–391.

Gotelli, N. J., and G. R. Graves. 1996. *Null Models in Ecology*. Smithsonian Institution Press, Washington, DC.

Gotelli, N. J., and D. J. McCabe. 2002. Species co-occurrence: A meta-analysis of J. M. Diamond's assembly rules model. *Ecology* **83**:2091–2096.

Grace, J. B., S. Harrison, and E. I. Damschen. 2011. Local richness along gradients in the Siskiyou herb flora: R. H. Whittaker revisited. *Ecology* **92**:108–120.

Graham, M. H., and P. K. Dayton. 2002. On the evolution of ecological ideas: Paradigms and scientific progress. *Ecology* **83**:1481–1489.

Grant, P. R., and B. R. Grant. 2002. Unpredictable evolution in a 30-year study of Darwin's finches. *Science* **296**:707–711.

Gravel, D., C. D. Canham, M. Beaudet, and C. Messier. 2006. Reconciling niche and neutrality: The continuum hypothesis. *Ecology Letters* **9**:399–409.

Green, P. T., K. E. Harms, and J. H. Connell. 2014. Nonrandom, diversifying processes are disproportionately strong in the smallest size classes of a tropical forest. *Proceedings of the National Academy of Sciences USA* **111**:18649–18654.

Greene, D., and E. Johnson. 1994. Estimating the mean annual seed production of trees. *Ecology* **75**:642–647.

Grime, J. P. 1973. Competitive exclusion in herbaceous vegetation. *Nature* **242**:344–

347.

Grime, J. P. 1979. *Plant Strategies and Vegetation Processes*. Wiley, London.

Grime, J. P. 2006. *Plant Strategies, Vegetation Processes, and Ecosystem Properties*. Wiley, London.

Gurevitch, J., L. L. Morrow, A. Wallace, and J. S. Walsh. 1992. A meta-analysis of competition in field experiments. *American Naturalist* **140**:539–572.

Gurevitch, J., S. M. Scheiner, and G. A. Fox. 2006. *The Ecology of Plants*, 2nd ed. Sinauer Associates, Sunderland, MA.

Haegeman, B., and M. Loreau. 2011. A mathematical synthesis of niche and neutral theories in community ecology. *Journal of Theoretical Biology* **269**: 150–165.

Haegeman, B., and M. Loreau. 2014. General relationships between consumer dispersal, resource dispersal and metacommunity diversity. *Ecology Letters* **17**:175–184.

Hairston, N. G. 1989. *Ecological Experiments: Purpose, Design and Execution*. Cambridge University Press, Cambridge.

Hájek, M., J. Roleček, K. Cottenie, K. Kintrová, M. Horsák, A. Poulíčková, P. Hájková, et al. 2011. Environmental and spatial controls of biotic assemblages in a discrete semi-terrestrial habitat: Comparison of organisms with different dispersal abilities sampled in the same plots. *Journal of Biogeography* **38**:1683–1693.

Hansen, S. K., P. B. Rainey, J. A. Haagensen, and S. Molin. 2007. Evolution of species interactions in a biofilm community. *Nature* **445**:533–536.

Harmon-Threatt, A. N., and D. D. Ackerly. 2013. Filtering across spatial scales: Phylogeny, biogeography and community structure in bumble bees. *PLoS One* **8**:e60446.

Harms, K. E., S. J. Wright, O. Calderon, A. Hernandez, and E. A. Herre. 2000. Pervasive density-dependent recruitment enhances seedling diversity in a tropical forest. *Nature* **404**:493–495.

Harper, J. L. 1977. *Population Biology of Plants*. Blackburn Press, Caldwell, NJ.

Harrison, S. 1999. Local and regional diversity in a patchy landscape: Native, alien, and endemic herbs on serpentine. *Ecology* **80**:70–80.

Harrison, S., and E. Bruna. 1999. Habitat fragmentation and large-scale conservation: What do we know for sure? *Ecography* **22**:225–232.

Harrison, S., H. D. Safford, J. B. Grace, J. H. Viers, and K. F. Davies. 2006. Regional and local species richness in an insular environment: Serpentine plants in California. *Ecological Monographs* **76**:41–56.

Harte, J. 2011. *Maximum Entropy and Ecology: A Theory of Abundance, Distribution, and Energetics*. Oxford University Press, Oxford.

Harte, J., and E. A. Newman. 2014. Maximum information entropy: A foundation for ecological theory. *Trends in Ecology & Evolution* **29**:384–389.

Harte, J., T. Zillio, E. Conlisk, and A. B. Smith. 2008. Maximum entropy and the state-variable approach to macroecology. *Ecology* **89**:2700–2711.

Hartl, D. L., and A. G. Clark. 1997. *Principles of Population Genetics*. Sinauer Associates, Sunderland, MA.

Hastings, A. 2004. Transients: The key to long-term ecological understanding? *Trends in Ecology & Evolution* **19**:39–45.

Hawkins, B. A., J. A. F. Diniz-Filho, C. A. Jaramillo, and S. A. Soeller. 2007. Climate, niche conservatism, and the global bird diversity gradient. *American Naturalist* **170**:S16–S27.

Hawkins, B. A., R. Field, H. V. Cornell, D. J. Currie, J.-F. Guégan, D. M. Kaufman, J. T. Kerr, *et al.* 2003. Energy, water, and broad-scale geographic patterns of species richness. *Ecology* **84**:3105–3117.

Helmus, M. R., D. L. Mahler, and J. B. Losos. 2014. Island biogeography of the Anthropocene. *Nature* **513**:543–546.

Hendry, A. P. 2017. *Eco-evolutionary Dynamics*. Princeton University Press, Princeton, NJ, forthcoming.

HilleRisLambers, J., P. B. Adler, W. S. Harpole, J. M. Levine, and M. M. Mayfield. 2012. Rethinking community assembly through the lens of coexistence theory. *Annual Review of Ecology, Evolution, and Systematics* **43**:227–248.

Hirota, M., M. Holmgren, E. H. Van Nes, and M. Scheffer. 2011. Global resilience of tropical forest and savanna to critical transitions. *Science* **334**:232–235.

Hodgson, J. G., P. J. Wilson, R. Hunt, J. P. Grime, and K. Thompson. 1999. Allocating C-S-R plant functional types: A soft approach to a hard problem. *Oikos* **85**:282–294.

Holt, R. D. 1977. Predation, apparent competition, and the structure of prey communities. *Theoretical Population Biology* **12**:197–229.

Holt, R. D. 1993. Ecology at the mesoscale: The influence of regional processes on local communities. Pages 77–88 *in* R. E. Ricklefs and D. Schluter, editors. *Species Diversity in Ecological Communities: Historical and Geographic Perspectives*. University of Chicago Press, Chicago.

Holt, R. D. 1997. Community modules. Pages 333–349 *in* A. C. Gange and V. K. Brown, editors. *Multitrophic Interactions in Terrestrial Ecosystems*. Blackwell Science, London.

Holt, R. D. 2005. On the integration of community ecology and evolutionary biology: Historical perspectives and current prospects. Pages 235–271 *in* K. Cuddington and B. Beisner, editors. *Ecological Paradigms Lost: Routes of Theory Change*. Elsevier, London.

Holt, R. D., J. Grover, and D. Tilman. 1994. Simple rules for interspecific dominance in systems with exploitative and apparent competition. *American Naturalist* **144**:741–771.

Holyoak, M., M. A. Leibold, and R. D. Holt. 2005. *Metacommunities: Spatial Dynamics and Ecological Communities*. University of Chicago Press, Chicago.

Holyoak, M., and M. Loreau. 2006. Reconciling empirical ecology with neutral community models. *Ecology* **87**:1370–1377.

Howeth, J. G., and M. A. Leibold. 2010. Species dispersal rates alter diversity and ecosystem stability in pond metacommunities. *Ecology* **91**:2727–2741.

Hoyle, M., and F. Gilbert. 2004. Species richness of moss landscapes unaffected by short-term fragmentation. *Oikos* **105**:359–367.

Hu, X. S., F. He, and S. P. Hubbell. 2006. Neutral theory in macroecology and population genetics. *Oikos* **113**:548–556.

Hubbell, S. 2009. Neutral theory and the theory of island biogeography. Pages 240–261 *in* J. B. Losos and R. E. Ricklefs, editors. *The Theory of Island Biogeography Revisited*. Princeton University Press, Princeton, NJ.

Hubbell, S. P. 2001. *The Unified Neutral Theory of Biogeography and Biodiversity*. Princeton University Press, Princeton, NJ.

Hubbell, S. P. 2006. Neutral theory and the evolution of ecological equivalence. *Ecology* **87**:1387–1398.

Hubbell, S. P., and R. B. Foster. 1986. Biology, chance, and history and the structure of tropical rain forest tree communities. Pages 314–330 *in* J. M. Diamond and T. J. Case, editors. *Community Ecology*. Harper & Row, New York.

Hughes, A. R., J. E. Byrnes, D. L. Kimbro, and J. J. Stachowicz. 2007. Reciprocal relationships and potential feedbacks between biodiversity and disturbance. *Ecology Letters* **10**:849–864.

Hughes, A. R., B. D. Inouye, M. T. Johnson, N. Underwood, and M. Vellend. 2008. Ecological consequences of genetic diversity. *Ecology Letters* **11**:609–623.

Hughes, T. P. 1994. Catastrophes, phase shifts, and large-scale degradation of a Caribbean coral reef. *Science* **265**:1547–1547.

Huisman, J., and F. J. Weissing. 1999. Biodiversity of plankton by species oscillations and chaos. *Nature* **402**:407–410.

Huisman, J., and F. J. Weissing. 2001. Fundamental unpredictability in multispecies competition. *American Naturalist* **157**:488–494.

Huston, M. 1979. A general hypothesis of species diversity. *American Naturalist* **113**:81–101.

Huston, M. A. 1994. *Biological Diversity: The Coexistence of Species on Changing Landscapes*. Cambridge University Press, Cambridge.

Huston, M. A. 2014. Disturbance, productivity, and species diversity: Empiricism versus logic in ecological theory. *Ecology* **95**:2382–2396.

Hutchinson, G. E. 1959. Homage to Santa Rosalia or why are there so many kinds of animals? *American Naturalist* **93**:145–159.

Hutchinson, G. E. 1961. The paradox of the plankton. *American Naturalist* **95**:137–145.

Isbell, F., D. Tilman, S. Polasky, S. Binder, and P. Hawthorne. 2013. Low biodiversity state persists two decades after cessation of nutrient enrichment. *Ecology Letters* **16**:454–460.

Jablonski, D., K. Roy, and J. W. Valentine. 2006. Out of the tropics: Evolutionary dynamics of the latitudinal diversity gradient. *Science* **314**:102–106.

Jackson, S. T., and J. L. Blois. 2015. Community ecology in a changing environment: Perspectives from the Quaternary. *Proceedings of the National Academy of Sciences USA* **112**:4915–4921.

Jacobson, B., and P. R. Peres-Neto. 2010. Quantifying and disentangling dispersal in metacommunities: How close have we come? How far is there to go? *Landscape Ecology* **25**:495–507.

Jacquemyn, H., J. Butaye, M. Dumortier, M. Hermy, and N. Lust. 2001. Effects of age and distance on the composition of mixed deciduous forest fragments in an agricultural landscape. *Journal of Vegetation Science* **12**:635–642.

Jakobsson, A., and O. Eriksson. 2003. Trade-offs between dispersal and competitive ability: A comparative study of wind-dispersed Asteraceae forbs. *Evolutionary Ecology* **17**:233–246.

Janzen, D. H. 1970. Herbivores and the number of tree species in tropical forests. *American Naturalist* **104**:501–528.

Jetz, W., and P. V. Fine. 2012. Global gradients in vertebrate diversity predicted by historical area-productivity dynamics and contemporary environment. *PLoS Biology* **10**:e1001292.

John, R., J. W. Dalling, K. E. Harms, J. B. Yavitt, R. F. Stallard, M. Mirabello, S. P. Hubbell, *et al.* 2007. Soil nutrients influence spatial distributions of tropical tree species. *Proceedings of the National Academy of Sciences USA* **104**:864–869.

Jolliffe, P. A. 2000. The replacement series. *Journal of Ecology* **88**:371–385.

Kadmon, R. 1995. Nested species subsets and geographic isolation: A case study. *Ecology* **76**:458–465.

Kadmon, R., and H. R. Pulliam. 1993. Island biogeography: Effect of geographical isolation on species composition. *Ecology* **74**:978–981.

Kalmar, A., and D. J. Currie. 2006. A global model of island biogeography. *Global Ecology and Biogeography* **15**:72–81.

Kareiva, P. 1994. Special feature: Space; The final frontier for ecological theory. *Ecology* **75**:1–1.

Kassen, R. 2014. *Experimental Evolution and the Nature of Biodiversity*. Roberts & Company, Greenwood Village, CO.

Keddy, P. A. 2001. *Competition*. Springer, New York.

Kerr, B., M. A. Riley, M. W. Feldman, and B. J. Bohannan. 2002. Local dispersal promotes biodiversity in a real-life game of rock-paper-scissors. *Nature* **418**:171–174.

Kettlewell, H. 1961. The phenomenon of industrial melanism in Lepidoptera. *Annual Review of Entomology* **6**:245–262.

Kimura, M. 1962. On the probability of fixation of mutant genes in a population. *Genetics* **47**:713.

Kingsland, S. E. 1995. *Modeling Nature: Episodes in the History of Population Ecology*. University of Chicago Press, Chicago.

Knapp, A. K., and C. D'Avanzo. 2010. Teaching with principles: Toward more effective pedagogy in ecology. *Ecosphere* **1**:art15. doi:10.1890/ES10-00013.1.

Kneitel, J. M., and J. M. Chase. 2004. Trade-offs in community ecology: Linking spatial scales and species coexistence. *Ecology Letters* **7**:69–80.

Kneitel, J. M., and T. E. Miller. 2003. Dispersal rates affect species composition in metacommunities of *Sarracenia purpurea* inquilines. *American Naturalist* **162**:165–171.

Kolasa, J., and C. D. Rollo. 1991. Heterogeneity of heterogeneity. Pages 1–23 *in* J. Kolasa and S.T.A. Pickett, editors. *Ecological Heterogeneity*. Springer, New York.

Kozak, K. H., and J. J. Wiens. 2012. Phylogeny, ecology, and the origins of climate-richness relationships. *Ecology* **93**:S167–S181.

Kraft, N.J.B., and D. D. Ackerly. 2010. Functional trait and phylogenetic tests of community assembly across spatial scales in an Amazonian forest. *Ecological Monographs* **80**:401–422.

Kraft, N.J.B., O. Godoy, and J. M. Levine. 2015. Plant functional traits and the multidimensional nature of species coexistence. *Proceedings of the National Academy of Sciences USA* **112**:797–802.

Kraft, N.J.B., R. Valencia, and D. D. Ackerly. 2008. Functional traits and niche-based tree community assembly in an Amazonian forest. *Science* **322**:580–582.

Kraft, N.J.B., P. B. Adler, O. Godoy, E. C. James, S. Fuller, and J. M. Levine. 2015. Community assembly, coexistence and the environmental filtering metaphor. *Functional Ecology* **29**:592–599.

Krebs, C. J. 2009. *Ecology: The Experimental Analysis of Distribution and Abundance*, 6th ed. Pearson, Upper Saddle River, NJ.

Krug, A. Z., D. Jablonski, and J. W. Valentine. 2007. Contrarian clade confirms the ubiquity of spatial origination patterns in the production of latitudinal diversity gradients. *Proceedings of the National Academy of Sciences USA* **104**:18129–18134.

Krug, A. Z., D. Jablonski, J. W. Valentine, and K. Roy. 2009. Generation of Earth's first-order biodiversity pattern. *Astrobiology* **9**:113–124.

Kutschera, U., and K. Niklas. 2004. The modern theory of biological evolution: An expanded synthesis. *Naturwissenschaften* **91**:255–276.

Laanisto, L., R. Tamme, I. Hiiesalu, R. Szava-Kovats, A. Gazol, and M. Pärtel. 2013. Microfragmentation concept explains non-positive environmental heterogeneity-diversity relationships. *Oecologia* **171**:217–226.

Lacourse, T. 2009. Environmental change controls postglacial forest dynamics through interspecific differences in life-history traits. *Ecology* **90**:2149–2160.

Laland, K., T. Uller, M. Feldman, K. Sterelny, G. B. Müller, A. Moczek, E. Jablonka, et al. 2014. Does evolutionary theory need a rethink? *Nature* **514**:161.

Laliberté, E., and P. Legendre. 2010. A distance-based framework for measuring functional diversity from multiple traits. *Ecology* **91**:299–305.

Laliberté, E., G. Zemunik, and B. L. Turner. 2014. Environmental filtering explains variation in plant diversity along resource gradients. *Science* **345**:1602–1605.

Laurance, W. F., T. E. Lovejoy, H. L. Vasconcelos, E. M. Bruna, R. K. Didham, P. C. Stouffer, C. Gascon, *et al.* 2002. Ecosystem decay of Amazonian forest fragments: A 22-year investigation. *Conservation Biology* **16**:605–618.

Lawton, J. H. 1991. Warbling in different ways. *Oikos* **60**:273–274.

Lawton, J. H. 1999. Are there general laws in ecology? *Oikos* **84**:177–192.

Lee, S. C. 2006. Habitat complexity and consumer-mediated positive feedbacks on a Caribbean coral reef. *Oikos* **112**:442–447.

Legendre, P., D. Borcard, and P. R. Peres-Neto. 2005. Analyzing beta diversity: Partitioning the spatial variation of community composition data. *Ecological Monographs* **75**:435–450.

Legendre, P., and M. J. Fortin. 1989. Spatial pattern and ecological analysis. *Vegetatio* **80**:107–138.

Legendre, P., and L.F.J. Legendre. 2012. *Numerical Ecology*, 3rd ed. Elsevier Science, The Netherlands.

Leibold, M. A., M. Holyoak, N. Mouquet, P. Amarasekare, J. Chase, M. Hoopes, R. Holt, *et al.* 2004. The metacommunity concept: A framework for multi-scale community ecology. *Ecology Letters* **7**:601–613.

Leibold, M. A., and M. A. McPeek. 2006. Coexistence of the niche and neutral perspectives in community ecology. *Ecology* **87**:1399–1410.

Leishman, M. R. 2001. Does the seed size/number trade-off model determine plant community structure? An assessment of the model mechanisms and their generality. *Oikos* **93**:294–302.

Lerner, I. M., and E. R. Dempster. 1962. Indeterminism in interspecific competition. Proceedings of the *National Academy of Sciences USA* **48**:821.

Lessard, J.-P., J. Belmaker, J. A. Myers, J. M. Chase, and C. Rahbek. 2012. Inferring local ecological processes amid species pool influences. *Trends in Ecology & Evolution* **27**:600–607.

Letcher, S. G. 2010. Phylogenetic structure of angiosperm communities during tropical forest succession. *Proceedings of the Royal Society B: Biological Sciences* **277**:97–104.

Levene, H. 1953. Genetic equilibrium when more than one ecological niche is available. *American Naturalist* **87**:331–333.

Levin, S. A. 1972. A mathematical analysis of the genetic feedback mechanism. *American Naturalist* **106**:145–164.

Levin, S. A. 1992. The problem of pattern and scale in ecology: The Robert H. MacArthur award lecture. *Ecology* **73**:1943–1967.

Levin, S. A. 1998. Ecosystems and the biosphere as complex adaptive systems. *Ecosystems* **1**:431–436.

Levine, J. M., P. B. Adler, and J. HilleRisLambers. 2008. On testing the role of niche differences in stabilizing coexistence. *Functional Ecology* **22**:934–936.

Levine, J. M., and J. HilleRisLambers. 2009. The importance of niches for the maintenance of species diversity. *Nature* **461**:254–257.

Levine, J. M., and D. J. Murrell. 2003. The community-level consequences of seed dispersal patterns. *Annual Review of Ecology, Evolution, and Systematics* **34**:549–574.

Levine, J. M., and M. Rees. 2002. Coexistence and relative abundance in annual plant assemblages: The roles of competition and colonization. *American Naturalist* **160**:452–467.

Levins, R., and D. Culver. 1971. Regional coexistence of species and competition between rare species. *Proceedings of the National Academy of Sciences USA* **68**:1246–1248.

Levins, R., and R. Lewontin. 1980. Dialectics and reductionism in ecology. *Synthese* **43**:47–78.

Lewontin, R. C. 1969. The meaning of stability. *Brookhaven Symposia in Biology* **22**:13–23.

Lewontin, R. C. 1970. The units of selection. *Annual Review of Ecology and Systematics* **1**:1–18.

Lewontin, R. C. 1974. *The Genetic Basis of Evolutionary Change*. Columbia University Press, New York.

Lewontin, R. C. 2004. The problems of population genetics. Pages 5–23 *in* R. S. Singh and C. B. Krimbas, editors. *Evolutionary Genetics: From Molecules to Morphology*. Cambridge University Press, Cambridge.

Lilley, P. L., and M. Vellend. 2009. Negative native-exotic diversity relationship in oak savannas explained by human influence and climate. *Oikos* **118**:1373–1382.

Litchman, E., and C. A. Klausmeier. 2008. Trait-based community ecology of phytoplankton. *Annual Review of Ecology, Evolution, and Systematics* **39**:615–639.

Logue, J. B., N. Mouquet, H. Peter, and H. Hillebrand. 2011. Empirical approaches to metacommunities: A review and comparison with theory. *Trends in Ecology & Evolution* **26**:482–491.

Lomolino, M. V. 1982. Species-area and species-distance relationships of terrestrial mammals in the Thousand Island Region. *Oecologia* **54**:72–75.

Lomolino, M. V., B. R. Riddle, R. J. Whittaker, and J. H. Brown. 2010. *Biogeography*, 4th ed. Sinauer Associates, Sunderland, MA.

Loreau, M. 2010. *From Populations to Ecosystems: Theoretical Foundations for a New Ecological Synthesis*. Princeton University Press, Princeton, NJ.

Loreau, M. and A. Hector. 2001. Partitioning selection and complementarity in biodiversity experiments. *Nature* **412**:72–76.

Loreau, M., and N. Mouquet. 1999. Immigration and the maintenance of local species diversity. *American Naturalist* **154**:427–440.

Losos, J. B., and C. E. Parent. 2009. The speciation-area relationship. Pages 361–378 *in* J. B. Losos and R. E. Ricklefs, editors. *The Theory of Island Biogeography Revisited*. Princeton University Press, Princeton, NJ.

Losos, J. B., and R. E. Ricklefs. 2009. *The Theory of Island Biogeography Revisited.* Princeton University Press, Princeton, NJ.

Losos, J. B., and D. Schluter. 2000. Analysis of an evolutionary species-area relationship. *Nature* **408**:847–850.

Lowe, W. H., and M. A. McPeek. 2014. Is dispersal neutral? *Trends in Ecology & Evolution* **29**:444–450.

Lundholm, J. T. 2009. Plant species diversity and environmental heterogeneity: Spatial scale and competing hypotheses. *Journal of Vegetation Science* **20**:377–391.

Lundholm, J. T., and D. W. Larson. 2003. Temporal variability in water supply controls seedling diversity in limestone pavement microcosms. *Journal of Ecology* **91**:966–975.

MacArthur, R. H. 1958. Population ecology of some warblers of northeastern coniferous forests. *Ecology* **39**:599–619.

MacArthur, R. H. 1964. Environmental factors affecting bird species diversity. *American Naturalist* **98**:387–397.

MacArthur, R. H. 1969. Patterns of communities in the tropics. *Biological Journal of the Linnean Society* **1**:19–30.

MacArthur, R. H. 1972. *Geographical Ecology: Patterns in the Distribution of Species.* Princeton University Press, Princeton, NJ.

MacArthur, R. H., and J. W. MacArthur. 1961. On bird species diversity. *Ecology* **42**:594–598.

MacArthur, R. H., and E. O. Wilson. 1967. *The Theory of Island Biogeography.* Princeton University Press, Princeton, NJ.

MacDonald, G. M., K. D. Bennett, S. T. Jackson, L. Parducci, F. A. Smith, J. P. Smol, and K. J. Willis. 2008. Impacts of climate change on species, populations and communities: Palaeobiogeographical insights and frontiers. *Progress in Physical Geography* **32**:139–172.

MacDougall, A. S., J. R. Bennett, J. Firn, E. W. Seabloom, E. T. Borer, E. M. Lind, J. L. Orrock, *et al.* 2014. Anthropogenic-based regional-scale factors most consistently explain plot-level exotic diversity in grasslands. *Global Ecology and Biogeography* **23**:802–810.

MacDougall, A. S., B. Gilbert, and J. M. Levine. 2009. Plant invasions and the niche. *Journal of Ecology* **97**:609–615.

Mack, M. C., C. M. D'Antonio, and R. E. Ley. 2001. Alteration of ecosystem nitrogen dynamics by exotic plants: A case study of C_4 grasses in Hawaii. *Ecological Applications* **11**:1323–1335.

Mackey, R. L., and D. J. Currie. 2001. The diversity-disturbance relationship: Is it generally strong and peaked? *Ecology* **82**:3479–3492.

Magurran, A. E., and R. M. May. 1999. *Evolution of Biological Diversity.* Oxford University Press, Oxford.

Magurran, A. E., and B. J. McGill. 2010. *Biological Diversity: Frontiers in Measure-*

ment and Assessment. Oxford University Press, Oxford.

Marcotte, G., and M. M. Grandtner. 1974. Étude écologique de la végétation forestière du Mont Mégantic. Gouvernement du Québec, Québec.

Margalef, R. 1978. Life-forms of phytoplankton as survival alternatives in an unstable environment. *Oceanologica Acta* **1**:493–509.

Marquet, P. A., A. P. Allen, J. H. Brown, J. A. Dunne, B. J. Enquist, J. F. Gillooly, P. A. Gowaty, et al. 2014. On theory in ecology. *BioScience* **64**:701–710.

Martin, P. R. 2014. Trade-offs and biological diversity: integrative answers to ecological questions. Pages 291–308 *in* L. B. Martin, C. K. Ghalambor, and H. A. Woods, editors. *Integrative Organismal Biology.* Wiley, New York.

Maurer, B. A. 1999. *Untangling Ecological Complexity: The Macroscopic Perspective.* University of Chicago Press, Chicago.

May, R. M. 1974. Biological populations with nonoverlapping generations: Stable points, stable cycles, and chaos. *Science* **186**:645–647.

May, R. M. 1976. *Theoretical Ecology: Principles and Applications.* W.B. Saunders, Philadelphia.

Mayfield, M. M., and J. M. Levine. 2010. Opposing effects of competitive exclusion on the phylogenetic structure of communities. *Ecology Letters* **13**:1085–1093.

Mayr, E. 1982. *The Growth of Biological Thought: Diversity, Evolution, and Inheritance.* Belknap Press of Harvard University Press, Cambridge, MA.

McCann, K. S. 2011. *Food Webs.* Princeton University Press, Princeton, NJ.

McGill, B. 2003a. Strong and weak tests of macroecological theory. *Oikos* **102**:679–685.

McGill, B. J. 2003b. A test of the unified neutral theory of biodiversity. *Nature* **422**:881–885.

McGill, B. J., M. Dornelas, N. J. Gotelli, and A. E. Magurran. 2015. Fifteen forms of biodiversity trend in the Anthropocene. *Trends in Ecology & Evolution* **30**:104–113.

McGill, B. J., B. J. Enquist, E. Weiher, and M. Westoby. 2006. Rebuilding community ecology from functional traits. *Trends in Ecology & Evolution* **21**:178–185.

McGill, B. J., R. S. Etienne, J. S. Gray, D. Alonso, M. J. Anderson, H. K. Benecha, M. Dornelas, et al. 2007. Species abundance distributions: moving beyond single prediction theories to integration within an ecological framework. *Ecology Letters* **10**:995–1015.

McGill, B. J., and J. C. Nekola. 2010. Mechanisms in macroecology: AWOL or purloined letter? Towards a pragmatic view of mechanism. *Oikos* **119**:591–603.

McIntosh, R. P. 1980. The background and some current problems of theoretical ecology. *Synthese* **43**:195–255.

McIntosh, R. P. 1985. *The Background of Ecology: Concept and Theory.* Cambridge University Press, Cambridge.

McIntosh, R. P. 1987. Pluralism in ecology. *Annual Review of Ecology and Systematics* **18**:321–341.

McKinney, M. L., and J. A. Drake. 1998. *Biodiversity Dynamics: Turnover of Popu-*

lations, Taxa, and Communities. Columbia University Press, New York.

McLachlan, J. S., J. S. Clark, and P. S. Manos. 2005. Molecular indicators of tree migration capacity under rapid climate change. *Ecology* **86**:2088–2098.

McPeek, M. A. 2007. The macroevolutionary consequences of ecological differences among species. *Palaeontology* **50**:111–129.

McShea, D. W., and R. N. Brandon. 2010. *Biology's First Law: The Tendency for Diversity and Complexity to Increase in Evolutionary Systems.* University of Chicago Press, Chicago.

Meijer, M. 2000. *Biomanipulation in the Netherlands: 15 Years of Experience.* Wageningen University, Wageningen, The Netherlands.

Menezes, S., D. J. Baird, and A.M.V.M. Soares. 2010. Beyond taxonomy: A review of macroinvertebrate trait-based community descriptors as tools for freshwater biomonitoring. *Journal of Applied Ecology* **47**:711–719.

Merriam, C. H. 1894. Laws of temperature control of the geographic distribution of terrestrial animals and plants. *National Geographic* **6**:229–238.

Mertz, D. B., D. Cawthon, and T. Park. 1976. An experimental analysis of competitive indeterminacy in Tribolium. *Proceedings of the National Academy of Sciences USA* **73**:1368–1372.

Mesoudi, A. 2011. *Cultural Evolution: How Darwinian Theory Can Explain Human Culture and Synthesize the Social Sciences.* University of Chicago Press, Chicago.

Mittelbach, G. G. 2012. *Community Ecology.* Sinauer Associates, Sunderland, MA.

Mittelbach, G. G., D. W. Schemske, H. V. Cornell, A. P. Allen, J. M. Brown, M. B. Bush, S. P. Harrison, *et al.* 2007. Evolution and the latitudinal diversity gradient: Speciation, extinction and biogeography. *Ecology Letters* **10**:315–331.

Molofsky, J., R. Durrett, J. Dushoff, D. Griffeath, and S. Levin. 1999. Local frequency dependence and global coexistence. *Theoretical Population Biology* **55**:270–282.

Montaña, C. G., K. O. Winemiller, and A. Sutton. 2013. Intercontinental comparison of fish ecomorphology: Null model tests of community assembly at the patch scale in rivers. *Ecological Monographs* **84**:91–107.

Moran, P.A.P. 1958. Random processes in genetics. Pages 60–71 *in Mathematical Proceedings of the Cambridge Philosophical Society.* Cambridge University Press, Cambridge.

Morin, P. J. 2011. *Community Ecology.* Wiley, New York.

Mouquet, N., and M. Loreau. 2003. Community patterns in source-sink metacommunities. *American Naturalist* **162**:544–557.

Mumby, P. J. 2009. Phase shifts and the stability of macroalgal communities on Caribbean coral reefs. *Coral Reefs* **28**:761–773.

Mumby, P. J., A. Hastings, and H. J. Edwards. 2007. Thresholds and the resilience of Caribbean coral reefs. *Nature* **450**:98–101.

Munday, P. L. 2004. Competitive coexistence of coral-dwelling fishes: The lottery hypothesis revisited. *Ecology* **85**:623–628.

Murdoch, W. W., C. J. Briggs, and R. M. Nisbet. 2013. *Consumer-Resource Dynamics*. Princeton University Press, Princeton, NJ.

Myers, J. A., and K. E. Harms. 2009. Seed arrival, ecological filters, and plant species richness: A meta-analysis. *Ecology Letters* **12**:1250–1260.

Naeem, S. 2001. Experimental validity and ecological scale as criteria for evaluating research programs. Pages 223–250 *in* R. H. Gardner, W. M. Kemp, V. S. Kennedy, and J. E. Petersen, editors. *Scaling Relations in Experimental Ecology*. Columbia University Press, New York.

Narwani, A., M. A. Alexandrou, T. H. Oakley, I. T. Carroll, and B. J. Cardinale. 2013. Experimental evidence that evolutionary relatedness does not affect the ecological mechanisms of coexistence in freshwater green algae. *Ecology Letters* **16**:1373–1381.

Nathan, R. 2001. The challenges of studying dispersal. *Trends in Ecology & Evolution* **16**:481–483.

Nathan, R. 2006. Long-distance dispersal of plants. *Science* **313**:786–788.

Neill, W. E. 1974. The community matrix and interdependence of the competition coefficients. *American Naturalist* **108**:399–408.

Nekola, J. C., and P. S. White. 1999. The distance decay of similarity in biogeography and ecology. *Journal of Biogeography* **26**:867–878.

Nemergut, D. R., S. K. Schmidt, T. Fukami, S. P. O'Neill, T. M. Bilinski, L. F. Stanish, J. E. Knelman, *et al.* 2013. Patterns and processes of microbial community assembly. *Microbiology and Molecular Biology Reviews* **77**:342–356.

Nicholson, A. J., and V. A. Bailey. 1935. The balance of animal populations. Part I. *Proceedings of the Zoological Society of London* **105**:551–598.

Noble, A., and W. Fagan. 2014. A niche remedy for the dynamical problems of neutral theory. *Theoretical Ecology* **8**:1–13.

Norberg, J. 2004. Biodiversity and ecosystem functioning: A complex adaptive systems approach. *Limnology and Oceanography* **49**:1269–1277.

Norberg, J., D. P. Swaney, J. Dushoff, J. Lin, R. Casagrandi, and S. A. Levin. 2001. Phenotypic diversity and ecosystem functioning in changing environments: A theoretical framework. *Proceedings of the National Academy of Sciences USA* **98**:11376–11381.

Norberg, J., M. C. Urban, M. Vellend, C. A. Klausmeier, and N. Loeuille. 2012. Eco-evolutionary responses of biodiversity to climate change. *Nature Climate Change* **2**:747–751.

Norden, N., S. G. Letcher, V. Boukili, N. G. Swenson, and R. Chazdon. 2011. Demographic drivers of successional changes in phylogenetic structure across life-history stages in plant communities. *Ecology* **93**:S70–S82.

Nosil, P. 2012. *Ecological Speciation*. Oxford University Press, Oxford.

Nowak, M. A. 2006. *Evolutionary Dynamics*. Harvard University Press, Cambridge, MA.

Odenbaugh, J. 2013. Searching for patterns, hunting for causes: Robert MacArthur, the mathematical naturalist. Pages 181–198 *in* O. Harmon and M. R. Dietrich, editors. *Outsider Scientists: Routes to Innovation in Biology*. University of Chicago Press, Chicago.

Orr, H. A. 2009. Fitness and its role in evolutionary genetics. *Nature Reviews Genetics* **10**:531–539.

Orrock, J. L., and R. J. Fletcher Jr. 2005. Changes in community size affect the outcome of competition. *American Naturalist* **166**:107–111.

Orrock, J. L., and J. I. Watling. 2010. Local community size mediates ecological drift and competition in metacommunities. *Proceedings of the Royal Society B: Biological Sciences* **277**:2185–2191.

Otto, S. P., and T. Day. 2011. *A Biologist's Guide to Mathematical Modeling in Ecology and Evolution*. Princeton University Press, Princton, NJ.

Pacala, S. W., C. D. Canham, and J. Silander Jr. 1993. Forest models defined by field measurements: I. The design of a northeastern forest simulator. *Canadian Journal of Forest Research* **23**:1980–1988.

Paine, R. T. 1974. Intertidal community structure. *Oecologia* **15**:93–120.

Palmer, M. W. 1994. Variation in species richness: Towards a unification of hypotheses. *Folia Geobotanica et Phytotaxonomica* **29**:511–530.

Pandolfi, J. M., S. R. Connolly, D. J. Marshall, and A. L. Cohen. 2011. Projecting coral reef futures under global warming and ocean acidification. *Science* **333**:418–422.

Pardini, R., S. M. de Souza, R. Braga-Neto, and J. P. Metzger. 2005. The role of forest structure, fragment size and corridors in maintaining small mammal abundance and diversity in an Atlantic forest landscape. *Biological Conservation* **124**:253–266.

Parent, C. E., and B. J. Crespi. 2006. Sequential colonization and diversification of Galápagos endemic land snail genus *Bulimulus* (Gastropoda, Stylommatophora). *Evolution* **60**:2311–2328.

Park, T. 1954. Experimental studies of interspecies competition II. Temperature, humidity, and competition in two species of Tribolium. *Physiological Zoology* **27**:177–238.

Park, T. 1962. Beetles, competition, and populations: An intricate ecological phenomenon is brought into the laboratory and studied as an experimental model. *Science* **138**:1369–1375.

Parmesan, C. 2006. Ecological and evolutionary responses to recent climate change. *Annual Review of Ecology, Evolution, and Systematics* **37**:637–669.

Pärtel, M. 2002. Local plant diversity patterns and evolutionary history at the regional scale. *Ecology* **83**:2361–2366.

Pärtel, M., L. Laanisto, and M. Zobel. 2007. Contrasting plant productivity-diversity relationships across latitude: The role of evolutionary history. *Ecology* **88**:1091–1097.

Pärtel, M., and M. Zobel. 1999. Small-scale plant species richness in calcareous grasslands determined by the species pool, community age and shoot density. *Ecography* **22**:153–159.

Pärtel, M., M. Zobel, K. Zobel, and E. van der Maarel. 1996. The species pool and its relation to species richness: Evidence from Estonian plant communities. *Oikos* **75**:111–117.

Pedruski, M., and S. Arnott. 2011. The effects of habitat connectivity and regional heterogeneity on artificial pond metacommunities. *Oecologia* **166**:221–228.

Pelletier, F., D. Garant, and A. P. Hendry. 2009. Eco-evolutionary dynamics. *Philosophical Transactions of the Royal Society B: Biological Sciences* **364**:1483–1489.

Peters, R. H. 1991. *A Critique for Ecology*. Cambridge University Press, Cambridge.

Petraitis, P. 1998. How can we compare the importance of ecological processes if we never ask, "compared to what?" Pages 183–201 *in* W. J. Resetarits, Jr. and J. Bernardo, editors. *Experimental Ecology: Issues and Perspectives*. Oxford University Press, New York.

Pianka, E. R. 1967. On lizard species diversity: North American flatland deserts. *Ecology* **48**:334–351.

Pickett, S.T.A., S. L. Collins, and J. J. Armesto. 1987. Models, mechanisms and pathways of succession. *Botanical Review* **53**:335–371.

Pickett, S.T.A., J. Kolasa, and C. G. Jones. 2007. *Ecological Understanding: The Nature of Theory and the Theory of Nature*, 2nd ed. Elsevier/Academic Press, Burlington, MA.

Pickett, S.T.A., and P. S. White. 1985. *The Ecology of Natural Disturbance and Patch Dynamics*. Academic Press, San Diego.

Pigot, A. L., and R. S. Etienne. 2015. A new dynamic null model for phylogenetic community structure. *Ecology Letters* **18**:153–163.

Pimentel, D. 1968. Population regulation and genetic feedback: Evolution provides foundation for control of herbivore, parasite, and predator numbers in nature. *Science* **159**:1432–1437.

Pinto-Sánchez, N. R., A. J. Crawford, and J. J. Wiens. 2014. Using historical biogeography to test for community saturation. *Ecology Letters* **17**:1077–1085.

Platt, W. J. 1975. The colonization and formation of equilibrium plant species associations on badger disturbances in a tall-grass prairie. *Ecological Monographs* **45**:285–305.

Popper, K. 1959. *The Logic of Scientific Discovery*. Hutchinson, London.

Prugh, L. R., K. E. Hodges, A. R. Sinclair, and J. S. Brashares. 2008. Effect of habitat area and isolation on fragmented animal populations. *Proceedings of the National Academy of Sciences USA* **105**:20770–20775.

Putnam, R. 1993. *Community Ecology*. Springer, The Netherlands.

Pyron, R. A. 2014. Temperate extinction in squamate reptiles and the roots of latitudinal diversity gradients. *Global Ecology and Biogeography* **23**:1126–1134.

Pyron, R. A., and J. J. Wiens. 2013. Large-scale phylogenetic analyses reveal the causes of high tropical amphibian diversity. *Proceedings of the Royal Society B: Biological Sciences* **280**:20131622.

R Core Team. 2012. *R: A Language and Environment for Statistical Computing*. R Foundation for Statistical Computing, Vienna.

Rabosky, D. L. 2012. Testing the time-for-speciation effect in the assembly of regional biotas. *Methods in Ecology and Evolution* **3**:224–233.

Rabosky, D. L. 2013. Diversity-dependence, ecological speciation, and the role of competition in macroevolution. *Annual Review of Ecology, Evolution, and Systematics* **44**:481–502.

Ralph, C. J. 1985. Habitat association patterns of forest and steppe birds of northern Patagonia, Argentina. *Condor* **87**:471–483.

Recher, H. F. 1969. Bird species diversity and habitat diversity in Australia and North America. *American Naturalist* **103**:75–80.

Rees, M., and M. Westoby. 1997. Game-theoretical evolution of seed mass in multi-species ecological models. *Oikos* **78**:116–126.

Resetarits, W. J. Jr., and J. Bernardo. 1998. *Experimental Ecology: Issues and Perspectives*. Oxford University Press, New York.

Reynolds, H. L., A. Packer, J. D. Bever, and K. Clay. 2003. Grassroots ecology: Plant-microbe-soil interactions as drivers of plant community structure and dynamics. *Ecology* **84**:2281–2291.

Ricklefs, R. E. 1987. Community diversity: Relative roles of local and regional processes. *Science* **235**:167–171.

Ricklefs, R. E., and I. J. Lovette. 1999. The roles of island area per se and habitat diversity in the species-area relationships of four Lesser Antillean faunal groups. *Journal of Animal Ecology* **68**:1142–1160.

Ricklefs, R. E., and G. L. Miller. 1999. *Ecology*, 4th ed. W. H. Freeman, New York.

Ricklefs, R. E., and D. Schluter. 1993a. *Species Diversity in Ecological Communities: Historical and Geographic Perspectives*. University of Chicago Press, Chicago.

Ricklefs, R. E., and D. Schluter. 1993b. Species diversity: regional and historical influences. Pages 350–363 *in* R. E. Ricklefs and D. Schluter, editors. *Species Diversity in Ecological Communities: Historical and geographic perspectives*. University of Chicago Press, Chicago.

Ricklefs, R. E., A. E. Schwarzbach, and S. S. Renner. 2006. Rate of lineage origin explains the diversity anomaly in the world's mangrove vegetation. *American Naturalist* **168**:805–810.

Rodríguez, A., G. Jansson, and H. Andrén. 2007. Composition of an avian guild in spatially structured habitats supports a competition-colonization trade-off. *Proceedings of the Royal Society B: Biological Sciences* **274**:1403–1411.

Rodríguez, M. Á., M. Á. Olalla-Tárraga, and B. A. Hawkins. 2008. Bergmann's rule and the geography of mammal body size in the Western Hemisphere. *Global Ecology and Biogeography* **17**:274–283.

Roff, D. A. 2002. *Life history evolution*. Sinauer Associates, Sunderland, MA.

Rohde, K. 1992. Latitudinal gradients in species diversity: The search for the primary cause. *Oikos* **65**:514–527.

Rolland, J., F. L. Condamine, F. Jiguet, and H. Morlon. 2014. Faster speciation and reduced extinction in the tropics contribute to the mammalian latitudinal diversity gradient. *PLoS Biology* **12**:e1001775.

Root, R. B. 1967. The niche exploitation pattern of the blue-gray gnatcatcher. *Ecological Monographs* **37**:317–350.

Rosenblum, E. B., B. A. Sarver, J. W. Brown, S. Des Roches, K. M. Hardwick, T. D. Hether, J. M. Eastman, *et al.* 2012. Goldilocks meets Santa Rosalia: An ephemeral speciation model explains patterns of diversification across time scales. *Evolutionary Biology* **39**:255–261.

Rosenzweig, M. L. 1975. On continental steady states of species diversity. Pages 121–140 *in* M. L. Cody and J. M. Diamond, editors. *Ecology and Evolution of Communities*. Belknap Press of Harvard University Press, Cambridge, MA.

Rosenzweig, M. L. 1995. *Species Diversity in Space and Time*. Cambridge University Press, Cambridge.

Rosindell, J., S. J. Cornell, S. P. Hubbell, and R. S. Etienne. 2010. Protracted speciation revitalizes the neutral theory of biodiversity. *Ecology Letters* **13**:716–727.

Rosindell, J., S. P. Hubbell, and R. S. Etienne. 2011. The unified neutral theory of biodiversity and biogeography at age ten. *Trends in Ecology & Evolution* **26**:340–348.

Rosindell, J., S. P. Hubbell, F. He, L. J. Harmon, and R. S. Etienne. 2012. The case for ecological neutral theory. *Trends in Ecology & Evolution* **27**:203–208.

Rosindell, J., and A. B. Phillimore. 2011. A unified model of island biogeography sheds light on the zone of radiation. *Ecology Letters* **14**:552–560.

Roughgarden, J. 2009. Is there a general theory of community ecology? *Biology and Philosophy* **24**:521–529.

Roxburgh, S. H., K. Shea, and J. B. Wilson. 2004. The intermediate disturbance hypothesis: Patch dynamics and mechanisms of species coexistence. *Ecology* **85**:359–371.

Roy, K., J. W. Valentine, D. Jablonski, and S. M. Kidwell. 1996. Scales of climatic variability and time averaging in Pleistocene biotas: Implications for ecology and evolution. *Trends in Ecology & Evolution* **11**:458–463.

Rull, V. 2013. Some problems in the study of the origin of neotropical biodiversity using palaeoecological and molecular phylogenetic evidence. *Systematics and Biodiversity* **11**:415–423.

Rundle, H. D., and P. Nosil. 2005. Ecological speciation. *Ecology Letters* **8**:336–352.

Sagarin, R., and A. Pauchard. 2012. *Observation and Ecology: Broadening the Scope of Science to Understand a Complex World*. Island Press, Washington, DC.

Sattler, T., D. Borcard, R. Arlettaz, F. Bontadina, P. Legendre, M. K. Obrist, and M. Moretti. 2010. Spider, bee, and bird communities in cities are shaped by environmental control and high stochasticity. *Ecology* **91**:3343–3353.

Sax, D. F., and S. D. Gaines. 2003. Species diversity: from global decreases to local increases. *Trends in Ecology & Evolution* **18**:561–566.

Sax, D. F., J. J. Stachowicz, J. H. Brown, J. F. Bruno, M. N. Dawson, S. D. Gaines, R. K. Grosberg, et al. 2007. Ecological and evolutionary insights from species invasions. *Trends in Ecology & Evolution* **22**:465–471.

Scheffer, M. 2009. *Critical Transitions in Nature and Society*. Princeton University Press, Princeton, N.J.

Scheffer, M., S. Carpenter, J. A. Foley, C. Folke, and B. Walker. 2001. Catastrophic shifts in ecosystems. *Nature* **413**:591–596.

Scheffer, M., and S. R. Carpenter. 2003. Catastrophic regime shifts in ecosystems: Linking theory to observation. *Trends in Ecology & Evolution* **18**:648–656.

Scheffer, M., and E. H. van Nes. 2006. Self-organized similarity, the evolutionary emergence of groups of similar species. *Proceedings of the National Academy of Sciences USA* **103**:6230–6235.

Scheffer, M., S. Hosper, M. Meijer, B. Moss, and E. Jeppesen. 1993. Alternative equilibria in shallow lakes. *Trends in Ecology & Evolution* **8**:275–279.

Scheiner, S. M., and M. R. Willig. 2011. *The Theory of Ecology*. University of Chicago Press, Chicago.

Schluter, D. 2000. *The Ecology of Adaptive Radiation*. Oxford University Press, Oxford.

Schluter, D., and R. E. Ricklefs. 1993. Convergence and the regional component of species diversity. Pages 230–240 *in* R. E. Ricklefs and D. Schluter, editors. *Species Diversity in Ecological Communities: Historical and Geographic Perspectives*. University of Chicago Press, Chicago.

Schoener, T. W. 1974. Resource partitioning in ecological communities. *Science* **185**:27–39.

Schoener, T. W. 1983a. Field experiments on interspecific competition. *American Naturalist* **122**:240–285.

Schoener, T. W. 1983b. Rate of species turnover decreases from lower to higher organisms: A review of the data. *Oikos* **41**:372–377.

Schoener, T. W. 2011. The newest synthesis: Understanding the interplay of evolutionary and ecological dynamics. *Science* **331**:426–429.

Seabloom, E. W., E. T. Borer, K. Gross, A. E. Kendig, C. Lacroix, C. E. Mitchell, E. A. Mordecai, et al. 2015. The community ecology of pathogens: Coinfection, coexistence and community composition. *Ecology Letters* **18**:401–415.

Seiferling, I., R. Proulx, and C. Wirth. 2014. Disentangling the environmental-heterogeneity-species-diversity relationship along a gradient of human footprint. *Ecology* **95**:2084–2095.

Shipley, B. 2002. *Cause and Correlation in Biology: A User's Guide to Path Analysis, Structural Equations and Causal Inference*. Cambridge University Press, Cambridge.

Shipley, B. 2010. *From Plant Traits to Vegetation Structure: Chance and Selection in the Assembly of Ecological Communities*. Cambridge University Press, Cambridge.

Shipley, B., D. Vile, and É. Garnier. 2006. From plant traits to plant communities: A statistical mechanistic approach to biodiversity. *Science* **314**:812–814.

Shmida, A., and M. V. Wilson. 1985. Biological determinants of species diversity. *Journal of Biogeography* **12**:1–20.

Shrader-Frechette, K. S. and D. McCoy. 1993. *Method in Ecology: Strategies for Conservation*. Cambridge University Press, Cambridge.

Shurin, J. B. 2000. Dispersal limitation, invasion resistance, and the structure of pond zooplankton communities. *Ecology* **81**:3074–3086.

Shurin, J.,and D. S. Srivastava. 2005. New perspectives on local and regional diversity: Beyond saturation. Pages 399–417 *in* M. Holyoak, R. D. Holt, and M. A. Leibold, editors. *Metacommunities*. University of Chicago Press, Chicago.

Shurin, J. B., E. T. Borer, E. W. Seabloom, K. Anderson, C. A. Blanchette, B. Broitman, S. D. Cooper, *et al.* 2002. A cross-ecosystem comparison of the strength of trophic cascades. *Ecology Letters* **5**:785–791.

Shurin, J. B., K. Cottenie, and H. Hillebrand. 2009. Spatial autocorrelation and dispersal limitation in freshwater organisms. *Oecologia* **159**:151–159.

Siepielski, A. M., K.-L. Hung, E. E. B. Bein, and M. A. McPeek. 2010. Experimental evidence for neutral community dynamics governing an insect assemblage. *Ecology* **91**:847–857.

Siepielski, A. M,. and M. A. McPeek. 2010. On the evidence for species coexistence: A critique of the coexistence program. *Ecology* **91**:3153–3164.

Siepielski, A. M., and M. A. McPeek. 2013. Niche versus neutrality in structuring the beta diversity of damselfly assemblages. *Freshwater Biology* **58**:758–768.

Simberloff, D. 2004. Community ecology: Is it time to move on? *American Naturalist* **163**:787–799.

Simberloff, D., and B. Von Holle. 1999. Positive interactions of nonindigenous species: Invasional meltdown? *Biological Invasions* **1**:21–32.

Simonis, J. L., and J. C. Ellis. 2013. Bathing birds bias β-diversity: Frequent dispersal by gulls homogenizes fauna in a rock-pool metacommunity. *Ecology* **95**:1545–1555.

Sinervo, B., and C. M. Lively. 1996. The rock-paper-scissors game and the evolution of alternative male strategies. *Nature* **380**:240–243.

Slatkin, M. 1974. Competition and regional coexistence. *Ecology* **55**:128–134.

Smol, J. P., and E. F. Stoermer. 2010. *The Diatoms: Applications for the Environmental and Earth Aciences*. Cambridge University Press, Cambridge.

Sober, E. 1991. Models of cultural evolution. Pages 17–38 *in* P. Griffiths, editor. *Trees of Life: Essays in the Philosophy of Biology*. Kluwer, New York.

Sober, E. 2000. *Philosophy of biology*, 2nd ed. Westview Press, Boulder, CO.

Soininen, J. 2014. A quantitative analysis of species sorting across organisms and ecosystems. *Ecology* **95**:3284–3292.

Soininen, J., R. McDonald, and H. Hillebrand. 2007. The distance decay of similarity in ecological communities. *Ecography* **30**:3–12.

Sommer, B., P. L. Harrison, M. Beger, and J. M. Pandolfi. 2013. Trait-mediated environmental filtering drives assembly at biogeographic transition zones. *Ecology* **95**:1000–1009.

Srivastava, D. S. 1999. Using local-regional richness plots to test for species saturation: Pitfalls and potentials. *Journal of Animal Ecology* **68**:1–16.

Stanley, S. M. 1979. *Macroevolution, Pattern and Process.* Johns Hopkins University Press, Baltimore.

Stauffer, R. C. 1957. Haeckel, Darwin, and ecology. *Quarterly Review of Biology* **32**:138–144.

Staver, A. C., S. Archibald, and S. A. Levin. 2011. The global extent and determinants of savanna and forest as alternative biome states. *Science* **334**:230–232.

Stein, A., K. Gerstner, and H. Kreft. 2014. Environmental heterogeneity as a universal driver of species richness across taxa, biomes and spatial scales. *Ecology Letters* **17**:866–880.

Stephens, P. R., and J. J. Wiens. 2003. Explaining species richness from continents to communities: The time-for-speciation effect in emydid turtles. *American Naturalist* **161**:112–128.

Stevens, H. 2009. *A Primer of Ecology with R.* Springer, New York.

Stockwell, C. A., A. P. Hendry, and M. T. Kinnison. 2003. Contemporary evolution meets conservation biology. *Trends in Ecology & Evolution* **18**:94–101.

Strong, D. R., D. Simberloff, L. G. Abele, and A. B. Thistle. 1984. *Ecological Communities: Conceptual Issues and the Evidence.* Princeton University Press, Princeton, NJ.

Suding, K. N., K. L. Gross, and G. R. Houseman. 2004. Alternative states and positive feedbacks in restoration ecology. *Trends in Ecology & Evolution* **19**:46–53.

Szava-Kovats, R. C., A. Ronk, and M. Pärtel. 2013. Pattern without bias: Local-regional richness relationship revisited. *Ecology* **94**:1986–1992.

Tamme, R., I. Hiiesalu, L. Laanisto, R. Szava-Kovats, and M. Pärtel. 2010. Environmental heterogeneity, species diversity and co-existence at different spatial scales. *Journal of Vegetation Science* **21**:796–801.

Tansley, A. 1917. On competition between *Galium saxatile* L. (*G. hercynicum* Weig.) and *Galium sylvestre* Poll. (*G. asperum* Schreb.) on different types of soil. *Journal of Ecology* **5**:173–179.

Tansley, A. G. 1939. *The British Isles and Their Vegetation.* Cambridge University Press, Cambridge.

Taylor, D. R., L. W. Aarssen, and C. Loehle. 1990. On the relationship between r/K selection and environmental carrying capacity: A new habitat templet for plant life history strategies. *Oikos* **58**:239–250.

Terborgh, J. W., and J. Faaborg. 1980. Saturation of bird communities in the West

Indies. *American Naturalist* **116**:178–195.

Tews, J., U. Brose, V. Grimm, K. Tielbörger, M. C. Wichmann, M. Schwager, and F. Jeltsch. 2004. Animal species diversity driven by habitat heterogeneity/diversity: The importance of keystone structures. *Journal of Biogeography* **31**:79–92.

Tilman, D. 1977. Resource competition between plankton algae: An experimental and theoretical approach. *Ecology* **58**:338–348.

Tilman, D. 1981. Tests of resource competition theory using four species of Lake Michigan algae. *Ecology* **62**:802–815.

Tilman, D. 1982. *Resource Competition and Community Structure*. Princeton University Press, Princeton, NJ.

Tilman, D. 1994. Competition and biodiversity in spatially structured habitats. *Ecology* **75**:2–16.

Tilman, D. 1997. Community invasibility, recruitment limitation, and grassland biodiversity. *Ecology* **78**:81–92.

Tilman, D. 2004. Niche tradeoffs, neutrality, and community structure: A stochastic theory of resource competition, invasion, and community assembly. *Proceedings of the National Academy of Sciences USA* **101**:10854–10861.

Tilman, D. 2011. Diversification, biotic interchange, and the universal trade-off hypothesis. *American Naturalist* **178**:355–371.

Tilman, D. and P. M. Kareiva. 1997. *Spatial Ecology: The Role of Space in Population Dynamics and Interspecific Interactions*. Princeton University Press, Princeton, NJ.

Tilman, D., S. S. Kilham, and P. Kilham. 1982. Phytoplankton community ecology: The role of limiting nutrients. *Annual Review of Ecology and Systematics* **13**:349–372.

Tokeshi, M. 1999. *Species Coexistence: Ecological and Evolutionary Perspectives*. Wiley, Oxford.

Tucker, C., and M. Cadotte. 2013. Reinventing the ecological wheel—why do we do it? *The EEB & Flow*. URL:evol-eco.blogspot.ca/2013/01/reinventing-ecological-wheel-why-do-we.html.

Tucker, C. M., and T. Fukami. 2014. Environmental variability counteracts priority effects to facilitate species coexistence: Evidence from nectar microbes. *Proceedings of the Royal Society B: Biological Sciences* **281**:20132637.

Tuomisto, H., and K. Ruokolainen. 2006. Analyzing or explaining beta diversity? Understanding the targets of different methods of analysis. *Ecology* **87**:2697–2708.

Tuomisto, H., K. Ruokolainen, and M. Yli-Halla. 2003. Dispersal, environment, and floristic variation of western Amazonian forests. *Science* **299**:241–244.

Turgeon, J., R. Stoks, R. A. Thum, J. M. Brown, and M. A. McPeek. 2005. Simultaneous Quaternary radiations of three damselfly clades across the Holarctic. *American Naturalist* **165**:E78–E107.

Turnbull, L. A., M. J. Crawley, and M. Rees. 2000. Are plant populations seed-limited? a review of seed sowing experiments. *Oikos* **88**:225–238.

Turnbull, L. A., J. M. Levine, M. Loreau, and A. Hector. 2013. Coexistence, niches and biodiversity effects on ecosystem functioning. *Ecology Letters* **16**:116–127.

Turnbull, L. A., M. Rees, and M. J. Crawley. 1999. Seed mass and the competition/colonization trade-off: A sowing experiment. *Journal of Ecology* **87**:899–912.

Urban, M. C., M. A. Leibold, P. Amarasekare, L. De Meester, R. Gomulkiewicz, M. E. Hochberg, C. A. Klausmeier, *et al.* 2008. The evolutionary ecology of metacommunities. *Trends in Ecology & Evolution* **23**:311–317.

USGS. 2013. North American Breeding Bird Survey FTP data set. Version 2013.0. USGS Patuxent Wildlife Research Center, Laurel, MD.

Vamosi, S., S. Heard, J. Vamosi, and C. Webb. 2009. Emerging patterns in the comparative analysis of phylogenetic community structure. *Molecular Ecology* **18**:572–592.

van der Plas, F., T. Janzen, A. Ordonez, W. Fokkema, J. Reinders, R. S. Etienne, and H. Olff. 2015. A new modeling approach estimates the relative importance of different community assembly processes. *Ecology* **96**:1502–1515.

van der Valk, A. 2011. Origins and development of ecology. Pages 25–48 *in* K. deLaplante, B. Brown, and K. A. Peacock, editors. *Philosophy of Ecology*. Elsevier, Oxford.

Van Geest, G. J., F.C.J.M. Roozen, H. Coops, R.M M. Roijackers, A. D. Buijse, E.T.H.M. Peeters, and M. Scheffer. 2003. Vegetation abundance in lowland flood plan lakes determined by surface area, age and connectivity. *Freshwater Biology* **48**:440–454.

Van Valen, L., and F. A. Pitelka. 1974. Intellectual censorship in ecology. *Ecology* **55**:925–926.

Vandermeer, J. H. 1969. The competitive structure of communities: An experimental approach with protozoa. *Ecology* **50**:362–371.

Vanschoenwinkel, B., F. Buschke, and L. Brendonck. 2013. Disturbance regime alters the impact of dispersal on alpha and beta diversity in a natural metacommunity. *Ecology* **94**:2547–2557.

Vázquez-Rivera, H., and D. J. Currie. 2015. Contemporaneous climate directly controls broad-scale patterns of woody plant diversity: A test by a natural experiment over 14,000 years. *Global Ecology and Biogeography* **24**:97–106.

Vellend, M. 2004. Parallel effects of land-use history on species diversity and genetic diversity of forest herbs. *Ecology* **85**:3043–3055.

Vellend, M. 2006. The consequences of genetic diversity in competitive communities. *Ecology* **87**:304–311.

Vellend, M. 2010. Conceptual synthesis in community ecology. *The Quarterly Review of Biology* **85**:183–206.

Vellend, M., L. Baeten, I. H. Myers-Smith, S. C. Elmendorf, R. Beauséjour, C. D. Brown, P. De Frenne, *et al.* 2013. Global meta-analysis reveals no net change in local-scale plant biodiversity over time. *Proceedings of the National Academy of Sciences USA* **110**:19456–19459.

Vellend, M., W. K. Cornwell, K. Magnuson-Ford, and A. O. Mooers. 2010. Measuring phylogenetic biodiversity. Pages 193–206 *in* A. E. Magurran and B. McGill, editors. *Biological Diversity: Frontiers in Measurement and Assessment.* Oxford University Press, New York.

Vellend, M., and M. A. Geber. 2005. Connections between species diversity and genetic diversity. *Ecology Letters* **8**:767–781.

Vellend, M., and I. Litrico. 2008. Sex and space destabilize intransitive competition within and between species. *Proceedings of the Royal Society B: Biological Sciences* **275**:1857–1864.

Vellend, M., J. A. Myers, S. Gardescu, and P. Marks. 2003. Dispersal of *Trillium* seeds by deer: Implications for long-distance migration of forest herbs. *Ecology* **84**:1067–1072.

Vellend, M., and J. L. Orrock. 2009. Genetic and ecological models of diversity: Lessons across disciplines. Pages 439–461 *in* J. B. Losos and R. E. Ricklefs, editors. *The Theory of Island Biogeography Revisited.* Princeton University Press, Princeton, NJ.

Vellend, M., D. S. Srivastava, K. M. Anderson, C. D. Brown, J. E. Jankowski, E. J. Kleynhans, N. J. B. Kraft, *et al.* 2014. Assessing the relative importance of neutral stochasticity in ecological communities. *Oikos* **123**:1420–1430.

Vellend, M., K. Verheyen, K. M. Flinn, H. Jacquemyn, A. Kolb, H. Van Calster, G. Peterken, B. J., *et al.* 2007. Homogenization of forest plant communities and weakening of species-environment relationships via agricultural land use. *Journal of Ecology* **95**:565–573.

Vellend, M., K. Verheyen, H. Jacquemyn, A. Kolb, H. Van Calster, G. Peterken, and M. Hermy. 2006. Extinction debt of forest plants persists for more than a century following habitat fragmentation. *Ecology* **87**:542–548.

Verheyen, K., O. Honnay, G. Motzkin, M. Hermy, and D. R. Foster. 2003. Response of forest plant species to land-use change: A life-history trait-based approach. *Journal of Ecology* **91**:563–577.

Verhoef, H. A., and P. J. Morin, eds. 2010. *Community Ecology: Processes, Models, and Applications.* Oxford University Press, New York.

Vermeij, G. J. 1991. When biotas meet: Understanding biotic interchange. *Science* **253**:1099–1104.

Vermeij, G. J. 2005. Invasion as expectation: A historical fact of life. Pages 315–339 *in* D. F. Sax, J. J. Stachowicz, and S. D. Gaines, editors. *Species Invasions: Insights into Ecology, Evolution, and Biogeography.* Sinauer Associates, Sunderland, MA.

Violle, C., M. L. Navas, D. Vile, E. Kazakou, C. Fortunel, I. Hummel, and E. Garnier. 2007. Let the concept of trait be functional! *Oikos* **116**:882–892.

Wagner, C. E., L. J. Harmon, and O. Seehausen. 2014. Cichlid species-area relationships are shaped by adaptive radiations that scale with area. *Ecology Letters* **17**:583–592.

Waide, R. B., M. R. Willig, C. F. Steiner, G. Mittelbach, L. Gough, S. I. Dodson, G. P. Juday, *et al.* 1999. The relationship between productivity and species richness. *Annual Review of Ecology and Systematics* **30**:257–300.

Wardle, D. A., O. Zackrisson, G. Hörnberg, and C. Gallet. 1997. The influence of island area on ecosystem properties. *Science* **277**:1296–1299.

Warren, P. H. 1996. Dispersal and destruction in a multiple habitat system: An experimental approach using protist communities. *Oikos* **77**:317–325.

Warton, D. I., S. D. Foster, G. De'ath, J. Stoklosa, and P. K. Dunstan. 2015. Model-based thinking for community ecology. *Plant Ecology* **216**:669–682.

Webb, C. O., D. D. Ackerly, M. A. McPeek, and M. J. Donoghue. 2002. Phylogenies and community ecology. *Annual Review of Ecology and Systematics* **33**:475–505.

Weiher, E. 2010. A primer of trait and functional diversity. Pages 175–193 *in* A. E. Magurran and B. J. McGill, editors. *Biological Diversity: Frontiers in Measurement and Assessment*. Oxford University Press, New York.

Weiher, E., D. Freund, T. Bunton, A. Stefanski, T. Lee, and S. Bentivenga. 2011. Advances, challenges and a developing synthesis of ecological community assembly theory. *Philosophical Transactions of the Royal Society B: Biological Sciences* **366**:2403–2413.

Weiher, E., and P. A. Keddy. 1995. Assembly rules, null models, and trait dispersion: New questions from old patterns. *Oikos* **74**:159–164.

Weiher, E., and P. A. Keddy. 2001. *Ecological Assembly Rules: Perspectives, Advances, Retreats*. Cambridge University Press, Cambridge.

Weir, J. T., and D. Schluter. 2007. The latitudinal gradient in recent speciation and extinction rates of birds and mammals. *Science* **315**:1574–1576.

Werner, E. E. 1998. Ecological experiments and a research program in community ecology. Pages 3–26 *in* W. J. Resetarits, Jr. and J. Bernardo, editors. *Experimental Ecology: Issues and Perspectives*. Oxford University Press, New York.

White, E. P., and A. H. Hurlbert. 2010. The combined influence of the local environment and regional enrichment on bird species richness. *American Naturalist* **175**:E35–E43.

Whittaker, R. H. 1956. Vegetation of the Great Smoky Mountains. *Ecological Monographs* **26**:1–80.

Whittaker, R. H. 1960. Vegetation of the Siskiyou Mountains, Oregon and California. *Ecological Monographs* **30**:279–338.

Whittaker, R. H. 1975. *Communities and ecosystems*. Macmillan, New York.

Whittaker, R. J., and J. M. Fernandez-Palacios. 2007. *Island Biogeography: Ecology, Evolution, and Conservation*. Oxford University Press, Oxford.

Wiens, J. J. 2011. The causes of species richness patterns across space, time, and clades and the role of "ecological limits." *Quarterly Review of Biology* **86**:75–96.

Wiens, J. J., and M. J. Donoghue. 2004. Historical biogeography, ecology and species richness. *Trends in Ecology & Evolution* **19**:639–644.

Wiens, J. J., G. Parra-Olea, M. García-París, and D. B. Wake. 2007. Phylogenetic history underlies elevational biodiversity patterns in tropical salamanders. *Proceedings of the Royal Society B: Biological Sciences* **274**:919–928.

Wiens, J. J., R. A. Pyron, and D. S. Moen. 2011. Phylogenetic origins of local-scale diversity patterns and the causes of Amazonian megadiversity. *Ecology Letters* **14**:643–652.

Williams, J. W, and S. T. Jackson. 2007. Novel climates, no-analog communities, and ecological surprises. *Frontiers in Ecology and the Environment* **5**:475–482.

Williamson, M. 1988. Relationship of species number to area, distance and other variables. Pages 91–115 *in* A. A. Myers and P. S. Giller, editors. *Analytical Biogeography: An Integrated Approach to the Study of Animal and Plant Distributions*. Chapman & Hall, London.

Wilson, E. O. 2013. *Letters to a Young Scientist*. Liveright, New York.

Wilson, J. B., and A.D.Q. Agnew. 1992. Positive-feedback switches in plant communities. *Advances in Ecological Research* **23**:263–336.

Wolkovich, E. M., B. I. Cook, J. M. Allen, T. M. Crimmins, J. L. Betancourt, S. E. Travers, S. Pau, *et al.* 2012. Warming experiments underpredict plant phenological responses to climate change. *Nature* **485**:494–497.

Worster, D. 1994. *Nature's Economy: A History of Ecological Ideas*. Cambridge University Press, Cambridge.

Wright, D. H. 1983. Species-energy theory: An extension of species-area theory. *Oikos* **41**:496–506.

Wright, I. J., P. B. Reich, M. Westoby, D. D. Ackerly, Z. Baruch, F. Bongers, *et al.* 2004. The worldwide leaf economics spectrum. *Nature* **428**:821–827.

Wright, S. 1940. Breeding structure of populations in relation to speciation. *American Naturalist* **74**:232–248.

Wright, S. 1964. Biology and the philosophy of science. *Monist* **48**:265–290.

Wright, S. D., R. D. Gray, and R. C. Gardner. 2003. Energy and the rate of evolution: Inferences from plant rDNA substitution rates in the western Pacific. *Evolution* **57**:2893–2898.

Wright, S. J., K. Kitajima, N.J.B. Kraft, P. B. Reich, I. J. Wright, D. E. Bunker, R. Condit, *et al.* 2010. Functional traits and the growth-mortality trade-off in tropical trees. *Ecology* **91**:3664–3674.

Yawata, Y., O. X. Cordero, F. Menolascina, J.-H. Hehemann, M. F. Polz, and R. Stocker. 2014. Competition-dispersal tradeoff ecologically differentiates recently speciated marine bacterioplankton populations. *Proceedings of the National Academy of Sciences USA* **111**:5622–5627.

Yeaton, R., and W. Bond. 1991. Competition between two shrub species: Dispersal differences and fire promote coexistence. *American Naturalist* **138**:328–341.

Yi, X., and A. M. Dean. 2013. Bounded population sizes, fluctuating selection and the tempo and mode of coexistence. *Proceedings of the National Academy of Sciences*

USA **110**:16945–16950.

Yodzis, P. 1988. The indeterminacy of ecological interactions as perceived through perturbation experiments. *Ecology* **69**:508–515.

Yu, D. W., and H. B. Wilson. 2001. The competition-colonization trade-off is dead; long live the competition-colonization trade-off. *American Naturalist* **158**:49–63.

Zobel, M. 1997. The relative of species pools in determining plant species richness: An alternative explanation of species coexistence? *Trends in Ecology & Evolution* **12**:266–269.

索　引

欧字

alternative stable state　151
assemblages　12
assembly rules　155
community modules　10
competitive exclusion principle　32
complex adaptive system　225
critical transitions　151
deterministic　41
ecological communities　12
environmental filtering　128
environmental variables　20
facilitation　13
global　15
gradient analysis　126
guilds　12
habitat filtering　127
historical contingency　151
horizontal communities　3
Janzen–Connell 効果　73
local　15
Lotka–Volterra 競争　29
Lotka–Volterra 式　82
MacArthur のパラドックス　39
metacommunity ecology　32
Moran モデル　86
niche　31
niche differences　31
Nutrient Network　222
ordination　26
paradox of the plankton　32
pH　169
phase shift　151
population modeling　27
quasi-equilibrium　152
regional　15
relative fitness　62
reproductive factor　28
Serengeti 国立公園　158
Shannon の多様性指数　217
SLA　130
spatial ecology　40
species having similar ecology　12
species pool　34
species sorting　126
tipping points　151

あ行

新しい種の到達　35
アノールトカゲ　196
アバンダンス　16
アリー効果　139
安定化選択　66
安定化メカニズム　53
安定した種の共存　149
安定した平衡　138
安定状態　65
安定的な共存　137
安定平衡点　74
位相変化　151, 158
一次群集特性　16
一次特性　17
一定選択　64, 126, 135
遺伝的フィードバック　71, 74
緯度勾配　214

移入　51
ウニ　155
エッジ効果　188, 222
エントロピー　217

か行

解析レベル　118
海洋島　182
外来種　222
回廊　176
撹乱　2, 161
確率論的　42, 61
化石　194
過渡期　137
過渡期動態　137, 146
ガラパゴス諸島　196
カリフォルニアイガイ　133
カリブ海　196
環境　20
環境異質性　132
環境異質性の帰結　161
環境改変　132
環境傾度　166
環境収容力　28
環境フィルタリング　127
環境変数　20
観察単位　118
岩礁プール　180
希少種　46
機能的多様性　20
帰無モデル　40, 129, 130, 143, 156
共生ネットワーク　11, 14, 229
競争係数　30
競争–定着トレードオフ　75, 86, 99
競争排除　73, 77
競争排除則　32
共存理論　113, 161
局所　15
局所仮説　36, 37

局所群集　118, 130
ギルド　12
近代共存理論　31, 90
均等化メカニズム　53
空間自己相関　127
空間スケール　14, 15
空間生態学　40
空間的異質性　132
食う–食われるの関係　10
クラスター　166
群集　10, 14, 17
群集集合　47
群集集合則　155
群集の序列化　161
群集の多峰型分布　157
群集の類似性の距離減衰　35
群集パターン　24
群集モジュール　10
形質値　127
形質データ　19
形質の過分散　143
形質の組成　20
形質の多様性　20
系統学　194
系統的多様性　19
系統的な距離　145
傾度分析　126
決定論的　41, 62, 165
現代進化論　49
高次プロセス　50, 55
構造方程式モデリング　121
酵母　154
交絡変数　121
コクヌストモドキ　172
コケ　177
個体群成長率　137
個体群モデリング　27
孤立度　178

さ行

サンゴ 131, 155
サンゴ礁 173
サンショウウオ 173
時間的な環境の異質性 148
シクリッド 196
資源分割 161
指数関数的個体群成長 28, 29
自然選択 1, 49
種アバンダンス分布 18, 112
集合 12
従属変数 120
集団遺伝学 48, 176
集団効果 181
種間競争 30, 39
種間相互作用 14, 139
種間トレードオフ 145
種間の相補性 140
種数–面積関係 45, 196
種選別 126
種組成 18
種内競争 30
種内変異 52
種の安定共存 53
種の共存理論 137
種の均等度 18
種の多様性 18
種の豊かさ 17
種プール 34, 127, 130
種プール仮説 37, 38
種分化 35, 42, 51
準平衡 152
準平衡状態 226
消費者–資源相互作用 14
消費者–資源モデル 12
植生区分 26
植生タイプ 26
植物区系 204

植物–土壌フィードバック 139, 161
植物プランクトン 132
食物網 10, 11, 14
序列化 26
シロツメクサ 141
進化中心 204
侵入可能性の基準 137, 138, 142
水平群集 3, 12, 49
スケール 14, 54
ストレージ効果 73, 75
生活史トレードオフ 68
正準対応分析 169
性選択 174
生息地フィルタリング 127
生存競争 49, 58
生態系機能 161
生態的浮動 59, 153
正の頻度依存性 49
正の頻度依存選択 151
正のフィードバック効果 151
生物学的な変異 48
生物群集 10, 12
生物群集の理論 55
生物多様性 161
生物地理学 33
絶対適応度 62
説明変数 120
絶滅 52
遷移 74, 147
遷移系列 2
全球 15
先住効果 65, 74, 94, 151, 153, 155, 161
選択 41, 51, 125
相互作用モジュール 14
操作実験 115, 122
相対アバンダンス 27
相対アバンダンス分布 214
相対適応度 62, 89, 154

相対優占度分布 102
藻類 155
促進 13
促進作用 139
組成−環境の関係 20
組成類似度の距離減衰 214

た 行

代替安定状態 151, 161
多項式 179
多重安定状態 155–157, 161
多重安定平衡 94
多峰型パターン 157
多様化率 194
多様性−環境の関係 20
多様性−生産性関係 214
単峰型 181
地域仮説 36, 37
地域的な生物相 33
チェッカーボード 32, 155
チェッカーボードパターン 155
地域的 15
中規模撹乱仮説 75, 113, 148
中立理論 27, 35, 69, 76, 114
長距離分散 185
超有機体 25, 26
低次プロセス 50, 52, 54
定着と競争の仮説 182
定着率 35
適応度の違い 31, 227
適応度比 89
デモグラフィー 59, 166
転換点 151, 182
島嶼生物地理学 86, 101
島嶼生物地理学理論 34, 76, 177
動的平衡点 93
独立変数 120
トポロジー 186

な 行

内的自然増加率 28
内的増加率 28
西インド諸島 202
似たような生態をもつ種の集まり 12
ニッチ 31
ニッチの違い 31, 227
ニッチ理論 75, 161

は 行

バイオーム 127
播種 116, 223
場所の特性 20
パス解析 121
パターン 54
パターン先行型 45, 213
パッチ動態 41
バロコロラド島 118
繁殖に関わる要素 28
微小節足動物 177
ヒステリシス 151
被覆率 120
表現型 143
比葉面積 130
非類似度 18, 126
広いスケール 33
フィードバック 206
フィルターモデル 47
不可逆的な応答 159
複雑適応系 225
フジツボ 136
浮動 42, 51
負の頻度依存性 49
負の頻度依存選択 65, 137
プランクトン 173
プランクトンのパラドックス 32, 145
プロセス先行型 46, 213
分散 42, 51

分散適応度比　99
分断化選択　67
平衡状態　137, 151
ベータ多様性　18, 118, 126, 155, 161
方向性選択　66
捕食　39
ホソムギ　141
哺乳類　198

ま行

マクロ生態学　216
マルハナバチ　131
マングローブ　199
見かけ上の競争　139
虫こぶ　202
メタ解析　220
メタ群集　16, 76, 96
メタ群集生態学　32
モジュール性　230

や行

野外実験　40

有孔虫　198
葉群階層多様度　204

ら行

ランダム　61
リミットサイクル　171
粒子説　49
両生類　198
量的遺伝学　225
履歴現象　151
履歴現象モデル　158
臨界転移　151
ルリイトトンボ　170
歴史的偶然性　151
連続体仮説　25
ロジスティック式　30
ロジスティック個体群成長　29

わ行

ワムシ　185

訳者紹介

松岡 俊将（まつおか しゅんすけ）

2016 年 京都大学理学研究科生物科学専攻 博士課程修了
現　在　兵庫県立大学シミュレーション学研究科 博士研究員
　　　　博士（理学）
専　門　群集生態学，菌類多様性科学
　　　　菌類の多様性がいかにして生まれ，維持されているのかについて研究している。

辰巳 晋一（たつみ しんいち）

2014 年 東京大学農学生命科学研究科森林科学専攻 博士課程修了
現　在　国立研究開発法人森林研究・開発機構森林総合研究所 研究員
　　　　トロント大学生物科学研究科 日本学術振興会海外特別研究員
　　　　博士（農学）
専　門　群集生態学，生態系管理学
　　　　生態系管理と生物多様性の関係について研究している。

北川 涼（きたがわ りょう）

2013 年 横浜国立大学環境情報学府環境生命学専攻 博士課程修了
現　在　横浜国立大学環境情報学府 博士研究員
　　　　博士（環境学）
専　門　群集生態学，森林生態学
　　　　主に植物を対象に多様性の成り立つ仕組みについて研究している。

門脇 浩明（かどわき こうめい）

2011 年 オークランド大学生物科学研究科 博士課程修了
現　在　京都大学学際融合教育研究推進センター 特定助教
　　　　Ph.D. (Biological Science)
専　門　群集生態学，生態系生態学
　　　　生物群集の構造と生態系の機能の関係について研究している。

生物群集の理論 ――4つのルールで読み解く 生物多様性	著　者　Mark Vellend（マーク・ヴェレンド） 訳　者　松岡俊将・辰巳晋一 　　　　北川　涼・門脇浩明　ⓒ 2019
原題：*The Theory of* *Ecological Communities* 2019 年 3 月 10 日　初版 1 刷発行	発行者　南條光章 発行所　**共立出版株式会社** 郵便番号 112-0006 東京都文京区小日向 4-6-19 電話　03-3947-2511（代表） 振替口座 00110-2-57035 URL www.kyoritsu-pub.co.jp
	印　刷 製　本　藤原印刷
検印廃止 NDC 468.4 ISBN 978-4-320-05788-3	一般社団法人 　　　　　　自然科学書協会 　　　　　　会員 Printed in Japan

---

|JCOPY| ＜出版者著作権管理機構委託出版物＞
本書の無断複製は著作権法上での例外を除き禁じられています．複製される場合は，そのつど事前に，
出版者著作権管理機構（ＴＥＬ：03-5244-5088，ＦＡＸ：03-5244-5089，e-mail：info@jcopy.or.jp）の
許諾を得てください．

生態学事典

Encyclopedia of Ecology

編集：巌佐　庸・松本忠夫・菊沢喜八郎・日本生態学会

「生態学」は、多様な生物の生き方、関係のネットワークを理解するマクロ生命科学です。特に近年、関連分野を取り込んで大きく変ぼうを遂げました。またその一方で、地球環境の変化や生物多様性の消失によって人類の生存基盤が危ぶまれるなか、「生態学」の重要性は急速に増してきています。

そのような中、本書は日本生態学会が総力を挙げて編纂したものです。生態学会の内外に、命ある自然界のダイナミックな姿をご覧いただきたいと考えています。

『生態学事典』編者一同

7つの大課題

- Ⅰ. 基礎生態学
- Ⅱ. バイオーム・生態系・植生
- Ⅲ. 分類群・生活型
- Ⅳ. 応用生態学
- Ⅴ. 研究手法
- Ⅵ. 関連他分野
- Ⅶ. 人名・教育・国際プロジェクト

のもと、298名の執筆者による678項目の詳細な解説を五十音順に掲載。生態科学・環境科学・生命科学・生物学教育・保全や修復・生物資源管理をはじめ、生物や環境に関わる広い分野の方々にとって必読必携の事典。

A5判・上製本・708頁
定価（本体13,500円＋税）

※価格は変更される場合がございます※

共立出版

https://www.kyoritsu-pub.co.jp/